図解でわかる
Linuxサーバ構築・設定のすべて

一戸英男

- Linuxの導入ポリシー
- Linuxの起動シーケンス
- ファイアウォールとDMZ
- トラブル対策コマンド
- スーパーサーバ
- BIND9、rndc
- Apache 2.0
- SSL、WebDAV
- バーチャルホスト
- Postfix
- SMTP AUTH、TLS
- 不正中継・SPAM対策
- Qpopper4、APOP
- Courier-IMAP
- Procmail
- vsFTPD、PASVモード
- Samba 3.0
- iptables

日本実業出版社

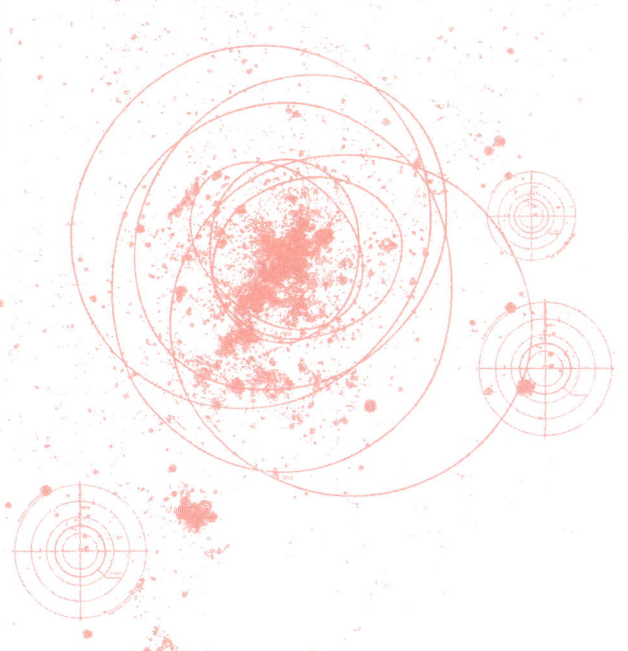

はじめに

　本書では、Linuxによる実践的なネットワークサーバの情報とノウハウを集約しています。対象としては中級以上のエンジニアを意識し、ITの現場で必要となる知識を考慮しながら解説しています。ただし、初心者の方でも、ステップアップする際に参考になる情報が多いと思います。また、ホビーユーザーで、Linuxに関する知識を深めたいという方にもおすすめです。

　目的はそれぞれでも、共通するのは、できるだけ速く最新の知識を身につけたいということでしょう。実は、私の講座に参加するエンジニアたちに推奨している習得法があります。それは、「習うより慣れろ」の精神で覚えることです。

　新しい知識を学習するときは、右も左もわからない状況で、どうしたらよいのかわからずに思案にくれる方が多いことでしょう。そのようなときは、覚えようとするよりも、まず、やってみることです。Linuxについては、とにかく本書に書いてあることを実行してみて、それが動作したら少しずつ変更を加えていき、動作の違いを体で感じていくことが大切です。そうした経験を積み重ねていけば、速く、しかも、深く理解できるようになるでしょう。

【本書の特徴】

1. ディストリビューションに依存しない説明をする。
2. ソースコード（tarボール）からサーバを構築する。
3. 小規模〜中規模に合わせたサーバ構築のデザインを前提とし、大規模構築につながるノウハウも紹介する。

【本書のねらい：なぜ、ソースコードからのサーバ構築か？】

　各種ディストリビューションからインストールされるサーバは、当然のことながら、コンパイルずみのバイナリプログラムです。では、ここでソースから生成するサーバプログラムとバイナリのサーバプログラムはどこが違うのでしょうか。

　実は、rpmやdeb、tar.gzで提供されるディストリビューションのパッケージは、標準的なオプションや冗長なオプションが適用されたものです。個人ユースや中小規模の場合は問題ないでしょうが、本格的なサーバを構築しようとするなら、さまざまな問題に遭遇することでしょう。たとえば、以下のような問題です。

- 暗号化に対応していない。
- インストールフォルダが変更できない。
- /etc/passwdからMySQLやLDAPでの認証に変えられない。

・バグやセキュリティアップデートのパッチリリースが遅い。場合によっては対応しない。
・使わない機能が多く、プログラムの動作に影響する。
・必要機能が、網羅されていない。

これらの点から、ディストリビューション付属のバイナリが本格的なサーバ構築に向いていないことがおわかりいただけると思います。つまり、ソースから構築することが、サーバ構築の自由度を高めることは間違いありません。

たとえば、必要に応じて自由に機能を取り込めるため、最適化された動作の速いバイナリを生成できます。また、トラブルシューティングにおいてはサーバプログラムや関連ファイルを好みの場所に配置できるため、見通しのよい、効率的な作業が行えます。

本書のねらいは、まさにここにあります。ソースコードからの構築は、サーバ構築の発想を広げられる可能性を持っています。初心者の方には難関かもしれませんが、ぜひチャレンジしてください。

【注意事項】
本書で紹介する手順は、ある程度、複数のディストリビューションで動作確認を行っていますが、まったく同じ手順で作業ができない場合もあります。インストール時のオプション選択によっては、Cコンパイラや関連ユーティリティ、必要な依存ライブラリ、ヘッダファイルなどが導入されていない場合があります。このような場合はあわてずに、エラーメッセージをWebサイトで検索して、対処方法などを見つけてください。現場でエンジニアを技術指導する際に、私が必ず最初に話すことは、「検索の達人になりなさい」ということです。これができるようになると、劇的にトラブルシューティングが速くなり、技術向上のスピードも加速します。

本書が読者の皆さんの技術の習得、また、技術の向上に役立つことを、心から願っています。

2005年3月

一戸 英男

【本書の表記について】

・一般ユーザーで操作する部分についてはプロンプトを「$」で、スーパーユーザーで操作する部分については「#」で表示しています。
・ディレクティブなどの書式において、［オプション］は省略可能であることを示します。「|」は「または」を示し、どちらかを指定できることを示します。＜拡張子＞は、「拡張子」という文字列をそのまま指定するのではなく、拡張子「.txt」などを指定することを示します。

図解でわかる Linux サーバ構築・設定のすべて

Contents

はじめに

第1章 Linux 導入の予備知識

1-1 インストール前の検討事項 ———————————————————— 14
導入に必要な情報とは ……………………………………………………………… 14
導入目的によるパッケージの選択 ………………………………………………… 15
　　（1）サーバの構築 ………………………………………………………………… 16
　　（2）作業端末 ……………………………………………………………………… 17
　　（3）テストサーバ構築 …………………………………………………………… 18
　　（4）サーバプログラムやアプリケーション開発 ……………………………… 18
ディスクの容量と配置 ……………………………………………………………… 19
ネットワーク設定情報の決定 ……………………………………………………… 21
　　本書で想定するネットワーク構成 …………………………………………… 22
　　ネットワークの分割方針 ……………………………………………………… 24
　　ルータとファイアウォールの設定情報の例 ………………………………… 25
　　そのほかのホストへの設定情報の例 ………………………………………… 27

1-2 Linux の起動シーケンス ———————————————————— 29
電源投入から起動までの流れ ……………………………………………………… 29
init と inittab ………………………………………………………………………… 30
/etc/inittab の書式 ………………………………………………………………… 33
　　ランレベル ………………………………………………………………………… 33
　　/etc/inittab の基本書式 ……………………………………………………… 33
rc.sysinit ……………………………………………………………………………… 35
rc スクリプト ………………………………………………………………………… 36
　　rc スクリプトの役割と構成 …………………………………………………… 36
　　rc スクリプトの起動順序 ……………………………………………………… 37

1-3 スーパーサーバ inetd の仕組み ———————————————— 38
inetd の概要 …………………………………………………………………………… 38
/etc/inetd.conf の設定 ……………………………………………………………… 39
サービスの再起動と停止 …………………………………………………………… 41
TCP Wrapper（tcpd）の設定 ………………………………………………………… 41
　　アクセス制御を定義するファイル …………………………………………… 42

tcpdによるアクセス制御設定：パターン① ……………………………… 43
tcpdによるアクセス制御設定：パターン② ……………………………… 43

1-4 スーパーサーバxinetdの仕組み ──────────────── 44

/etc/xinetd.confの設定（サービス全体の共通定義） ………………………… 44
サービスごとの設定 ……………………………………………………………… 45
 一般的な設定項目 ………………………………………………………… 45
 アクセス制御の設定項目 ………………………………………………… 47
 サービスごとの設定のサンプル ………………………………………… 49
xinetdのインストール …………………………………………………………… 51
 ダウンロードとコンパイル ……………………………………………… 51
 xinetdの実行 ……………………………………………………………… 52

1-5 管理者必修！ トラブル対策コマンドガイド ─────────── 54

ログ、ワーニング編 ……………………………………………………………… 54
デバイス編 ………………………………………………………………………… 55
ネットワーク編 …………………………………………………………………… 57
 ifconfig …………………………………………………………………… 57
 ping ………………………………………………………………………… 57
 traceroute ………………………………………………………………… 59
 dig/nslookup ……………………………………………………………… 59
 netstat ……………………………………………………………………… 59
サーバ編 …………………………………………………………………………… 60
 メール（SMTP）の場合 ………………………………………………… 61
 メール（POP）の場合 …………………………………………………… 62
 メール（IMAP）の場合 ………………………………………………… 63
 Webサーバ（HTTP）の場合 …………………………………………… 65
 FTPサーバの場合 ………………………………………………………… 66

1-6 Linux導入に関するFAQ ──────────────────── 68

第2章 DNSサーバの構築

2-1 BINDの概要とインストール ─────────────────── 74

BINDの概要 ……………………………………………………………………… 74
 DNSの仕組み ……………………………………………………………… 74
 BIND9の特徴 ……………………………………………………………… 76
BIND9のインストール …………………………………………………………… 77
 インストールの作業手順 ………………………………………………… 77
 DNSサーバの構築ポリシー ……………………………………………… 78

ダウンロードとコンフィギュレーション、コンパイル ································· 79
BINDの実行ユーザー／グループの作成 ································· 80

2-2 BINDの初期設定と起動 ―――――――――――――――――― 81

rndc.confの作成 ································· 81
named.confの作成 ································· 84
zoneファイルの作成 ································· 87
zoneファイルの例 ································· 87
設定の確認とBINDの起動 ································· 91
設定ファイルの確認 ································· 91
起動スクリプトの作成と登録 ································· 92
BINDの起動 ································· 94

2-3 BINDの設定項目 ―――――――――――――――――――― 95

named.confの記述 ································· 95
acl（アクセス制御リスト） ································· 95
options（動作設定） ································· 95
zone "."（ルートサーバの設定） ································· 96
zone "サイトドメイン"（正引き） ································· 97
zone "サイト逆IP.in-addr.arpa"（逆引き） ································· 97
zone "ローカルホスト"（ローカルホスト） ································· 98
zoneファイルの記述方法 ································· 98
マスタファイルの形式 ································· 98
リソースレコードの書式 ································· 101
SOAレコードの形式 ································· 102

2-4 BINDのセキュリティ対策 ―――――――――――――――― 104

ファイルのパーミッション ································· 104
アクセスコントロール ································· 105
Versionバナーの非表示 ································· 106
ゾーンデータの変更通知 ································· 106

2-5 rndcによる遠隔操作 ――――――――――――――――― 108

rndcコマンドの実行例 ································· 108
リモート接続のための設定①――DNSサーバ側の設定 ································· 109
リモート接続のための設定②――rndcクライアントの設定 ································· 111

2-6 BINDのユーティリティ ――――――――――――――――― 113

digコマンド ································· 113
digのオプション ································· 114
hostコマンド ································· 116
nslookupコマンド ································· 116

nsupdate コマンド 118

2-7 BIND に関する FAQ — 121

第3章 Web サーバの構築

3-1 Apache の概要とインストール — 132
Apache の概要 132
ダウンロードとコンフィギュレーション 133
- ダウンロードと解凍 133
- コンフィギュレーションとコンパイル 133
- この章で紹介する configure のオプション 135
MPM によるプロセスモデルの指定 135
圧縮通信の指定をしたサーバ構築 136
WebDAV の指定をしたサーバ構築 137

3-2 SSL 接続のサーバ構築 — 138
SSL による暗号化通信の仕組み 138
- 公開鍵暗号の仕組み 138
- 認証局とサーバ証明書 140
- SSL サービスに必要な要素 141
OpenSSL のインストール 142
- OpenSSL のダウンロードとコンパイル 142
認証局(CA)の構築 143
- 秘密鍵と証明書の作成 144
SSL サーバの構築 145
- サーバ秘密鍵の作成 145
- 証明書署名要求(CSR)の作成 146
- 証明書に自己署名する 146
Apache の SSL 対応設定 148
- ssl.conf の設定 148
- Apache の起動 149

3-3 Apache ディレクティブの基本設定 — 151
サーバの情報や基本動作に関する設定 151
- サーバ Token(レスポンスヘッダ)の表示設定 151
- Apache の設定ファイルの置き場所 152
- サーバの名前 152
- サーバの管理者のメールアドレス 153
- サーバが使用する IP アドレスとポート番号 153

プロセスファイルなどの置き場所 154
プロセス所有者 154

接続に関する基本設定 — 155
キープアライブ 155
サーバTimeout 156
アクセス制御 156

サーバ上のコンテンツに関する設定 — 157
サーバ名の生成 157
ドキュメントルート 158
ユーザーの公開ディレクトリ 158
ディレクトリインデックス 159
クライアントホスト名のDNS解決 160
エイリアス 160
スクリプトエイリアス 161
文字コードの補完 161
CGIなどの拡張子の設定 162
MIMEタイプの設定 162
ディレクトリに対するディレクティブとオプションの指定 162

ディレクトリ単位で設定を変更する (.htaccess) — 164
.htaccessによるオーバライドの設定 164
.htaccessの名前を変更する 165

3-4 ユーザー認証 ——————————— 167

BASIC認証の導入 — 167
ユーザーとパスワードの登録 168
グループによるユーザー管理の効率化 169
Apache設定ファイルの記述 169

ダイジェスト認証の導入 — 171
ユーザーとパスワードの登録 171
Apache設定ファイルの記述 171

3-5 バーチャルホストの設定 ——————— 172

バーチャルホストの種類 — 172
IPベースのバーチャルホスト — 174
DNSの設定 174
Apacheの設定 174

名前ベースのバーチャルホスト — 175
DNSの設定 175
Apacheの設定 176

3-6 WebDAVの設定 ——————————— 178

サーバ環境の設定 — 178

- WebDAVの基本設定 …………………………………………… 178
- 日本語ファイル名への対応 …………………………………… 179
- モジュールmod_headersの準備 …………………………… 181
- アクセス制御の設定 …………………………………………… 182
- 設定確認と再起動 ……………………………………………… 182
- クライアント環境の設定 ……………………………………………… 183

3-7 Apacheに関するFAQ ————————————— 187

第4章 メールサーバの構築

4-1 Postfixの概要とインストール ————————— 198

- Postfixの概要 ………………………………………………………… 198
- ダウンロードとコンパイル、インストール ………………………… 200
  - ダウンロードと解凍 …………………………………………… 200
  - ユーザーとグループの追加 …………………………………… 200
  - コンパイルとインストール …………………………………… 201
- オプショナルな準備 ………………………………………………… 202
  - PCREのインストール ………………………………………… 202
  - sendmailを使っていた場合の準備 ………………………… 203
- Postfixの起動 ………………………………………………………… 203
- Postfixの仕組みについて …………………………………………… 204
- メールキューについて ……………………………………………… 205

4-2 Postfixの設定 ————————————————— 207

- 基本設定 ……………………………………………………………… 207
  - 基本設定の例 …………………………………………………… 207
  - 不正中継対策のパラメータ …………………………………… 209
  - 不正中継のテスト ……………………………………………… 212
  - メールボックス形式の設定 …………………………………… 214
- SMTP AUTH（送信時の認証）の設定 …………………………… 215
  - SMTP AUTHの概要 …………………………………………… 215
  - cyrus SASLのダウンロードと解凍 ………………………… 215
  - コンパイルとインストール …………………………………… 215
  - 認証データベースの設定 ……………………………………… 216
  - Postfixの再コンパイル ……………………………………… 217
  - SMTP AUTH用にmain.cfを編集 …………………………… 218
  - Postfixの再起動 ……………………………………………… 219
- TLS（暗号化通信）の設定 ………………………………………… 220
  - PostfixにTLSパッチを適用する …………………………… 221

SASL／TLS対応Postfixのインストール ... 221
TLSを使用する場合のmaster.cfの設定 ... 222
鍵と証明書の設定 ... 222

バーチャルドメインの設定 ... 223
送信設定 ... 223
受信設定 ... 224

そのほかの基本設定 ... 225
エイリアスの設定 ... 225
そのほかのmain.cfの設定項目 ... 227
.forwardの設定 ... 231

スパム対策の設定 ... 232
Postfixによるスパム対策の概要 ... 232
スパムフィルタリングの設定例 ... 234

メールの静的転送設定 ... 235
ハブ構成の設定 ... 235
特定ドメイン宛てのメールを転送する設定 ... 238

4-3 POPサーバの構築 — 240
プレーン認証のPOPサーバ ... 240
APOP認証のPOPサーバ ... 242

4-4 IMAPサーバの構築 — 244
IMAPの概要 ... 244
Courier-IMAPの導入 ... 245
必要なモジュールのインストール ... 245
ダウンロードとコンパイル、インストール ... 246
起動設定 ... 247
メールボックスの作成 ... 247

4-5 Procmailの設定 — 249
Procmailのダウンロードとコンパイル、インストール ... 249
Procmailの全体的な設定 ... 250
ユーザー個別の設定 ... 250
.forwardの作成 ... 250
.procmailrcの作成 ... 251

4-6 メールサービスに関するFAQ — 253

第5章 FTPサーバの構築

5-1 vsftpdの概要とインストール — 262

FTPサーバの概要 — 262
ダウンロードとコンパイル — 263
ダウンロードと解凍 — 263
コンパイル — 264
インストール — 265
ユーザーとディレクトリの準備 — 265
インストール — 265
vsftpdの起動 — 266
基本的な設定 — 267
そのほかの重要と思われる設定 — 269

5-2 設定リファレンス — 272

セッションに関係する設定 — 272
コネクション関連 — 272
listen関連 (ポートの待ち受け) — 273
サーバの実行に関する設定 — 274
anonymousに関する設定 — 274
ローカルユーザーに関する設定 — 277
ファイル表示に関する設定 — 278
Change rootに関する設定 — 278
データ転送に関する設定 — 279
ログに関する設定 — 279
そのほかの設定 — 280

5-3 PASVモードについて — 282

PASVモードが必要な理由 — 282
PASVモード接続 — 285

5-4 FTPに関するFAQ — 286

第6章 Sambaサーバの構築

6-1 Sambaの導入 — 292

Sambaの概要と特徴 — 292
ダウンロードとコンパイル、インストール — 293
ダウンロード — 293

コンパイルとインストール	294
環境設定	**295**
/etc/services の設定	295
/etc/samba/smb.conf の設定	296
Samba のユーザーアカウントの作成	**299**
Samba の起動	**300**

6-2 Samba に関する FAQ —————————— 303

第7章 iptables によるファイアウォールの構築

7-1 iptables の使い方 —————————— 312

iptables の概要 ... 312
ファイアウォール構築のポリシー ... 313
   基本ポリシーの考え方 ... 313
iptables を利用できる環境 ... 314
   カーネルのバージョンと設定 ... 314
   そのほかのカーネルの設定 ... 315
   複数 NIC を使用する場合に便利な方法 ... 317
iptables コマンド ... 318
   テーブル ... 318
   チェイン、ルール、ターゲット ... 319
   iptables コマンドの書式 ... 321

7-2 ファイアウォール構築の実際 —————————— 324

iptables による設定の流れ ... 324
そのほかの設定例 ... 326
ルールの考え方 ... 327
ファイアウォールの構築例 ... 328
管理用ホストの設定例 ... 336

7-3 iptables の導入 —————————— 340

iptables のダウンロードとカーネルの設定 ... 340
iptables のインストールと動作確認 ... 345
ログの出力先の変更方法 ... 346

7-4 iptables に関する FAQ —————————— 348

INDEX ... 352

DTP・編集協力：有限会社テクスト／カバーデザイン：ROVARIS

第1章
Linux導入の予備知識

本章では、Linuxの導入全般にかかわる知識を紹介します。「これまで何度かLinuxを導入したけれども、いまでもパッケージ選択やディスク構成で迷うことがある」という方や、おまかせパッケージで導入する方法から脱皮したい方におすすめです。
ただし、インストール手順そのものを解説するわけではありません。インストール前に明確にすべき情報の大枠を示すことで、導入をスムーズにし、導入後の"しまった"をなくすポイントを紹介します。

- **1-1** インストール前の検討事項
- **1-2** Linuxの起動シーケンス
- **1-3** スーパーサーバinetdの仕組み
- **1-4** スーパーサーバxinetdの仕組み
- **1-5** 管理者必修！ トラブル対策コマンドガイド
- **1-6** Linux導入に関するFAQ

1-1　インストール前の検討事項

　ある程度はLinuxの導入経験がある方でも、「ディスクの容量設定を間違えてやり直した」とか、「ハードウェアの情報不足でドライバがすんなり組み込めなかった」ということもあるのではないでしょうか。筆者の周囲にも、そういうケースが多いように思います。

　このような事態を招かないために、最初に必要な設定情報を用意し、Linuxを導入する目的を確認しておくことが必要です。

 導入に必要な情報とは

　最初に、Linuxインストール前に必要な情報について整理しておきましょう。大まかにいって、次の4つの情報が必要です。

①インストールするパッケージの選択
　・使用目的に応じた、インストールするパッケージの選択方針の決定
　　（→P.15「導入目的によるパッケージの選択」）

②必要なディスク容量の見積りとディスク分割の方針の決定
　・パーティション（ディスクの分割単位）の作成方針。
　・各パーティションに必要な容量の概算。
　・パーティションに対するマウントパス（ディレクトリツリー）の割り当て。
　　（→P.19「ディスクの容量と配置」）

③ネットワーク設定情報の決定
　・サーバを設置するネットワーク環境の調査。
　・IPアドレス、ネットマスク、デフォルトゲートウェイ、DNSのアドレスなど。
　　（→P.21「ネットワーク設定情報の決定」）

④デバイス情報の収集
　・導入するマシンに装着されているデバイスのメーカー、型番など。
　・特にNIC（ネットワークカード）、ビデオカードは重要。

1-1 インストール前の検討事項

④については、すでにWindowsがインストールされているパソコンならば、コントロールパネルからマシンのスペックを読み出すことができます。

具体的には、CPU、メモリ、ハードディスク、光学ドライブ、NIC（ネットワークカード）、ビデオカードなどのメーカー名と型番、ドライブ類の容量や台数と接続インターフェイス、CPUのクロック周波数、メモリの容量、マザーボードのメーカー名と型番、搭載チップセットなどの情報を集めます。

また、NICやビデオカード、SCSIホストアダプタ、RAIDカードなどについては、搭載チップの名称もわかると、ドライバ選択の際に役立つことがあります。これらの情報は、パソコンが起動しなくなったときのために紙にメモするなど、記録しておきましょう。

パソコン本体の説明書がある場合は、正式な型番も確認しておきましょう。型番がわかれば、その機種特有の注意点などを、インターネットで事前に検索することが容易になります。

▶ インストール前の準備

 導入目的によるパッケージの選択

実際にインストールをはじめる前に、Linuxの使用目的を明確にしておくことも大切です。

多くのLinuxディストリビューションでは、数千ものパッケージからインストールする対象を選択できます。この際、Linuxの用途が決まっていれば、導入するパッケ

ージがだいたい決まります。

　もちろん、パッケージを1つ1つ選んでいたのでは大変ですから、あらかじめ「サーバ用途」「デスクトップ用途」などのインストールメニューが用意され、メニュー選択に応じて適切なパッケージが選択されるようになっています。実際のインストールは、このように自動的に選択されたパッケージをベースに、必要なものを追加したり、不要なものを削除したりしながら進めます。

▶ インストール前の検討事項

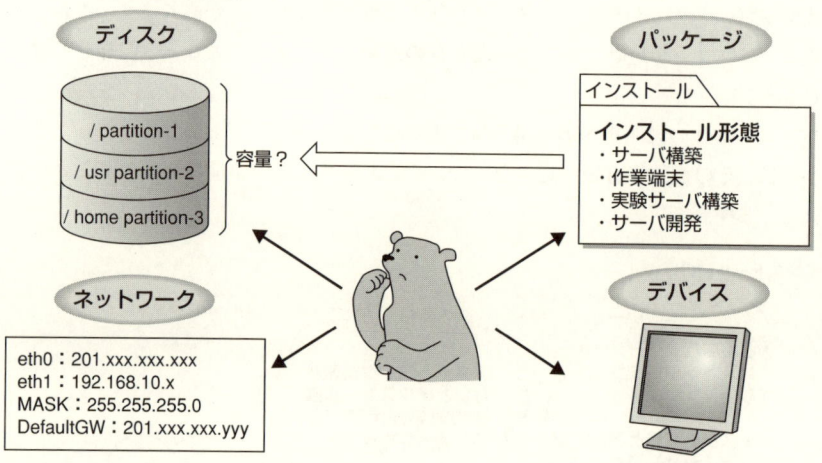

　以下で、想定される主な用途ごとに、パッケージ選択のポイントや必要な容量をあげてみます。

(1)サーバの構築

　各ディストリビューションとも、サーバ構築のメニューでは、パッケージを詳細に選択できる仕様になっています。

　これは、サーバに不必要なパッケージを導入するとセキュリティホールを増やすことになりかねないことから、本当に必要なものだけを選択できるようにするための配慮です。

　また、同じサービスを実現するために複数の選択肢がある場合、好みのサーバを選択できるのが普通です。たとえば、メールサーバとしてSendmailの代わりに、Postfixやqmailを選択できるという具合です。

X Window System（以下、Xという）に関しては選択が分かれるところです。高負荷のサーバやセキュリティ重視のサーバでは、Xを導入するのは控えるか、メンテナンス時以外は起動しないようにしておくことがベストです。一方、リモートホストからGUIベースでサーバにログインしたい場合や、サーバのXクライアントを起動したい場合、Xのインストールが必須になります。

なお、「はじめに」でもふれたように、本書の特徴は、ソースからサーバプログラムを構築することにあります。このためには、ソースから構築するプログラムに関しては、導入リストからはずしておくことが必要です。対象となる主なものは、BIND、Apache、Postfix、vsFTPD、Sambaです。

繰り返しになりますが、ソースからサーバプログラムを構築する意義は、最新のバグ修正やセキュリティパッチに対応できることと、用途に応じた設定を柔軟に行えることにあります。

●ディスク容量の目安

サーバのバイナリだけであれば500M～1.5GBくらいで導入が可能でしょう。ただし、本書で紹介するようにメインサーバやユーティリティをソースから作成する場合、かなりの容量が必要となってくるので注意が必要です。コンパイル時には、ソースの3～5倍の容量を一時的に必要とするものもあります。

また、収録するコンテンツやログの発生量によっては、もっと大きなディスク容量が必要になることもあります。

(2) 作業端末

いわゆるデスクトップ環境です。Windowsのような感覚で使用するならX系のアプリケーションは必須ですので、パッケージで含まれているものの大半を導入してみるのもよいでしょう

開発も行うのであれば、binユーティリティやgcc、makeなどの開発パッケージが必要になります。

●ディスク容量の目安

ディストリビューションにより異なりますが、フルインストールの場合、だいたい3G～6GB程度になります。

(3) テストサーバ構築

　テストサーバの目的は、開発したプロダクトがほかの環境でもすんなり動くかどうかを調べたり、評価したりすることにあります。

　注意が必要なのは、開発時に依存したライブラリやアプリケーション、ユーティリティが、導入先のマシンにインストールされているとは限らないということです。ですから、開発環境と同様に豊富なライブラリなどを導入してしまっては、テスト環境の意味をなさなくなります。

　インストールオプションとしてはデフォルト、あるいは標準的なインストールを選択し、必要最低限に近い状態から構築するとよいでしょう。

● ディスク容量の目安

　必要なディスク容量はフルインストールとサーバインストールの中間くらいなので、2GB程度になるでしょう。あとは、開発したアプリケーションとサーバで使用するコンテンツの容量分を確保しましょう。

(4) サーバプログラムやアプリケーション開発

　開発したサーバプログラムやアプリケーションは、どんな環境で使われるか予想がつきません。ですから、依存するライブラリやツールは極力少なくすることが大切です。当然、開発環境は最低限のパッケージで構築し、必要に応じてツールやアプリケーション、ライブラリを追加するようにしたほうが、問題は発生しにくくなります。

● ディスク容量の目安

　インストールに必要な容量自体は、サーバ構築と同じ程度と考えてよいでしょう。ただし、開発に必要なアプリケーションを導入したり、開発するプロダクトのソースなどを展開する容量が必要になるので、その分、大きめに領域を確保しておきましょう。

ディスクの容量と配置

ここでは、前項で説明した導入時のディスク容量を考慮しつつ、どのようにパーティションを分割し、割り当てを行うべきかを検討します。

パーティションの容量設定や割り当てが不適切な場合、高負荷の環境では、Linuxマシンにとっては強烈なボディブローとして効いてきますので、慎重に検討してください。

●パーティション分割と割り当ての指針

まず、次のような指針をベースにディスクの割り当てを検討してみましょう。

・データ更新の多いディレクトリは独立パーティション、あるいは独立ユニット（異なるディスク装置）にする

負荷が大きく消耗しやすい領域をまとめることで、障害発生時の被害の範囲を限定することがねらいです。

・静的なファイルが多いディレクトリは同じパーティションに固める

負荷が小さい領域をまとめることで、障害が発生しにくいパーティションを作ることがねらいです。

・ブート情報が置かれているディレクトリ（/boot）は別パーティションにすることを検討する

ブート情報やカーネルが置かれている領域がクラッシュすると、システムの再起動が難しくなります。そこで、パーティションを独立させておき、同容量の別パーティションに丸ごとバックアップしておくと、復旧が迅速に行えます。

また、137GB超のハードディスクを起動ドライブとする場合、LILOがディスクの一部の領域にしかアクセスできない場合があるため、/bootをディスクの先頭のパーティションに配置しておくと安全です。

▶ ディスクとパーティションの検討

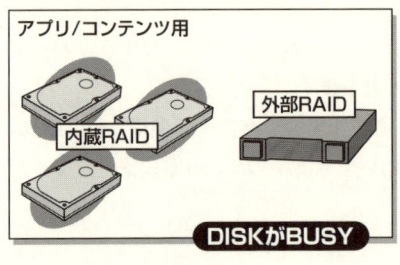
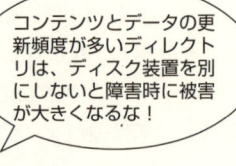

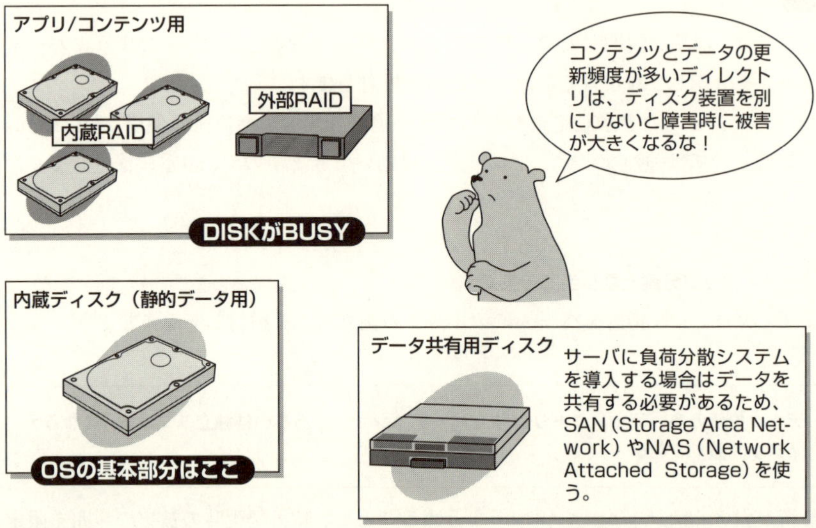

　以下に示す内容は、Linuxのディレクトリを、一般的な特性によって分類したものです。パーティションを作成する際の目安にしてください。

●更新頻度の低いディレクトリ

/bin	/boot
/etc	/lib
/sbin	/usr/xxx（/usr/local以外の静的な/usrディレクトリ）

※/bootについては、前述のような理由で別パーティションにすることも考慮しましょう。

●逐次使われるディレクトリ

/dev	/tmp

●ディスクの読み書きが激しいディレクトリ

/var	/home
そのほか、独自で設けたコンテンツディレクトリなど	

●主に読み込みが頻繁に発生するディレクトリ

/opt
/usr/xxx（ライブラリやアプリケーションがインストールされているディレクトリ）
そのほか、独自で設けたアプリケーションディレクトリ

　この例ではおおまかに4つのパターンで区切りましたが、これらをすべて別パーティションにする必要はありません。たとえばデスクトップ用途やテストサーバ目的であれば、/、/usr、/homeの3パーティションに分ける程度でよいでしょう。

> **Tips**　一般的にパーティションには次の2つのタイプが存在します。
>
> ・プライマリパーティション（最大4分割／ドライブ）
> ・論理パーティション（最大11分割／ドライブ）
>
> 　つまり、1ドライブあたりの最大パーティション数は15であることがわかります。
> 　ただし、同一ドライブ内の論理パーティション数の制限に関しては、各OSの実装に依存します。たとえば一般的なLinuxシステムでは、最大の15パーティションに分割することができます。
> 　ただし、やみくもに分割してもメンテナンス性が悪くなるだけです。作業効率を考慮した分割数にとどめておきましょう。
> 　なお、市販のブートローダを使うことで、この制限は大幅に緩和できます。

ネットワーク設定情報の決定

　インストールの際には、どのディストリビューションでも、ネットワーク情報を聞いてくるフェーズがあります。ここで情報を入力しなくてもインストールはできますが、ネットワークに依存するサーバプログラムを導入する場合には、インストール後の起動時にエラーとなることもあります。次のようなネットワーク情報が必要になるので、決定しておきましょう。

・ホスト名
・IPアドレスとネットマスク
・ブロードキャストアドレス
・デフォルトゲートウェイのIPアドレス
・ドメインネームサーバのIPアドレス
・そのほかのルーティングルール

本書で想定するネットワーク構成

　本書では、実践的なサーバ構築のお手本となるよう、中規模の会社が構成する一般的なネットワーク構成をベースに説明していきます。ホビー向けの入門系の書籍では、ブロードバンドルータの直下にサーバを置き、Dynamic DNS※で運用する形式での説明が主流です。しかし、企業やITビジネスの世界では、複数のサーバが設置されるのが普通です。本書では、そういった実運用の場面を意識しながら説明します。当然、プロバイダとの契約は固定IPアドレスであり、独自ドメインで運用することを想定しています。

　また、サーバ構築というと、とかくネットワーク構築と切り離されて説明されてしまいがちですが、これは大きな間違いです。ネットワーク上のどこにサーバを配置するかによって、セキュリティレベルやファイアウォールでの制御なども大きく違ってくるからです。

　なかでも、最も重要な課題はルーティングです。サーバ側にも適正なルーティング設定を行わないと、パケットがサーバに到達したあと、今度は送ってきた相手に対して反応を返すことができません。このように、ネットワーク構成やルーティングを常に意識しながらサーバの構成を考えていないと、ある程度の規模になってきたときに太刀打ちできなくなるのです。

　そのため、ここではまず、ネットワークの構成とその上に設置するサーバのモデルを提示し、主な設定のポイントを解説します。また、次項以降でも、折りにふれてネットワーク構成に関する注意点を取りあげていくので、本書を読み進めていく中で、サーバとネットワークの関係を理解していきましょう。

●ネットワーク構成の例

　最初に、今後の説明のベースとなるネットワーク構成例の図を見てみましょう（次ページ図）。

　簡単に補足すると、ISP（プロバイダ）との間にはルータが置かれます。ルータのISP側はunnumberd接続になっているのが一般的です。

　その内側にファイアウォールマシンが置かれ、DMZとLANが接続されています。このため、ファイアウォールマシンには3枚のネットワークインターフェイスカード（NIC）があります。

【Dynamic DNS】IPアドレスが動的に変更されるホストの名前解決を可能とするために、DNSレコードを動的に更新するシステム。これにより、ADSLなど、可変IPアドレスでサーバを運用する場合でも、独自ドメインでの公開が可能となる。

1-1 インストール前の検討事項

▶ 本書で想定するネットワーク構成

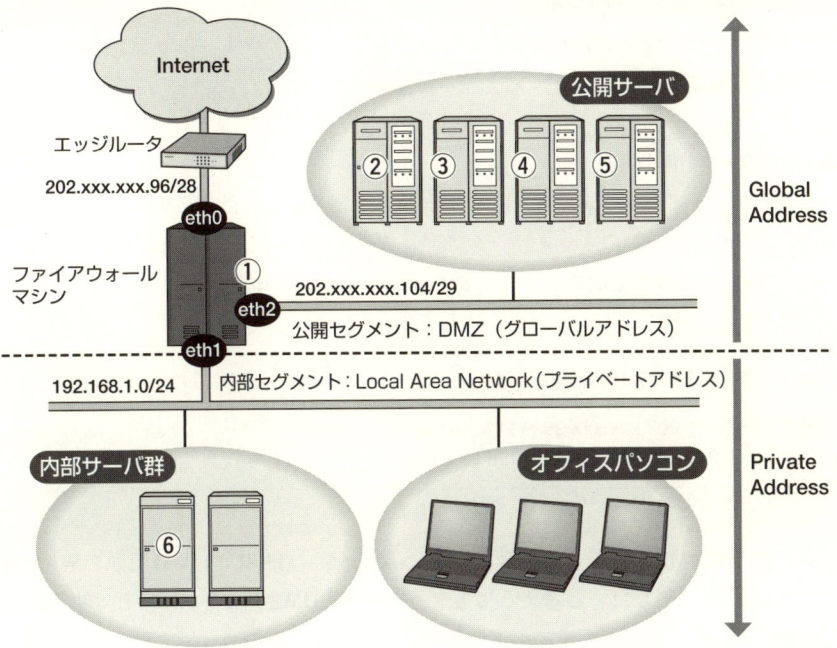

グローバルIPアドレスで運用されるDMZには、ネームサーバ、Webサーバ、SMTPサーバなどが置かれます。各サーバには、次のようなホスト名を割り当てます(これは一例です)。

▶ ホスト各設定の例

```
・ホスト名①: fwg.testhoge.net    → ファイアウォール/ゲートウェイ
・ホスト名②: www.testhoge.net    → Webサーバ (LANまたはDMZ上)
・ホスト名③: mail.testhoge.net   → メールサーバ (LANまたはDMZ上)
・ホスト名④: ns.testhoge.net     → DNSサーバ (LANまたはDMZ上)
・ホスト名⑤: ftp.testhoge.net    → ftpサーバ (LANまたはDMZ上)
・ホスト名⑥: fs.testhoge.net     → Sambaサーバ (LANまたはDMZ上)
```

一方、プライベートIPアドレスで運用されるLANには、クライアントホストが置かれます。LAN、DMZ、インターネット相互のルーティングは、ファイアウォールマシンが担います。

ネットワークの分割方針

それでは、この構成で最大のポイントとなる、ファイアウォールマシンの設定について考えてみましょう。

●ネットワーク分割の実例

まず、ファイアウォールの各NICにアドレスを割り振る設計が必要です。そのためには、各NICのゾーンのネットワークアドレスを決めなくてはなりません。

ここでは、ISPから、次のような範囲のグローバルアドレスを割り当てされたと仮定します。ネットマスクは28ビットとします。

▶ISPから割り当てられたIPアドレスの例

```
IPアドレス    ：202.xxx.xxx.96～111
ネットマスク：255.255.255.240（28ビット）
```

この条件でDMZを構築する場合、202.xxx.xxx.96～111のアドレス範囲をWAN側とDMZ側で2分割したいと考えるでしょう。実際、DMZ側はWAN側とは物理的に切り離され、その間をファイアウォールがつなぐ構成になるわけですから、別のネットワークアドレスを割り振るのが自然です。

割り当てIPアドレスレンジは16アドレスなので、これを2分割すると、8アドレスのネットワークを2つ作ることになります。それぞれのネットワークアドレスは次のとおりです。

▶各ゾーンのネットワークアドレスの例

```
・WAN側：202.xxx.xxx.96/28    （グローバルアドレス）
           97～102をホストで利用可能
           96はネットワークアドレス、103はブロードキャストアドレス
・DMZ側：202.xxx.xxx.104/29   （グローバルアドレス）
           105～110をホストで利用可能
           104はネットワークアドレス、111はブロードキャストアドレス
・LAN側：192.168.1.0/24       （プライベートアドレス）
```

1-1 インストール前の検討事項

●ネットマスク値が異なる理由

　ここで、「/28のネットワークアドレスを2分割にするのだから、両方とも/29ではないのか？」と疑問を抱く方もいると思います。しかし、次のように手順を追って考えると、左の例のように設定するのが自然であることがわかります。

---

①ルータのNIC（ファイアウォールに対向する側）とファイアウォールのWAN側NICは、ISPから指定されたIPアドレスとネットマスクをそのまま使用。
②DMZのネットワークアドレスは、WAN側よりネットマスクが1ビット長いものを設定。
→割り当てられたネットワークの後半部分をサブネットとして切り出すため。
③ファイアウォールには、WAN側（96〜103）宛てとDMZ側（104〜111）宛てのパケットについて、それぞれルーティング設定をしておく。
④ルータには、202.xxx.xxx.96〜111宛てのパケットについて、ファイアウォールのWAN側NICをゲートウェイとして転送するルーティング設定をしておく。

　ポイントとなるのが、③のルーティングです。この設定では、WAN側のネットワークアドレスがDMZ側のネットワークアドレスを包含するかたちになっているため、ルーティングテーブルの設定が曖昧だと、通信が成立しなくなります。

　実例はあとで紹介しますが、ここでは、WAN側には28ビットのネットマスク、DMZ側には29ビットのネットマスクで、ルーティングテーブルを設定します。

　この結果、DMZ側へのパケットが流れたとき、このパケットは、WAN側へのテーブルにもDMZ側へのテーブルにも一致します。しかしその場合には、より長いビット数が一致するほうが採用されるという規則（ロンゲストマッチ※）により、DMZ側へのテーブルが参照されます。これにより、DMZ宛てのパケットとWAN宛てのパケットはきれいに振り分けられることになります。

　また、④のルーティングは、ルータとDMZ側が同一ネットワークアドレスに属するにもかかわらず、実際には同一ネットワークに存在しないために必要になります。この設定がないと、ルータは202.xxx.xxx.96〜111宛てのパケットを直接転送するために、ARPによって転送先のMACアドレスを得ようとします。しかし、これはDMZ側アドレスに関しては失敗するため、通信不能になってしまいます。

ルータとファイアウォールの設定情報の例

　以上のような構成にした場合、ルータとファイアウォールに設定する情報は、たとえば次のようになります。

【ロンゲストマッチ】ルータが経路選択をする際の規則の1つ。ルーティングテーブルの中に、パケットの宛先ネットワークアドレスと一致するエントリが複数ある場合、より長いビット数が一致したものを選ぶという規則。

●ルータのIPアドレスとネットマスク

```
202.xxx.xxx.98/28（255.255.255.240）
```

●ファイアウォールマシンのIPアドレスとネットマスク

ファイアウォールマシンの各NICに割り当てるIPアドレスは次のようになります。

```
・WAN側（eth0）：202.xxx.xxx.97/28    （255.255.255.240）
・DMZ側（eth2）：202.xxx.xxx.105/29   （255.255.255.248）
・LAN側（eth1） ：192.168.1.1/24      （255.255.255.0）
```

> **Tips** 複数のNICを使用した場合、各イーサネットデバイスのインターフェイス名はeth0,eth1,eth2という順番で割り当てられます。自動の場合、順番はNICを挿入しているバスのアドレス（通常はスロットの位置の順）に依存します。手動で設定する場合は、ロードする順番を変えることも可能です。

●ルータに設定するルーティング

ルータには、次のようなルーティング設定を追加します。

```
宛先              ネットマスク         ゲートウェイ
202.xxx.xxx.96   255.255.255.240    202.xxx.xxx.97   ←WAN側アドレス（DMZ側アドレスも含む）
                                                      はファイアウォールマシンのWAN側NICへ
```

●ファイアウォールマシンのルーティング

ファイアウォールマシンには、次のようなルーティング設定をします。次の例は、それをrouteコマンドの書式で表現したものです。

▶ ファイアウォール内部に設定するルーティング

```
# route add -net 202.xxx.xxx.96/28 gw 202.xxx.xxx.97 eth0 ←
                                WAN宛てパケットはゲートウェイ202.xxx.xxx.97へ転送

# route add -net 202.xxx.xxx.104/29 gw 202.xxx.xxx.105 eth2 ←
                                DMZ宛てパケットはゲートウェイ202.xxx.xxx.105へ転送

# route add -net 192.168.1.0/24 gw 192.168.1.1 eth1  ←LAN宛てパケットは
                                                      eth1へ

# route add -net 0.0.0.0 gw 202.xxx.xxx.98 eth0  ←デフォルトルートはルータ
```

同じ設定を「route -n」コマンドによるテーブル表示で表現すると、次のようになります。

```
Destination      Gateway          Genmask          Flags Metric Ref       Use Iface
202.xxx.xxx.104  202.xxx.xxx.105  255.255.255.248  UG    0      0         0   eth2
202.xxx.xxx.96   202.xxx.xxx.97   255.255.255.240  UG    0      0         0   eth0
192.168.1.0      192.168.1.1      255.255.255.0    UG    0      0         0   eth1
127.0.0.0        0.0.0.0          255.0.0.0        U     0      0         0   lo
0.0.0.0          202.xxx.xxx.98   0.0.0.0          UG    0      0         0   eth0
```

なお、WAN側とDMZ側へのルーティング設定については、ゲートウェイとせず、単にNIC（eth0やeth2）に流す設定でも動作します。

> **Tips** ディストリビューションの初期設定のままだと、この設定とは微妙に異なる結果になることが多いようです。それで不具合が生じる場合は、不要な設定を「route del」で削除したあと、上記の設定を行います。
> 　システム起動時に設定されるようにするには、rcスクリプトなどで一連のコマンドが実行されるようにするとよいでしょう。

● そのほかのホストへの設定情報の例

そのほか、各ネットワークセグメントに設置するサーバに設定するネットワーク関係の情報は、次のようになります。

●IPアドレスとネットマスク、ブロードキャストアドレス

設置するセグメントに応じて、次のような値を設定します（ただし、実際にWAN側にサーバを設置することはないでしょう）。

	IPアドレス	ネットマスク	ブロードキャストアドレス
・WAN側	202.xxx.xxx.99～102	255.255.255.240	202.xxx.xxx.103
・DMZ側	202.xxx.xxx.106～110	255.255.255.248	202.xxx.xxx.111
・LAN側	192.168.1.2～254	255.255.255.0	192.168.1.255

●デフォルトゲートウェイ

設置するゾーンに応じて、デフォルトゲートウェイの値は次のようになります。

・WAN側：202.xxx.xxx.97
・DMZ側：202.xxx.xxx.105
・LAN側 ：192.168.1.1

●ルーティング

各セグメントのサーバに設定するルーティングは次のようになります。

```
・DMZ側
# route add -net 0.0.0.0 gw 202.xxx.xxx.105 eth0
# route add -net 202.xxx.xxx.104/29 gw 202.xxx.xxx.105 eth0

・LAN側
# route add -net 0.0.0.0 gw 192.168.1.1 eth0
# route add -net 192.168.1.0/24 gw 192.168.1.1 eth0
```

●ドメインネームサーバ

適宜、ネットワーク内のネームサーバのアドレスを指定します。

1-2 Linuxの起動シーケンス

　Linuxインストールのあとは、サーバやアプリケーションのインストールや環境設定が待っています。

　本書の方針で作業を進めた場合、各種サーバはまだインストールされていませんし、インストール直後の状態では、セキュリティ面の設定などが不十分です。そこで、インストールや環境設定の作業が必要になるわけです。

　これらの具体的な作業の説明は、本章の「inetd」「xinetd」の項、および次章以降で行います。ここではまず、Linuxの起動シーケンスについて理解しておきましょう。

　Linux/UNIXの世界では、OSのブート時に多くのコンフィギュレーションファイルを読み出してロードしていきます。この流れを理解し、設定ファイルを分析して各ファイルでの設定内容を理解すると、新たなサーバを追加する方法が理解しやすくなります。

 電源投入から起動までの流れ

　Linuxマシンに電源を投入すると、最初にBIOSが起動し、マザーボード上に装備しているデバイスを認識・初期化します。

　BIOS処理の最後に、起動ディスクのMBR（Master Boot Record）に書かれているコードがメモリに配置され、そこに制御が移されます。このコードは、一般的にはLILOやGRUBなどのブートローダです。

　ブートローダは起動メニューを表示するなどの処理を行ったあと、カーネルをロードします。カーネルはハードウェアのチェック、モジュールのロード、rootファイルシステムのマウントなどの処理を行います。その後、/sbin/initを起動します。

　initは、/etc/inittabの内容に従ってシステムの初期化を行います。この際、ランレベルに応じたrcディレクトリから各種サービススクリプトが起動され、サーバの起動などの初期設定が完了します。

　なお、ランレベルはOSの動作モードを表す番号で、通常0～6の7つがあります。init実行時にランレベルを指定すると、/etc/rc.d/rc0.d～rc.6.d*ディレクトリ（rcディレクトリ）に保存された初期化スクリプト（rcスクリプト）のセットのうち、ランレ

【/etc/rc.d/rc [0-6] .d】Debian系のシステムでは/etc/rc [0-6] .dとなる。Red Hat系でも、/etc/rc [0-6] .dも使えるようにリンクされていることが多い。

ベル番号に応じたものが実行されます。指定がない場合は、/etc/inittab に記述されたデフォルトランレベルが使用されます。

▶ Linuxマシン起動の流れ

①BIOS起動、デバイス認識・初期化
②起動ディスクのMBRをロードし、制御を渡す
③ブートローダ（LILO、GRUBなど）が起動する
④選択メニューにより、該当パーティションからカーネルイメージをロードする
⑤デバイスの初期化、モジュールのロード、rootファイルシステムのロードを行う
⑥initプログラムを実行し、初期化スクリプトを実行する
⑦ランレベルに合わせたrcスクリプトを実行する

init と inittab

Linux起動後にpstreeコマンドを実行すると、すべてのプロセスがinitから生み出されていることがわかります。

▶ pstreeの実行例

```
# pstree
init─┬─acpid
     ├─cardmgr
     ├─cupsd
     ├─devfsd
     ├─events/0─┬─aio/0
     │          ├─kblockd/0
     │          ├─khelper
     │          └─2*[pdflush]
     ├─kdeinit─┬─artsd
     │         ├─3*[kdeinit]
     │         ├─kdeinit───bash───pstree
     │         └─mozilla───run-mozilla.sh───mozilla-bin───
     ├─9*[kdeinit]
     ├─kdm─┬─X
     │     └─kdm───startkde─┬─Xsession───kinput2
     │                      ├─kwrapper
     │                      └─ssh-agent
```

1-2 Linuxの起動シーケンス

　このように、initは最初に起動され、すべてのプロセスの"親"となるプロセスです。

　initは、起動時に/etc/inittabを参照します。このinittabには、Linuxのブート処理を決定する情報が書かれています。

　具体的には、OSの環境設定の基本を行う初期化スクリプトを実行し、設定されているデフォルトのランレベルに合わせて、/etc/rc.d/rc [x] .dディレクトリにあるプログラム起動スクリプトを実行する、という内容です。

　各設定項目の詳細は次項で説明するとして、まず、inittabの例を見てみましょう。

▶ /etc/inittab

```
# Default runlevel. The runlevels used by RHS are:
#   0 - halt (Do NOT set initdefault to this)
#   1 - Single user mode
#   2 - Multiuser, without NFS (The same as 3, if you do not have
#       networking)
#   3 - Full multiuser mode
#   4 - unused
#   5 - X11
#   6 - reboot (Do NOT set initdefault to this)
#
id:5:initdefault:        ←起動時のデフォルトのランレベルを設定する

# System initialization.
si::sysinit:/etc/rc.sysinit    ←ブート時にOSの初期化を行うスクリプト

l0:0:wait:/etc/rc 0
l1:1:wait:/etc/rc 1
l2:2:wait:/etc/rc 2     各ランレベルで実行される処理の指定
l3:3:wait:/etc/rc 3     (読み込むスクリプトのディレクトリ
l4:4:wait:/etc/rc 4     がここで決定する)
l5:5:wait:/etc/rc 5
l6:6:wait:/etc/rc 6

# Things to run in every runlevel.     どのランレベルに切り替えても、
#ud::once:/sbin/update                 一度は実行されるスクリプト

# Trap CTRL-ALT-DELETE                           [Ctrl]+[Alt]+[Del]を同時に押し
# ca::ctrlaltdel:/sbin/shutdown -t3 -r now       たときに実行されるコマンド
                                                 ここではshutdownを指定
```

次のページへ続く→

→前ページから続く

```
# When our UPS tells us power has failed,
# assume we have a few minutes
# of power left.  Schedule a shutdown for
# 2 minutes from now.
# This does, of course, assume you have
# powerd installed and your
# UPS connected and working correctly.
pf::powerfail:/sbin/shutdown -f -h +2 \
"Power Failure; System Shutting Down"

# If power was restored before the shutdown
# kicked in, cancel it.
pr:12345:powerokwait:/sbin/shutdown -c \
"Power Restored; Shutdown Cancelled"

# Run gettys in standard runlevels
1:2345:respawn:/sbin/mingetty vc/1
2:2345:respawn:/sbin/mingetty vc/2
3:2345:respawn:/sbin/mingetty vc/3
4:2345:respawn:/sbin/mingetty vc/4
5:2345:respawn:/sbin/mingetty vc/5
6:2345:respawn:/sbin/mingetty vc/6

# Run xdm in runlevel 5
# xdm is now a separate service
x:5:respawn:/usr/X11R6/bin/launch_xdm
```

電源がOFFになったことがUPSから通知された場合に実行されるコマンド

シャットダウンのキャンセル（実際にシャットダウンが発行される前に電源ボタンを押すとキャンセルになる）

端末制御（ランレベル2〜5で/sbin/mingettyを実行。終了すると再実行する）

ランレベル5で実行されるGUIのログインデーモン

ここで設定されている内容をおおまかにまとめると、次のようになります。

①ブート時の処理を行うスクリプトの実行
②ランレベルに対応したスクリプトを選択して実行
③actionにwaitが指定された場合、スクリプトの実行が終了するまで待つ
④端末制御としてログインプロンプトを出す。actionにrespawnが指定されているので、終了（ログオフ）された場合は再実行（ログインプロンプトを出力）する

/etc/inittab の書式

ランレベル

　inittabのinitdefaultエントリには、デフォルトのランレベルが書かれています。ランレベルとはOSの動作モードのことで、具体的には、ランレベルに応じて起動されるプログラムが変わります。

　起動時にランレベルを指定するには、カーネルパラメータとして「Linux 3」（ランレベル3を指定）のように入力するのが一般的です。init起動時に [I] キーを押すことで、ランレベル指定モードに入れるディストリビューションもあります。

　システム起動後にランレベルを変更するには、telinitコマンドで「telinit 3」のようにします。

　ランレベルは0～6の7つあります（ディストリビューションによっては若干異なります）。それぞれの内容は次のようになっています。

▶ ランレベル

```
0：停止
1：シングルユーザーモード
2：NFSを使用しないテキストモード（マルチユーザーモード）
3：テキストモード（マルチユーザーモード）
4：自由に使ってかまわない（決まっていない）
5：GUIログインモード（マルチユーザーモード）
6：再起動
```

/etc/inittab の基本書式

　initabの設定項目（エントリ）の基本書式は、次のようになります。エントリの記述はすべて、この書式に従って行います。

```
id:runlevel:action:process
```

● id

　エントリの識別子です。ユニークな文字列を1～4文字で指定します。

●runlevel

　ランレベルの指定では、1～6までの数字が有効です。「2345」のように、複数のレベルを指定することもできます。この場合、該当するすべてのランレベルで実行されます。省略した場合は、デフォルトランレベルになります。

●action

　プロセスの起動、または終了時の動作です。内容は次の表のとおりです。

▶ actionフィールドのパラメータ

action	意味
respawn	processで指定したプロセスを起動し、終了したら再起動する
wait	processで指定したプロセスを起動し、終了を待つ
boot	システムブート中に実行される。runlevels欄は無視される。
bootwait	システムブート中に実行されるが、initは指定プロセスが終了するまで待つ。runlevelは無視される
once	指定したランレベルへの移行後に一度だけ実行
initdefault	デフォルトランレベルの指定
off	何もしない
sysinit	ブート時に実行するプロセス
powerwait	電源異常を電源管理プロセスから検出したとき、検出プロセスが終了するのを待ってプロセスを実行する
powerfail	電源異常を電源管理プロセスから検出したとき、検出プロセスが終了するのを待たずにプロセスを実行する
powerokwait	電源回復を電源管理プロセスから通知されたときにプロセスを実行する
ctrlaltdel	[Ctrl] + [Alt] + [Del] キーが押された場合（initがSIGINTを受け取っている場合）にプロセスを起動する
kbrequest	ある特定のキーボードの組み合わせを、KeyboardSignalという動作に結び付ける
	例：alt keycode 103 = KeyboardSignalのような形でキーマップに結び付ける

●process

　実行されるプロセスを指定します。

rc.sysinit

/etc/inittab の「si::sysinit:/etc/rc.d/rc.sysinit」という指定に従って、最初のシステム初期化スクリプトである/etc/rc.d/rc.sysinit※が実行されます。先頭の [si] はSystem Initializeを意味するキーワードで、ここに記述されたスクリプトが、カーネルを読み込んだあとに実行されます。

Linux起動時、「boot:」プロンプトのあと、ディスクやデバイス関連の初期化メッセージが大量に出力されますが、これを実行しているのがrc.sysinitです。

次の例は、Fedora Core2で起動時に実行している内容です（Fedora Core3も概ね同様の内容です）。ディストリビューションによって順番などの細部は異なりますが、処理の内容はほぼ同じです。

▶ /etc/rc.sysinit の処理内容

- ネットワークの初期化
- SELinuxの設定
- コンソールタイプの設定
- rcスクリプトで呼び出すルーチン (function) の定義
- Welcomeバナーの表示
- /procファイルシステムのマウント
- カーネルパラメータの設定
- クロックの設定
- keymapの読み込み
- ホストネームの設定
- 電源管理ACPIの設定
- USBの初期化
- 必要に応じてfsckの実行
- quotaのチェック
- 必要に応じてinitrdをumount
- quotaの更新
- isapnpの設定
- rootファイルシステムのマウント
- LVM (Logical Volume Management) の設定
- スワップの設定
- カーネルモジュールの読み込み
- ハードディスクパラメータの設定
- フラグファイルのクリア

【rc.sysinit】Debian系では/etc/rcSが実行される。

rcスクリプト

rcスクリプトの役割と構成

　rc.sysinitではシステム全体の共通設定を行うのに対し、rcスクリプトと呼ばれるスクリプト群では、サーバの起動や停止など、システム起動後に変更したい部分の設定を行います。

　前述のようにrcスクリプトは、/etc/rc.d/rc0.d～rc.6.dディレクトリに配置されています。この0～6はランレベルに対応しており、たとえばランレベル3なら、/etc/rc.d/rc3.dディレクトリにあるスクリプトが実行されます。

　なお、/etc/rc.d/rc [x] .dディレクトリのスクリプトはシンボリックリンクであり、実体は/etc/rc.d/init.dディレクトリに保存されています。

　通常、バイナリパッケージで新しいプログラムやサービスをインストールすると、ここに起動用のスクリプトがコピーされ、そこへのリンクが/etc/rc.d/rc [x] .dディレクトリに作成されます。

▶ /etc/rc.dディレクトリの一般的な構成（Red Hat系）

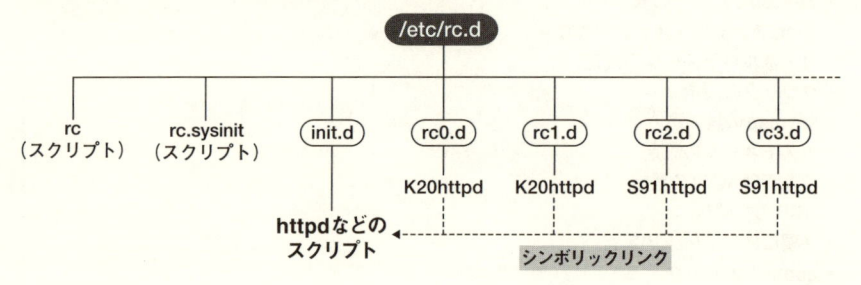

```
                        /etc/rc.d
    ┌──────┬──────┬──────┬──────┬──────┬──────┐
    rc    rc.sysinit  init.d   rc0.d   rc1.d   rc2.d   rc3.d
 （スクリプト）（スクリプト）         K20httpd K20httpd S91httpd S91httpd
                        │
                   httpdなどの         シンボリックリンク
                   スクリプト
```

　この階層構造はディストリビューションによって違うことがあるため、ここで解説している内容は、一般的な構成例と理解してください。特にDebian系は/etc/rc.dディレクトリがなく、/etc/init.dと/etc/rc [x] .dで構成されているなど、かなり異なります。とりあえず自分自身で、使用している階層がどうなっているかを調べてみましょう。

● rcスクリプトの手動実行

　/etc/rc.d/init.dにあるrcスクリプトは、start、stop、restartのうち、いずれかのパラメータを指定して実行するのが一般的です。startを指定すればサービスの起動、stopを指定すれば停止、といった具合です。

特定のサービスの再起動や停止が必要な場合は、直接このスクリプトを指定して行うことができます。たとえば、Apacheウェブサーバを再起動するのであれば、次のように実行します。

```
# /etc/rc.d/init.d/httpd retsart
```

まずは、現在のランレベルに相当する/etc/rc.d/rc [x] .d内にあるスクリプトと、その内容を確認してみましょう。

rcスクリプトの起動順序

/etc/rc.d/rc [x] .d内のスクリプトはinittabの設定に従い、ランレベルに応じて、/etc/rc.d/rcによって起動されます。この際、「Kxxサービス名」という名前のものはstopパラメータを付けて起動され、「Sxxサービス名」という名前のものはstartパラメータを付けて起動されます。

起動はファイル名の昇順で行われ、全体としては「K00xx」→「K99xx」→「S00xx」→「S99xx」という順で実行されることになります。

通常、サーバを手動でインストールするためには、まずサーバ起動スクリプトを/etc/rc.d/init.dにコピーし、ランレベルに応じてシンボリックリンクを/etc/rc.d/rc [x] .dに作成します。この際、たとえばネットワーク系のサービスについては、ネットワークが起動してからそのサービスが起動されるようにするため、ファイル名の先頭部分を設定する必要があります。

なお、バイナリパッケージでインストールする場合は、インストーラがこれらの設定を行ってくれます。

1-3 スーパーサーバinetdの仕組み

inetdの概要

　本書では、個別のサーバプログラムの導入や設定については第2章以降で解説しています。ただし、例外として、「サーバを起動するサーバ」であるinetdとxinetdについては、サーバプログラム全体にかかわる仕組みであるため、ここで紹介することにします。

　inetdはスーパー・サーバ・デーモンと呼ばれ、ポートへのアクセスを常時監視して、必要に応じてサーバデーモンを起動するプログラムです。

　inetdがない場合、サーバはすべてシステム起動時に起動され、デーモンとして常駐します（スタンドアロン形式の起動）。しかし、リクエストが少ないサービスのためにデーモンが常駐するのはリソースの無駄づかいです。そこでinetdを利用して、必要なときだけサーバプログラムを起動する仕組みを使います。

　もう1つ、inetdには利点があります。inetdがサーバを起動するとき、間にTCP Wrapper（tcpd）をはさむことで、接続を許可するホストと拒否するホストを指定できるようになります。iptablesによるパケットフィルタリング（→第7章）と併用すれば、きめの細かいアクセス制御を設定できます。

● inetdの特性

　ただし、すべてのサーバをinetd経由にすればよいというものでもありません。サーバプログラムの特性やサーバの利用目的に応じて、inetd経由の起動か、スタンドアロン形式かを選択する必要があります。

　一般的にいうと、FTP、Telnet、rshなどのr*サービスはアクセス頻度が低いため、inetdモードで起動するほうが効率がよいとされます。

　一方、inetdを使う場合、inetdを経由して起動する分、サーバプログラムの起動に時間がかかります。また、負荷が大きくなった場合には、inetdがボトルネックになる可能性があります。

　そのため、アクセスが常時発生するようなサーバプログラムは、inetdを経由しないほうが効率がよい場合があります。たとえば、Webサーバやanonymous FTPサーバな

1-3 スーパーサーバinetdの仕組み

どは、スタンドアロンモードに適しているとされています。

なお、現在はinetdよりも柔軟なアクセス制御の機能を追加したxinetdが存在します。これにより、inetd＋TCP Wrapperで実現していたアクセス制御がxinetdだけですむようになりました。xintedは設定も楽なので、これから導入するのなら、xinetdのほうがおすすめです。

/etc/inetd.confの設定

inetdが監視するポートと、それに対応して起動するサーバプログラムを定義するファイルが、/etc/inetd.confです。また、ined.confに記述されるサービス名とポート番号の対応を定義するファイルが、/etc/servicesです。

実際のinetd.confは、次のようになっています。

▶/etc/inetd.conf（抜粋）

```
#
# Ftp and telnet are standard Internet services.
#
ftp      stream  tcp   nowait  root   /usr/local/sbin/tcpd    in.ftpd
telnet   stream  tcp   nowait  root   /usr/local/sbin/tcpd    in.telnetd
#
# Tnamed serves the obsolete IEN-116 name server protocol.
#
##name   dgram   udp   wait    root   /usr/sbin/in.tnamed     in.tnamed
#
# Shell, login, exec, comsat and talk are BSD protocols.
#
exec     stream  tcp   nowait  root   /usr/sbin/in.rexecd     in.rexecd
comsat   dgram   udp   wait    root   /usr/sbin/in.comsat     in.comsat
talk     dgram   udp   wait    root   /usr/sbin/in.talkd      in.talkd
  ①       ②      ③      ④      ⑤              ⑥                ⑦
```

パラメータの意味は、左から順に次のようになります。

①サービス名

プロトコルサービス名です。/etc/servicesファイル（サービス名とポート番号の対応表）を参照して、どのポートをListenするのかを指定します。

起動したいサーバのサービス名が/etc/serviceにない場合、/etc/servicesにサービス

名称の定義を追加する必要があります。定義は、「サービス名、ポート番号/TCPまたはUDPの指定」という書式で行います。

②終端タイプ

通信のタイプをdgramまたはstreamで指定します。ほかにrawもありますが、あまり使われません。基本的に、プロトコルの項目がTCPの場合はstream、UDPの場合はdgramを指定します。ちなみにdgram/streamという用語は、ネットワーク通信によく似た通信方法であるソケット通信に由来します。

▶dgramとstreamの特徴

終端タイプ	dgram（コネクションレス型）	stream（コネクション型）
プロトコル	UDP/IP通信	TCP/IP通信
主な特徴	相手との間に接続を確立しない	相手との間に接続を確立する
	データが相手に届くことを保証しない	送出したデータの紛失はないように確認する
	相手に届くデータの順番を保証しない	データを送出した順番が保存される

③プロトコル

TCP、またはUDPのいずれかを選択します。

④待ちステータスフラグ

すでに起動中のサービスがある状態で、クライアントからのサービス要求を受け付けたとき、inetdデーモンがサービスの完了を待たなければならないかどうかを指定します。ただし、終端タイプがstreamの場合は、自動的にnowaitとなります。

⑤ユーザー名

サービスプログラムを起動するユーザー名を指定します。起動されたプログラムはこのユーザーの権限で実行されます。

⑥サーバプログラム

サービスを提供するためにinetdが実行するプログラムの、絶対パス名を指定します。TCP Wrapperを使う場合は、ここにtcpdを指定します。

1-3 スーパーサーバinetdの仕組み

⑦サーバアーギュメント

　サーバプログラムの引数を指定します。プログラムの名前自身（argv [0]）も記述します（in.ftpdならin.ftpdから記述）。TCP Wrapperを使う場合は、tcpdの引数として、起動するサーバのプログラム名とオプションを記述します。

サービスの再起動と停止

●/etc/inetd.conf 設定後の操作

　inetd.confの設定を変更したあとは、inetdにHUPシグナルを送り、変更を反映する必要があります。/var/run/inetd.pidがある場合は、次のようにします。

```
# kill -HUP `cat /var/run/inetd.pid`
```

　このファイルがない場合、psコマンドでinetdのプロセスIDを探し、そのプロセスIDを引数にしてkillコマンドを実行します。

```
# ps ax | grep inetd
  552 ?        S       0:00 /usr/sbin/inetd
# kill -HUP 552
```

●inetd経由で起動しているサービスの停止

　inetd経由で起動しているサービスを停止したい場合、inetd.confファイルの該当行の先頭に「#」を置いて、コメントにしてください。セキュリティの観点からは、必要最低限のものだけを残し、あとはコメントにするべきです。

　稼動するサービスに関しては、できるだけTCP Wrapperを使ってアクセスコントロールを行いましょう。

TCP Wrapper（tcpd）の設定

　ひと昔前は、Linuxでアクセス制御を行う場合、inetdでTCP Wrapperを使う手法が一般的でした。しかし、いまではTCP Wrapperだけで外部からのアタックを防ぐことは厳しい状況となっており、本格的なフィルタリング設定としてiptablesを使用することがほとんどです。

　ただし、ちょっとしたサーバを作る場合や、本格的なファイアウォールをすでにイン

フラ上に設置している場合は、そこまで厳しくしなくてもいい場合もあります。また、iptablesと異なり、TCP Wrapperではドメイン名やホスト名による制限が行えるため、iptablesと併用すると効果的な場合があります。このようなケースでは、TCP Wrapperの使い道はまだまだあります。

　TCP Wrapperの実体はtcpdコマンドです。tcpdコマンドのパラメータとして起動したいサーバプログラムを指定すると、tcpdは/etc/hosts/denyと/etc/hosts.allowに記述されたルールに従って、接続を許可するか拒否するかを決めます。inetdから使う場合は、inetd.confの「サーバプログラム」のフィールドにtcpdを指定し、実際のサーバプログラムの起動はtcpdに任せるようにします。

　なお、最近ではスーパーサーバがinetdからxinetdへ移行している状況にあり、互換性を持たせるために、xinetdでもこのメカニズムを継続して使えるようにしているディトリビューションも多いようです※。

アクセス制御を定義するファイル

　以下、ごく簡単にtcpdによるアクセス制御の設定について説明します※。

　tcpdに対してアクセス制御を指示するファイルは次の2つです。

```
/etc/hosts.deny  ：アクセスを拒否する記述を書く
/etc/hosts.allow ：アクセスを許可する記述を書く
```

　tcpdは/etc/hosts.denyを最初に読み込み、次に/etc/hosts.allowを評価します。

　記述の書式は次のようになっていて、特定のサービスやIPアドレスに対し、アクセス制限を加えることができます。

▶ /etc/hosts.allowと/etc/hosts.denyの書式

```
デーモン：ホスト名またはIPアドレス
```

　たとえば次のように記述すると、192.168.1.0配下にある端末からのtelnetアクセスを制御することになります。

```
telnetd: 192.168.1.
```

　もしこれがhosts.allowに書かれていれば、「接続を許可」の意味になり、hosts.denyに書かれていれば、「接続を拒否」の意味になります。

【xinetdとTCP Wrapper】本来、xinetdは独自にアクセス制御機構を持っているので、TCP Wrapperは必要としない。

【tcpdのインストール】スーパーサーバのxinetdへの移行が進んでいるため、本書では、tcpdのインストールの解説はあえて行わない。むしろ、xinetdへの移行をおすすめする。

● tcpdによるアクセス制御設定：パターン①

次にあげるのは、最も一般的な設定例です。考え方としては、/etc/hosts.denyで全接続を拒否し、/etc/hosts/allowで特定のものだけ穴を開けるというものです。これがいちばん無難な方法です。

▶ /etc/hosts.deny

```
ALL : ALL    ←すべてのサービス、ホストを拒否
```

▶ /etc/hosts.allow

```
sshd:   192.168.1. testhoge.co.jp
vsftpd: 192.168.1. testhoge.co.jp
popper: 192.168.1. testhoge.co.jp
```
192.168.1.0配下のネットワークとtesthoge.co.jpからの接続は許可する

● tcpdによるアクセス制御設定：パターン②

/etc/hosts.allowだけで記述する例です。

▶ /etc/hosts.allow

```
ALL: 192.168.0.0/255.255.255.0: ALLOW         ←192.168.0.0/24からの接続はすべて許可
vsftpd: ALL: ALLOW                            ←vsftpdへの接続はすべて許可
popper: 172.20.100.0/255.255.255.0: ALLOW     ←172.20.100.0/24からの接続は許可
ALL: ALL: DENY                                ←上記に該当しないものはすべて拒否
```

ここでは3つめのフィールドとして「ALLOW」「DENY」を指定しています（拡張書式）。これにより、定義したホストに対する許可／拒否を指定できます。

1-4 スーパーサーバ xinetd の仕組み

xinetd は、inetd と同様の機能を持つインターネットサービスデーモンです。ドメイン名やIPアドレスでのアクセス制御、アクセス時間の制限、接続回数の制限などができます。

従来は、セキュリティ対策のためにinetdとTCP Wrapperを組み合わせて使うケースが多かったのですが、現在では、かなりのLinuxディストリビューションがxinetdに置き換えているようです。代表的なところでは、Red Hat社の製品やFedora Coreではこれがスタンダードとなっています。

xinetdの設定ファイルは、おおまかに2つに分類されます。

```
/etc/xinetd.conf              ：サービスに共通する設定
/etc/xinetd.d/以下の各ファイル ：サービスごとの設定
```

サービス全体に共通する設定はxinetd.confで行い、各サービスの設定は、サービス用ディレクトリ（/etc/xinetd.d）を設けて、その中のサービスごとの設定を読み込む、という仕組みです。デフォルトでインストールされている状態では、xinetd.confからxinetd.d配下のファイルをインクルードする記述になっているはずです。

実は、各サービスデーモンの設定をすべてxinetd.confに記述してもかまわないのですが、メンテナンス性を考慮すると、上記のようにしたほうがよいでしょう。

◉ /etc/xinetd.conf の設定（サービス全体の共通定義）

xinetd.confの設定はサービス全体に対して共通の定義を行うものです。defaultsセクションの中に特定のデーモンに関する記述があるとエラーとなるので、注意してください。

ここで設定された共通の項目については、特定デーモンで再定義することが可能です。その場合は、あとから定義されたものが有効となります。

1-4 スーパーサーバxinetdの仕組み

▶xinetd.confの例

```
# 各デーモンのデフォルト共通設定がここで行われる
defaults
{
instance = 60                              ←起動できるデーモンの最大数
log_type = SYSLOG authpriv                 ←ログの出力方法の指定。ファシリティをauthpriv
                                             で出力指定する
log_on_success = HOST PID DURATION         ←ログインに成功した場合に"ホスト名"と"プロセ
                                             スID"をlogに記録する
log_on_failure = HOST RECORD               ←ログインに失敗したときに、"ホスト名"と"起動
                                             できなかった場合のメッセージ"をlogに記録する
}
# 設定ファイルを置いているディレクトリを定義
includedir /etc/xinetd.d
```

※includedir の 設定により、/etc/xinetd.dディレクトリにあるサービスごとの設定ファイルが読み込まれる。

> **Tips**
>
> xinetdをソースから構築した場合、inetd用の設定をxinetd用に変換するツールが用意されています。
>
> xinetdを展開したソースディレクトリへ移動し、次のようにコマンドを入力してください。
>
> ```
> # xinetd/xconv.pl < /etc/inetd.conf > /etc/xinetd.conf
> ```
>
> これで、既存のinetd.confを置き換えるxinetd.confの完成です。ただし、TCP Wrapperを使っている場合は、tcpd用のアクセス制御の記述をxinetdの設定ファイルに書き移す必要があるでしょう。

サービスごとの設定

一般的な設定項目

最初に、サービスごとの設定でよく使われるパラメータを紹介します（次ページ表）。

▶ xinetdのサービスごとの設定の主なパラメータ

service		サービス名を定義する。通常、/etc/servicesファイルにリストしてあるサービスに合わせる	
flags		動作のオプション指定。スペースで区切って複数指定できる	
	REUSE		使用するポートが使用中の場合でも再利用を行う（使用中の場合に、待ち続けてタイムアウトを引き起こすことを防ぐ役割）
	IDONLY		identificationを持つサーバからのみアクセスを許可する
	NORETRY		サービス起動の際、接続失敗でも再度プロセスを生成するのをやめる
	NAMEINARGS		起動するサービスに引数が必要な場合、inetdの指定のように定義したい場合は、この指定が必要 【例】通常：server_args = オプション 引数…… 　　　 NAMINARGSの場合：server_args = プログラム名 オプション 引数……
socket_type		ネットワークパケットのソケットの種類を定義する。定義できる種類は次のとおり	
	stream（TCP）、dgram（UDP）		
	raw（IP direct access）または seqpacket()		
wait		サービスをシングルスレッドの管理にする（yes）かマルチスレッドの管理にする（no）かを定義する	
	yes		1コネクションごとにサービスを順番に起動し、管理する方法
	no		最大接続数まで前のコネクション確立を待たずに起動する方法
user		プロセスが実行時に使用するユーザーIDを定義	
server		サービスを起動する実行ファイルのパスを定義	
log_type		ログの出力方法を定義。デフォルトではsyslogデーモンのdaemon.infoを選択してロギングする	
	SYSLOG		セレクタとログのレベルを定義する
	FILE		ログファイルを指定する。FILEのあとにスペースで区切って「書き込むサイズの上限」を指定できる
log_on_success		サーバが起動した直後にロギングする情報を指定する	
	PID		プロセスID
	HOST		クライアントアドレス
	USERID		identプロトコルによるユーザ認証ID
	EXIT		プロセスEXITステータス
	DURATION		接続が確立している時間

1-4 スーパーサーバxinetdの仕組み

log_on_failure	接続が失敗した場合にログに残す情報を指定する	
	HOST,USERID	log_on_successの項に同じ
	ATTEMPT	アクセス試行回数
	RECORD	クライアントのさまざま情報を記録する
port	/etc/serviceで定義しているものと異なるポートを使用する場合、ここで指定する	
bind	linux上に複数のNIC（あるいはIP alias）が存在する場合、PortをListenする方向性（対応するIPアドレス）を指定する	
redirect	別のサーバへ透過proxyする。引数としてIPアドレスまたはホスト名、Port番号を指定する	

● アクセス制御の設定項目 ●

　xinetdでは、TCP Wrapperを使わずに、ホストアクセスの制限が容易に行えるようになっています。以下の項目は、ホストアクセスの制限方法の種類と事例です。

①disable：デーモン起動のON/OFF

```
disable = yes     →デーモンが起動しない
disalbe = no      →デーモンが起動する
```

②no_access：接続を拒否するホスト／ネットワークを指定

```
no_access = 192.168.1.0
no_access = 192.168.1.0/24
　→192.168.1.0/24に対してアクセスを拒否する

no_access = hostname.com
　→hostnameに対してだけアクセスを拒否する

no_access = 192.168.1.10 192.168.1.11
　→192.168.1.10と192.168.1.11だけアクセスを拒否する
```

③only_from：接続を許可するホスト／ネットワークを指定

```
only_from = 192.168.1.0
only_from = 192.168.1.0/24
   →192.168.1.0/24 に対してアクセスを許可する

only_from = hostname.com
   →hostname に対してだけアクセスを許可する

only_from = 192.168.1.10 192.168.1.11
   →192.168.1.10 と192.168.1.11だけアクセスを許可する

only_from = localhost
   →xinetd が動作している端末（自分自身）だけアクセスを許可する
```

④access_times：アクセスを許可する時間帯の指定

```
access_times = 18:00-22:00
   →18:00～22:00の間だけアクセスを許可する
access_times = 18:00-23:59 0:00-5:00
   →18:00から翌日の5:00までアクセスを許可する
```

⑤instances：最大アクセス数の制限

同時コネクション数の制限を指定します。デフォルト（無設定）は無制限（UNLIMITED）です。

```
instances = 4
   →同時コネクションを4に制限
```

⑥cps：瞬間の同時接続数を制限

1秒あたりのコネクション数と、再コネクションまでのトライインターバルを設定します。

```
cps = 2 10
   →1秒あたりの最大コネクション数を2に、再コネクションまでの
     インターバルを10秒に設定
```

1-4 スーパーサーバxinetdの仕組み

サービスごとの設定のサンプル

以下は、/etc/xinetd.d配下に置くサービスごとの設定の記述サンプルです。各service設定ごとに別ファイルにして保存するのが一般的です。

●通常のFTPの設定

```
service ftp
{
    disable = no
    socket_type = stream
    protocol = tcp
    wait = no
    user = root
    server = /usr/sbin/in.ftpd
    server_args = -l -a
    log_on_success += DURATION USERID
    log_on_failure += USERID
    no_access = 172.16.0.0/16 192.168.0.101
    #  すでに定義した内容に追加する場合は、"+="で定義する
    no_access += 192.168.0.102
    only_from =10.0.0.5
    access_times = 3:00-6:00 18:00-23:00
}
```

●chrootの動作を行うFTP設定

```
service ftp
{
    socket_type   = stream
    wait          = no
    user          = root
    server        = /usr/sbin/chroot
    #  最初の引数にftpのホームディレクトリを設定すると、そこがrootディレクトリになる
    server_args   = /var/servers/ftp /usr/sbin/in.ftpd -l
}
```

●通常のPOP設定

```
service pop3
{
    disable = no
    socket_type     = stream
    wait            = no
    user            = root
    server          = /usr/lib/libexec/qpopper
    log_on_success += USERID HOST DURATION
    log_on_failure += USERID
}
```

●通常のIMAP設定

```
service imap
{
    socket_type     = stream
    protocol        = tcp
    wait            = no
    user            = root
    only_from       = 192.168.100.10 localhost
    # 拒否をした場合にバナーを出す
    banner          = /usr/local/etc/deny_banner
    server          = /usr/local/sbin/imapd
    # IMAPクライアント起動中は接続が持続されているため、接続制限を行う
    # 最大接続数50
    instances       = 50
    # 1秒間あたりの最大接続数とリトライのインターバル
    cps             = 5 10
    log_on_success += USERID HOST DURATION
    log_on_failure += USERID
}
```

1-4 スーパーサーバxinetdの仕組み

●ほかのtelnetサーバへリダイレクト(proxy)する例

```
service telnet
{
    flags           = REUSE
    socket_type     = stream
    wait            = no
    user            = root
    # 透過proxyでほかのtelnetサーバへ接続
    redirect        = 192.168.1.100 23
    bind            = 127.0.0.1
    log_on_failure += USERID
    log_type        = FILE /var/log/telnet.log
}
```

●アクセス制限にTCP Wrapperを経由する方法

　libwrapをxinetdコンパイル時に指定する必要があります。また、/etc/hosts.allowと/etc/hosts.denyの記述も必要です。

```
service telnet
{
    flags           = REUSE NAMEINARGS
    socket_type     = stream
    server          = /usr/sbin/tcpd
    wait            = no
    user            = root
    server_args     = /usr/local/sbin/in.telnetd
    # IPアドレス192.168.1.11でtelnetを受け付ける
    bind            = 192.168.1.11
    log_on_failure += USERID
}
```

xinetdのインストール

ダウンロードとコンパイル

　xinetdを自分でコンパイルしてインストールする場合、次のサイトからダウンロードを行ってください。本書執筆時点での最新版は、2004年2月1日リリースのxinetd-2.3.13.tar.gzです。

```
http://www.xinetd.org/
```

ダウンロードしたら、次のようにして解凍とconfigure（コンパイル準備のための自動設定）を行います。

```
$ tar xvzf xinetd-2.3.13.tar.gz
$ cd xinetd-2.3.13
$ ./configure
```

> **Tips**　inetdでなじみの深いTCP Wrapperを使いたいのであれば、次のようなconfigureの指定になります。この場合は、/etc/hosts.allowと/etc/hosts.denyでアクセス制限を行ます。
>
> ```
> # ./configure --with-libwrap
> ```

コンパイルとインストールは次のように行います（root権限が必要）。

```
# make
# make install
```

● xinetdの実行 ●

xinetd起動前に、rcスクリプトによるinetdの起動を抑制します。inetdを起動しているスクリプトの実行属性をはずしてしまうのが簡単です。

```
# cd /etc/rc.d/init.d/
# chmod 644 inet        ←既存のinetdをブート時に実行しないようにする
```

ただし、ディストリビューションによっては、実行属性が付いていない場合でもsourceコマンドで実行してしまうケースがあります。確実にinetdの起動を抑制するには、起動スクリプトを削除するか、/etc/rc.d/rc[0-6].dディレクトリにあるシンボリックリンクを削除するとよいでしょう。リンクの名前を、SやK以外ではじまるものに変更する手もあります。

次に、rc.localにxinetdの起動コマンドを追加するために、エディタでrc.localを開きます。

1-4 スーパーサーバ xinetd の仕組み

```
# cd /etc/rc.d/
# vi rc.local
```

rc.local の最終行に、以下の内容を追加します。

```
### xinetd ###
/usr/local/sbin/xinetd
```

これでブート時に xinetd が起動されます。

rc.local が存在しないディストリビューションの場合、上記の内容のファイルを、/etc/init.d または /etc/rc.d/init.d に適当な名前で作成します（ディレクトリ名はディストリビューションに依存します）。ここでは xinetd という名前にしましょう。

そして、このファイルの1行目に「#!/bin/sh」を追加して保存します。

最後に、xined ファイルに実行権限を付け、起動時に使用するランレベルに合わせてリンクを張ります。起動時のランレベルが5の場合、次のようになります。

```
# pwd
/etc/rc.d/init.d
# chmod +x xinetd
# ln -s /etc/rc.d/init.d/xinetd /etc/rc5.d/S20xinetd
```

1-5 管理者必修！トラブル対策コマンドガイド

　Linuxやサーバプログラムの導入の際には、多少のミスやトラブルは付き物です。そこでここでは、導入時によく発生する状況を調査・分析する方法を紹介します。

　サーバプログラムの単純な設定ミスなどは、各サーバの構築情報をWebサイトで調査することでほとんど解決できるはずです。しかし、必要なパッケージがインストールされていなかったり、マシン固有の問題だったり、あるいは、ディストリビューションに依存する問題だったりする場合、ある程度は自力で状況を分析する必要があります。そのようなときに、ここで紹介する知識やコマンドが役に立つはずです。

　また、すでに知っているコマンドでも、発想を変えて一歩踏み込んでみると、新たな発見があるはずです。

ログ、ワーニング編

　サーバ構築の際のコンパイルエラーやOS起動時のエラーの追跡を行う際に便利なコマンドを紹介します。

　エラーメッセージの多くに、「ファイルがない、定義がない」という内容を見た経験は多いはずです。ここで紹介するのは、そのようなトラブルに有効な方法です。

①ログ出力をリアルタイムで確認する

　ログファイルに出力されている内容を、リアルタイムに監視する方法です。

```
# tail -f -n 10 /var/log/messages
```

②見つからないファイルの探索方法

　「File Not Found」や「No such file or directory」というメッセージが出た場合に、ファイルをファイル名で検索する方法です。たとえば、Makefileや設定ファイルのパスと実際のファイルの場所が一致しない場合、ファイルの場所に合わせて設定ファイルを修正できます。

```
# find / -name 探索ファイル名 -print
```

　最初のパラメータ「/」は探索開始ディレクトリですが、たとえば/usr下にあることは間違いない場合、/usrを指定すれば探索時間が短縮できます。

③特定キーワードが入っているファイルを探索する

　カレントディレクトリの全ファイルを対象にキーワードを探索し、見つかった行を表示するには次のようにします。ソースプログラムを修正したり、リファレンスファイルを見つけるのに役立ちます。

```
# grep 探索キーワード *
```

④特定キーワードが入っているファイルを再帰的に探索する

　指定ディレクトリ以下に対し前項③の探索を、再帰的に行います。

```
# find / -type f -exec grep -H 探索キーワード {} \;
# find / -type f -print | xargs grep 探索キーワード
```

　なお、grepに-rオプションがある場合、次のようにしても同じことができます。

```
# grep -r 探索キーワード *
```

デバイス編

　OS導入後に、デバイスがうまく動作しないことが判明した場合、原因解明のためにIOやIRQの情報を取得したり、デバイスに合ったモジュール（ドライバ）を追加する必要が生じます。以下は、それらを調査・分析するためのコマンドです。

①さまざまなデバイス情報の取得

　/proc配下のファイルから、現在のデバイスやプロセス情報を取得します。

▶起動時のデバイス認識状況などの取得

```
# dmesg
```

▶ CPU関連の情報を取得

```
# cat /proc/cpuinfo
```

▶ デバイスのI/Oポートを取得

```
# cat /proc/ioports
```

▶ デバイスの割り込みアドレスを取得

```
# cat /proc/interrupts
```

▶ ディスクパーティションの割り当てを取得

```
# cat /proc/partitions
# fdisk -l
```

②接続デバイスのリストとベンダー名、型番、PCIバスアドレスを取得

```
# lspci
```

③接続デバイスのリストとベンダー名、型番などの取得

```
# scanpci
```

④ロードしているモジュールの確認

```
# lsmod
```

　デバイスに必要なドライバがない場合、メーカーのWebサイトなどからダウンロードできることがあります。lspciなどの表示結果からメーカーはわかるはずなので、www.yahoo.comやwww.google.comで検索すれば、Linux対応についてのサポート情報が得られます。

もしOS導入前に調べたいなら、KnoppixのようなLive CD Linuxを使用し、CDブートでLinuxを起動して情報を取得することができます。ブート後にターミナルを開いて、lspciやscanpciを実行するとよいでしょう。

ネットワーク編

導入したLinuxがインターネットに接続できないという場合、あなたなら真っ先に何を考えるでしょうか。ここでは、ネットワーク接続に関する問題を解決するための知識を紹介します。

ifconfig

まずは、LinuxのイーサネットカードのNIC）がLinux OS側で認識できているかどうか、確認してみましょう。

```
# ifconfig
```

うまく動作していれば、少なくともeth0の設定が表示され、その中に「UP」と表示されているはずです。動作していなければドライバが認識できていない可能性があるので、「デバイス編」を参照してメーカーや型番を調査し、ドライバを入手してください。

ping

ネットワークがつながらない原因には、さまざまなレベルがあります。NICが動作しているにもかかわらずうまくつながらない場合、原因を推測するためには、まずpingを使ってみるのが定石です。

pingは、いわばネットワークの聴診器です。これでいろいろなことがわかります。たとえば、次のようなケースが考えられるでしょう。

> 任意のホストへ10回以上pingしても、まったくレスポンスなし。

【可能性】相手ホストがダウン、またはICMPのフィルタリングをしている（ICMPはpingが利用するプロトコル）。

> ときどきレスポンスが返ってくる。

【可能性】回線、または相手ホストがビジー状態。

> 平均の応答時間が極端に変わる。

【可能性】回線が不安定、あるいはケーブルやハブの物理的トラブルが原因。

> DNSサーバにpingすると反応があるが、dig（→P.59、113）に応答しない。

【可能性】アドレス直接指定で外部のインターネット接続ができる場合、ファイアウォールの設定で53番ポートが閉じているか、DNSサーバプロセスがダウンしている。

> デフォルトゲートウェイにpingしても応答がない。

【可能性】デフォルトゲートウェイのシステムがダウンしている、または、ICMPがフィルタリングされている。あるいは、デフォルトゲートウェイに外部（0.0.0.0）へのルーティングが設定されていない。

> パケットが小さいと反応がすぐ返るが、大きくすると応答が悪い。

【可能性】カード、ケーブル、ハブの障害、接触不良などが考えられる。

　これらの調査方法は、サーバ構築後、外部接続を試行して良好な結果が得られなかった場合のために覚えておきましょう。なお、最近はフィルタリングによってICMPを遮断し、pingに反応しないようにしている装置やサーバが増えています。テストの際は、pingが返ってくることがわかっているホストを対象にしましょう。

●pingの書式

▶一般的なping

```
# ping <ホスト名 or IPアドレス>
```

▶ テスト送信するバイト数を変えてping

```
# ping -l size <ホスト名 or IPアドレス>
```

　pingはホストの生死を単純に検知するだけのツールではありません。パケットの戻ってくる時間を見たり、相手ホストの選び方によって、さまざまなネットワークのトラブルが見えてきます。最近は、セキュリティレベルを上げるためにICMPを受け付けないように設定することが多いのですが、少なくとも自分のいるネットワークから、あるいは特定の端末からは許可しておきましょう（→第7章）。

traceroute

　相手ホストへの接続を試みたときに、どこまで接続が届いているのかを調べるときに便利なツールです。pingと同じICMPを使用していますが、ICMPフィルタリングをしているホストや機器は無視して、到達できるところまでを調べてくれます。

　間違ったルーティングにより反応が遅くなっている場合も、これである程度調べることが可能です。

　外部接続の際、直接期待するデフォルトゲートウェイへ行かず、ほかのゲートウェイを経由するようなら、ルーティングの問題の可能性があります（設計上、そのように作っている場合は別です）。

```
# traceroute <ホスト名 or IPアドレス>
```

dig/nslookup

　接続先のサーバ名（FQDN）をIPアドレスに変換できているか調べます。もちろんその逆も調べることが可能です。反応が返らないのなら、DNSサーバに異常がある可能性を疑ってみましょう。

```
# dig ホスト名
# dig -x IPアドレス
# nslookup ホスト名
# nslookup IPアドレス
```

netstat

　どのサーバが起動して、どのポートが開いているかを確認することができます。また、ルーティングテーブルの異常を調べることができます。ほかにも、ネットワーク

インターフェイスのトラフィック統計やステータスを確認することができます。これも、機器の物理障害を特定する場合に非常に有効です。

▶ ルーティングテーブルの確認

```
# netstat -rn
```

▶ サーバの起動とポートの状態確認

```
# netstat -a
```

▶ インターフェイスのステータス確認

```
# netstat -i
```

エラー表示（*-ERR）が多いようなら、ケーブルやハブのポート異常が考えられます。receivedバイト（RX-OK）に対しエラー（RX-ERR）が20%を超えるなら、障害が発生している可能性があります。

なお、10M/100M/1000Mbpsのスピード認識がうまくできていない場合も、同様の症状が発生します。

サーバ編

サーバ構築後に動作確認を行うためのテスト方法の1つとして、各サービスにtelnetで接続し、手動でプロトコルコマンドを入力して動作を確かめるというものがあります。ここでは、主なサーバごとに、この方法による確認例と、主なプロトコルコマンドを紹介します。第2章以降の説明に従ってサーバをインストールしたあと、必要に応じて参照してください。

まずは、書いてあるとおりにアクセスを行ってみると、動作がよく理解できるでしょう。telnetで接続することにより、実際のプロトコルが交換しているコマンドの内容を実感できると思います。途中でひっかかった場合、その箇所から、設定不良の原因を推測することができます。

各プロトコルの詳細については、RFCなどをお読みください。

1-5 管理者必修！トラブル対策コマンドガイド

● メール（SMTP）の場合

```
# telnet localhost 25
Trying 127.0.0.1...
Connected to localhost.
Escape character is '^]'.
220 example.com ESMTP POSTFIX
EHLO abc.example.com          ←自分のドメインを入力
250-Ok, hello abc.example.com.
250-PIPELINING
250-SIZE 10240000
250-VRFY
250-ETRN
250-XVERP
250 8BITMIME

MAIL FROM:<guest@example.com>  ←自分のメールアドレスを入力
250 Ok
RCPT TO:<admin@example.com>    ←送信先メールアドレスを入力
250 Ok
DATA   ←メールの本文を入力開始
354 End Data with <CR><LF>.<CR><LF>

Subject: Mail TEST              ←メールの件名を入力

This is test mail from local user
.                               ←本文終了を宣言
250 Ok: queued as 7D21047CDC
QUIT   ←作業を完了してセッションをクローズする
221 Bye
Connection closed by foreign host.
```

▶ SMTPプロトコルコマンド

コマンド／引数	意味
EHLO domain	クライアントのホスト名またはIPアドレスを指定する。この情報は、受信側のメールヘッダのreceivedに書かれる
VRFY user	ユーザーアカウントの存在を確認する
TURN	クライアントとサーバの役割を逆転させる
MAIL FROM:<sender>	送信元のメールアドレスを指定する

RCPT TO:<recipient>	送信先のメールアドレスを指定する
DATA	メールの本文を記述するため、入力の開始を宣言する。本文入力を終了する場合は「.」を入力する
RSET	このコマンドを発行する以前に入力したコマンド行をクリアする
HELP command	使用可能なコマンドの一覧を取得する。コマンド名を引数として与えると、そのコマンドに対する情報が得られる
NOOP	何もしないが、接続維持のために送出すると効果的。一種のキープアライブパケットの役割として使うことができる。接続タイムアウトを防ぐ場合に使う
QUIT	コネクションを切断する

● メール（POP）の場合 ●

```
# telnet localhost 110
Trying 127.0.0.1...
Connected to localhost.
Escape character is '^]'
+OK Teapop [0.3.8] - Teaspoon stirs around again
<xxxxx@Llywellyn>
USER guest        ←ユーザーguestでログイン
+OK Welcome,do you have any type of ID?
PASS test01       ←guestのユーザーパスワードを送信
+OK I'm ready to serve you, Master
STAT              ←着信メッセージの数と容量を確認
+OK 2 854
LIST              ←メッセージをリスト表示
+OK These are my measures.
1 428
2 426
.

QUIT     ←終了
+OK It has been a pleasure serving you.
Connection closed by foreign host.
```

1-5 管理者必修！トラブル対策コマンドガイド

▶POP3プロトコルコマンド

コマンド／引数	意味
USER username	POPサーバにアクセスするユーザー名
PASS password	上記ユーザー名に対するパスワード
STAT	メールボックスの状態（到着数&サイズ）を表示。表示の内容は次のとおり
	+OK メッセージ数　メッセージサイズ
LIST number	現在メールボックスにある到着リストを出力。表示の内容は次のとおり
	+OK メッセージ番号　メッセージサイズ 　　　　　：
APOP user digest	USER、PASSの代わりにMD5 digestで暗号化して、ユーザー名とパスワードを送信する
RETR number	numberで指定したメッセージを取り出す
DELE number	numberで指定したメッセージを削除する（実際の削除はログアウト時に発生。ログアウト前にRSETでクリアすれば削除されない）
RSET	DELEによるメッセージの削除マークを取り消す
TOP number lines	numberで指定したメッセージのメールヘッダと、linesで指定された行数分の本文を取得
LAST	最後に受信したメッセージ番号を表示する
NOOP	何もしない。タイムアウトにならないよう接続維持（keepalive）したいときや、サーバの動作確認に使用する
QUIT	ログアウトしてコネクションを切断する

● メール（IMAP）の場合 ●

```
# telnet localhost 143
Trying 127.0.0.1...
Connected to localhost.localdomain (127.0.0.1).
Escape character is '^]'.
* OK [CAPABILITY IMAP4REV1 LOGIN-REFERRALS STARTTLS AUTH=LOGIN]
localhost.localdomain IMAP4rev1

a1 LOGIN guest guest01      ←ログイン
a1 OK LOGIN completed

a2 LIST "" "*"              ←メールボックスのリストを表示
```

```
a3 select inbox      ←inboxを選択
a3: * 172 EXISTS
a3: * 1 RECENT
a3: * OK [UNSEEN 12] Message 12 is first unseen
a3: * OK [UIDVALIDITY 3857529045] UIDs valid
a3: * OK [UIDNEXT 4392] Predicted next UID
a3: * FLAGS (\Answered \Flagged \Deleted \Seen \Draft)
a3: * OK [PERMANENTFLAGS (\Deleted \Seen \*)] Limited
a3: a3 OK [READ-WRITE] SELECT completed

a4 FETCH 1 (body[text])         ←メッセージの取り出し

a4:* 1 FETCH (BODY[TEXT]) {105}

a5 STORE 1 +FLAGS (\Deleted)    ←削除フラグを立てる

a6 EXPUNGE    ←削除フラグがあるメールを削除

a6:* 1 EXPUNGE
a6:* 1 EXISTS
a6:* 0 RECENT
a6: a6 OK Expunged 1 messages

a7 LOGOUT    ←ログアウト
```

▶ IMAP4プロトコルコマンド

コマンド／引数	意味
LOGIN username password	IMAPサーバにusername/passwordでログインする
SELECT mailbox-name	アクセスするメールボックスを選択する
FETCH sequence item/macro	sequenceで指定されたメッセージをitem/macroに従って取り出す
EXPUNGE	削除フラグの付いたメールをすべて削除する
CREATE mailbox-name	指定したmailbox-nameでメールボックスを作る
DELETE mailbox-name	指定したmailbox-nameのメールボックスを削除する
RENAME old-name new-name	指定したold-nameのメールボックスをnew-nameでリネームする
LIST reference mailbox-name	mailboxの階層のリストを返す。mailboxが階層になっている場合、referenceとmailbox-nameは、補完して最終的なmailbox-nameを選択する

STORE sequence [+|-] flag update-attribute-value	sequenceで指定されたメールをupdate-attribute-valueに更新する。ただし、flagの前に付加する[+|-]によりフラグのON/OFFとなる
STATUS mailbox-name data-item	mailbox-nameで指定したメールボックスの情報を、data-itemに従ったルールにもとづいてカウントした情報を取り出す
APPEND mailbox-name flag date/time ＜文字列＞	mailbox-nameで指定されたメールボックスに、＜文字列＞で入力したメッセージを追加する

● Webサーバ（HTTP）の場合

```
# telnet localhost 80
Trying 127.0.0.1...
Connected to localhost.
Escape character is '^]'.

GET /index.html HTTP/1.0      ←取り出すページ（URI）を指定

HTTP/1.0 OK
Date: Sun, 20 Nov 2004 19:20:10 GMT
Server: Apache 1.3.14                    index.html
Transfer-Encodeing: chunked              ファイルソース
Content-Type: text/html
&lthtml>
</html>
```

▶ HTTPプロトコルのメソッド

メソッド／引数	HTTPバージョン	意味
GET filename	HTTP/1.1 (1.0、0.9)	コンテンツテキストをWebサーバから取得する
HEAD filename	HTTP/1.1 (1.0)	レスポンスヘッダ部をWebサーバから取得する
POST cgifilename	HTTP/1.1 (1.0)	フォームに入力された情報を環境変数に入れてWebサーバへ送信する
PUT filename	HTTP/1.1 (1.0)	リクエストした<filename>をWebサーバに保存・上書きするように依頼する
DELETE filename	HTTP/1.1	リクエストした<filename>を削除するよう要求する

TRACE filename	HTTP/1.1	クライアントがリクエストしたコマンドをループバックする
OPTIONS *	HTTP/1.1	サーバが使用できるコマンドの一覧を要求する

● FTPサーバの場合 ●

```
# telnet localhost 21
Trying 127.0.0.1...
Connected to localhost.
Escape character is '^]'.
220 ProFTPD  Server (Debian) [example.com]
USER guest         ←guestでログイン
331 Password required for telnet.
PASS guest01       ←guestのパスワード
230 User guest logged in.
PWD      ←現在のディレクトリを表示
257 "/home/guest" is current directory.
CWD data
250 CWD command successful.
PWD      ←現在のディレクトリを確認
257 "/home/guest/data" is current directory.
PASV     ←パッシブモードでデータ送受信
227 Entering Passive Mode.
LIST     ←ファイルの一覧を受信
150 Opening ASCII mode data connection for file list
226-Transfer complete.
226 Quotas off
RETR test.dat     ←ファイルを受信
150 Opening ASCII mode data connection for test.dat
226 Transfer complete.
QUIT     ←コネクション終了
221 Goodbye.
220 ProFTPD 1.2.5rc1 Server (Debian) [jh4tjwgw.nurs.or.jp]
```

▶ FTPサーバプロトコルコマンド

コマンド／引数	意味
USER username	usernameでログインする
PASS password	usernameのアカウントのパスワードを入力する
CWD directory	directoryで指定したローカルディレクトリへ移動する
PASV	パッシブモードにする。データコネクションで使用するホストとポートが戻る
DELE filename	指定したfilenameを削除する
RMD directory	指定したdirectoryを削除する
MKD directory	指定したdirectoryを作成する
PWD	現在のカレントディレクトリを表示する
LIST pathname	指定したpathnameがファイルの場合はファイルの情報を表示する。ディレクトリの場合はディレクトリ内のファイル一覧情報を取得する
HELP command	サーバのサポートするコマンドの一覧を取得する
NOOP	何もしない。接続維持のために使うことが可能

1-6 Linux導入に関するFAQ

Q1 Linuxにはいろいろなディストリビューションがありますが、どのディストリビューションがおすすめでしょうか。

◆

A1 一概にどのディストリビューションがよいとはいえません。用途や好みで選ぶしかないでしょう。以下、代表的なディストリビューションの特徴について簡単に説明します。

●Red Hat Enterprise Linux/Fedora Core

Red Hat Enterprise Linuxは最も人気のあるディストリビューションの1つで、コンシューマ用途からビジネス用途まで幅広くサポートしています。AS、ES、WSの3つの製品があり、ASとESはサーバプログラムを搭載しています。Linux用ビジネスアプリケーションにとって、事実上の標準プラットフォームとなっており、ほとんどの製品がRed Hatに対応しています。

FedoraはRed Hat社がスポンサーとなって運営される無償ディストリビューションの開発コミュニティで、そこで開発されたディストリビューションがFedora Coreです。

いずれも、機能面の特徴としてGUIツールの充実があげられます。このため、初心者が導入する場合でもコマンド操作で戸惑わずにすみます。また、ハードウェアデバイスの自動認識も精度が高く、インストールの失敗が比較的少ないと思われます。

●Debian/GNU Linux

1993年にIan Murdock氏によって開発がはじめられ、全世界のユーザが活発に協力してボランティアベースで開発が進められているディストリビューションです。全パッケージが無償で配布されています。

安定版リリースでは、ほかのディストリビューションに比較して、採用アプリケーションのバージョンが若干古いようです。しかし、安定性があり、OSとしての完成度は高いといえます。インストール作業はやや煩雑な印象を受けますが、一度導入して

しまうと非常に使い勝手がよいのが特長です。

特にパッケージの検索や導入のためのシステムであるaptは完成度が高く、これにより、一度インストールしたら、再インストールせずにアップグレードだけで使い続けることができます。

● SUSE Linux

もともとは独SUSE Linux社のディストリビューションで、欧州では人気が高く、ヨーロッパのLinuxの雄と呼ばれていました。2003年に米Novell社が買収して以来、日本のビジネス市場でも急速に有名になりました。

デバイスの認識率は、Red Hat/Fedoraをしのぐ高精度をほこります。また、管理コンソールが非常によくできており、GUIでなんでもできてしまうのでは、と思うくらいツールがよく整備されています。質の高さも定評があり、今後Red Hat系と人気を二分する可能性もあります。

● Vine Linux

Red Hatをベースに、特に日本語環境に力を入れて作られたディストリビューションです。ほかのディストリビューションの日本語環境に比べると、アプリケーションの日本語対応や環境設定がしっかりしていて、導入直後から自然に使えます。Linuxクライアントでこのディストリビューションを使っているエンジニアを筆者はよく見かけますが、インストールCD-ROMの数が少なく、インストールが楽なことも人気の一因かもしれません。

● Turbo Linux

日本を中心としたアジア市場で古くから人気のある商用ディストリビューションで、アジアではRed Hatとトップシェアを競ってきました。独自の設定ツールが豊富に揃えてあり、Xでの設定環境は充実しています。また、コンシューマやビジネスユーザ向けのパッケージも数多くリリースしており、Windows Mediaファイルを再生できるTurboメディアプレーヤーなど、特色あるソフトも開発しています。

● Slackware

Linux普及の初期（1992年）から開発がはじまった古参のディストリビューションです。非常にシンプルな構成で、パッケージは伝統のtar.gz形式を採用しているため、UNIX系OSを扱ってきた人たちには仕組みが分析しやすいようです。手間がかかる

反面、自由度が高く、慣れると非常に扱いやすくなります。一方で、Red HatのようにGUIのツールに慣れている人には、手が出しにくいディストリビューションといえるでしょう。日本では、Slackwareを日本語化したPlamo Linuxが有名です。

Q2 Linuxをインストールするにはどのようなマシンがおすすめですか？

◆

A2 少し古めのマシンのほうが、ハードウェアドライバのサポートが確実といえます。ただし、最近のLinuxは、デスクトップのデザインがWindowsなみに豪華になってきており、セキュリティ強化やパッケージソフトが増えてきているためか、CPUはPentium Ⅲ程度以上でなければ重く感じます。

最近はLinux対応を謳うハードメーカーも多いので、新規にPCを購入する場合、構成パーツがLinuxに対応していることを確認すればトラブルを避けられます。手元のPCにインストールしたが認識されないハードがあったという場合、lspciコマンドでメーカー名と型番を調べ、Webでドライバの有無を検索するとよいでしょう。

Q3 Linuxの商用版とダウンロード版はどこが違いますか？

◆

A3 商用版には、独自に開発したプログラムやフォント、漢字変換システムなどがバンドルされています。また、スケーラビリティを高くするためのチューニングが施されていたり、サポートサービスが付属したりします。ダウンロード版でも、スケーラビリティを高くするチューニングを行うことで大規模なサイトを構築できますが、設定には専門的な知識が必要とされます。

Q4 Linuxカーネルとはなんでしょうか？

◆

A4 Linux OSの本体です。メモリ管理やタスク管理を行い、ユーザーがコマンドを実行した際のデバイスとシェルの間を仲介するなどの機能を持っています。しかし、カーネルだけではOSとしては使えません。カーネルを核として、各種ライブラリやユーティリティ、コマンド、アプリケーションなどを組み合わせ、OSとして使えるように構成したものがディストリビューションです。

Q5 インストール後にrootのパスワードを忘れてしまいました。どうにか復帰させる方法はありますか？

◆

A5 シングルユーザーモードで起動して/etc/shadowファイルをエディタで開き、rootのパスワードフィールド（第二フィールド）を削除します。/etc/shadowがない場合は、/etc/passwdの第二フィールドを削除してください。これにより、パスワードなしでログインできる状態になります。ログインしたら、再度パスワード設定を行ってください。

LILOとGRUBでの、シングルユーザーモードの起動方法は次のとおりです。

▶LILOの場合

```
Lilo: linux 1
            ↑
    「1」でシングルユーザーモードの指定
```

▶GRUBの場合

```
grub>root (hd0,0)
grub>kernel /vmlinuz root=/dev/hda1 -s
grub>boot                          ↑
              「-s」でシングルユーザーモードの指定
```

なお、ディストリビューションによっては、シングルユーザーモードで起動する場合でも、rootのパスワードを要求する設定になっています。その場合、KnoppixのようなLive CD Linuxを起動してハードディスクをマウントし、上記の操作を行うとよいでしょう。

第 2 章

DNSサーバの構築

　本章では、これからサイトの管理者となる方が最初に知らなければならないサーバである、DNSサーバに関する知識を紹介しています。コンパクトな内容ですが、DNSの全体像をつかめるようにまとめたつもりです。

　取りあげるサーバは、執筆時点で最新版のBIND9です。BIND8.xに対して、多少設定項目が追加されていますが、基本設定はほぼ継承されています。これまでBIND8を使ってきたのであれば、アップグレードは比較的容易に行えると思います。

- **2-1** BINDの概要とインストール
- **2-2** BINDの初期設定と起動
- **2-3** BINDの設定項目
- **2-4** BINDのセキュリティ対策
- **2-5** rndcによる遠隔操作
- **2-6** BINDのユーティリティ
- **2-7** BINDに関するFAQ

2-1 BINDの概要とインストール

本節では、DNSサーバBIND9をソースから構築する方法について解説を行います。

DNS（Domain Name System）は悪質なクラッカーからは格好の攻撃対象となりえるので、バグや脆弱性に対応するパッチを頻繁に確認する必要があります。その点を考慮すると、ソースからの構築は、当たり前とはいわないまでも、安全なネットワークを運営するための必須条件になるでしょう。

BINDの概要

DNSの仕組み

具体的な作業に入る前に、まずDNSの仕組みについて簡単に把握しておきましょう。

インターネット上ではさまざまなサービスが提供されていますが、いずれの場合も、クライアント端末から接続先のURLまたはIPアドレスを指定し、サーバに接続して情報の供給を受けている点は共通です。

URLをFQDN※で指定した場合には、それをIPアドレスに変換することが必要になります。ドメインネームサーバ（DNSサーバ）は、このようなアドレスの変換要求に応えるサーバです。

つまり、クライアント端末でURL名を指定してサービスを受ける場合、クライアント端末の内部では、必ず一度DNSサーバにURLを問い合わせ、そこから返ってきたIPアドレスをめがけて接続が行われているわけです。

なお、ホスト名からIPアドレスを解決することを正引きといい、逆に、IPアドレスからホスト名を解決することを逆引きといいます。

次ページ図は、クライアント端末がwww.example.comへ接続するためにどのようなシーケンスを経てIPアドレスを取得し、接続を行っているかを表現したものです。

【FQDN】 Fully Qualified Domain Name

2-1 BINDの概要とインストール

▶DNSの問い合わせ手順

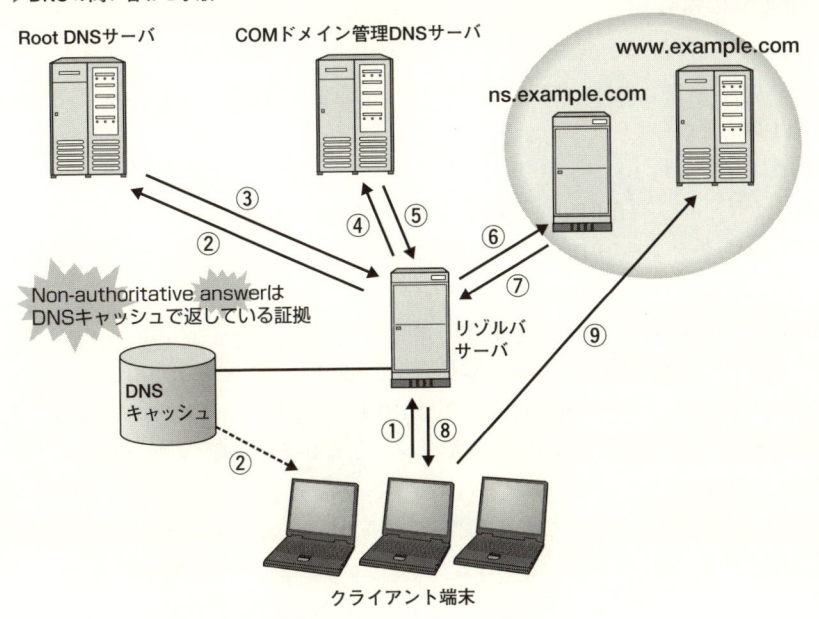

①端末からwww.example.comへ接続要求
②named.rootに記述されたrootサーバへcomのQueryを要求する
③comドメイン管理DNSサーバを返す
④comドメイン管理DNSへexample.comをQueryする
⑤Query結果としてexample.comのDNSサーバIPを返す
⑥example.comを管理するDNSサーバにwww.example.comのIPアドレスをQueryする
⑦www.example.comのIPアドレスを返す
⑧リゾルバから端末へIPアドレスを返す
⑨www.example.comのIPアドレスを使用して接続を行う

　図の中で「リゾルバサーバ」となっているのは、多くの場合、自ドメインに設置されているDNSサーバです。そして、BINDがリゾルバサーバの機能も提供する形態が一般的です。

　BIND構築前には、この仕組みをきちんと理解しておく必要があります。なぜなら、このようにBINDは、リゾルバサーバやリゾルバのライブラリ、各種ユーティリティを提供しているからです。特にDNSサーバとリゾルバサーバは混同しやすいので、注意が必要です。プログラムとしては単一のnamedに実装されているため、「別々の機能」と解釈してもよいでしょう。

BIND9の特徴

DNSサーバといえば、BIND※が定番です。DNSサーバの世界では、WebサーバのApache以上にデファクトスタンダードなソフトと位置づけられ、幅広いOS上で動作する点も魅力となっています。

BINDはもともと、BSD向けに実装されたソフトで、配布はISC※で行われています（BSDライセンス）。現在BIND9が最新のバージョンとなっています。

BIND9の特徴を、主にBIND8との比較で簡単にまとめると、次のようになります。

①rndcコマンドでDNSサーバを遠隔操作・管理

BIND8から、DNSの状態を制御・監視できるndcというコマンドが用意されました。rndc※はそれのリモート操作対応版で、BIND9から採用されました。これにより、BINDのキャッシュ情報を見たり、リフレッシュさせるなどの細かい操作が遠隔でも可能となります。

rndcによるBINDの制御のためには認証が必要で、named.confとrndc.confとの間で共有秘密鍵が一致していないと動作しないようになっています。BINDが動作しているローカルホストでrndcを使う場合でも、共有鍵の設定が必要です。また、ローカルホストも含め、rndcで接続できるホストを明示的に許可する必要があります。

②view機能により、内側と外側ネットワークのZONE管理を分離して定義できる

DNSに問い合わせをしてきたホストによって、回答するZONEを切り替える制御を行う機能が実装されました。この機能を実現するために、acl※とviewというセクションの定義を行います。

これにより、たとえばLAN内とインターネット側のネットワークを分けて定義できるようになりました。従来、1台のDNSサーバでLAN内ホストの名前解決とインターネットホストの名前解決を行うためには、BINDを2つ起動する必要がありましたが、その必要はなくなったわけです。

問い合わせをしてきたホストを識別するためには、まずacl（アクセス制御用リスト）を定義します。対象となるホストやネットワークの集合単位をまとめてグループ化し、それに名前を付けたものです。

[BIND] Berkeley Internet Name Domain
[ISC] Internet Software Consortium
[rndc] Remote network domain control。遠隔ドメイン制御。
[acl] access control list。アクセス制御用リスト。

aclで定義したホストのグループに対して、どのような結果を返すかを定義するのがviewセクションです。viewセクションでは名前解決の対象となる空間（zone範囲）とaclの対応関係を、「match-clients」で定義します。

BINDは問い合わせを行った端末のIPアドレスを見て、どのaclに属するホストか判断し、それに対応するviewの定義に従い、参照するドメイン情報（zone）を切り替えます。

③IPv6への対応

BIND9では、IPv6に対応する機能が標準で実装され、既存のIPv4と混在して使用できるようになりました。

BIND9のインストール

インストールの作業手順

まず、次のサイトからソースコードをダウンロードしてください。ダウンロードにあたっては、ISC本家のWebサイトで最新版やバグ修正などの情報を確認するとよいでしょう。

▶BIND9ダウンロードサイト

```
ftp://ftp.isc.or.jp/isc/bind9
```

▶ISCホームページ

```
http://www.isc.org
```

BINDの導入にあたっては、名前解決のポリシーや、具体的な名前解決の対応リストの作成など、行うべき作業がいくつかあります。

以降で順に説明しますが、はじめに、作業全体の流れを見ておいたほうが理解が早いでしょう。作業は次のような手順で行います。

①ソースをダウンロード
②コンフィギュレーションとコンパイル
③BINDの実行ユーザー／グループの作成
④rndc.confの作成（rndc用秘密鍵ファイル）
⑤named.confの作成（BINDの動作の基本設定）
⑥zoneファイルを作成（名前解決の具体的なリスト）
⑦BINDの実行ユーザーと起動スクリプトの作成（システム起動時に自動実行するスクリプト）
⑧BINDの起動

DNSサーバの構築ポリシー

これ以降の説明では、第1章で紹介したネットワーク環境でのサイト構築を前提にします。ドメイン名はtesthoge.netとします。

▶ testhoge.netのDNS構築図

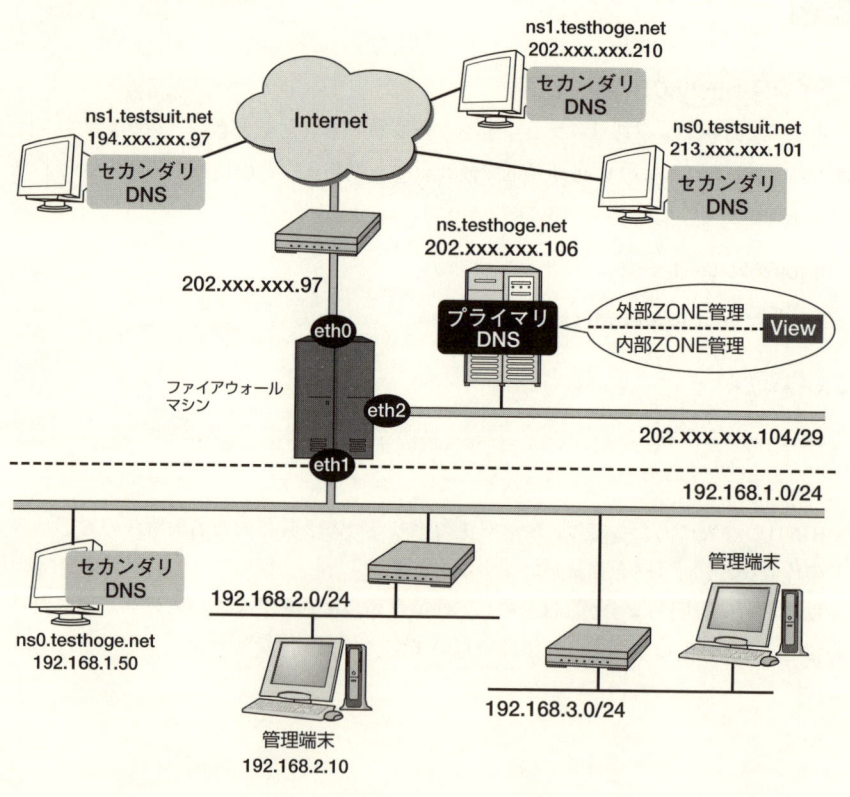

2-1 BINDの概要とインストール

このサイトにおけるDNSの構築方針の概要は、次のとおりです。

- ファイアウォールの内側、DMZにプライマリDNSを設置する。
- セカンダリDNSを、LAN内に1台、インターネット上に3台持つ。
- rndcでDNSの設定を制御できるのは、内部の特定クライアント（192.168.2.10）に限定。
- zone転送は指定したセカンダリDNS間のみに許可する。

各DNSサーバには、次のようなアドレスとホスト名が割り当てられるものとします。

・プライマリDNSサーバ（DMZに設置）	：202.xxx.xxx.106	ns.testhoge.net
・LAN内のセカンダリDNSサーバ	：192.168.1.50	ns0.testhoge.net
・インターネット上のセカンダリDNSサーバ	：202.xxx.xxx.210	ns1.testhoge.net
	213.xxx.xxx.101	ns0.testsuit.net
	194.xxx.xxx.97	ns1.testsuit.net

※インターネット上のセカンダリDNSサーバは、提携・協力関係にあるサイトや、プロバイダに依頼するのが一般的です。

● ダウンロードとコンフィギュレーション、コンパイル

まずは、ISCのftpサイトからソースファイルをダウンロードします。Webブラウザかftpクライアントで前述のURLへアクセスし、ダウンロードを行ってください。本書執筆時点での最新安定リリースのURLは次のとおりです。

```
ftp://ftp.isc.org/isc/bind9/9.2.3/bind-9.2.3.tar.gz
```

次に、ダウンロードした圧縮ソースファイルを解凍します。通常は一般ユーザーで作業を行い、自分のディレクトリで展開を行います。

```
$ cd ~/src        ←ソースファイルをダウンロードしたディレクトリ
$ tar zxvf bind-9.2.3.tar.gz
```

続いて、解凍した先のディレクトリでconfigureスクリプトを実行し、makeファイルと依存ファイルを生成してコンパイルの準備を行います。

BIND9では、ゾーン情報にデジタル署名を付ける機能（DNSSEC）のために、SSLによる公開鍵・秘密鍵暗号が使われており、デフォルトでこの機能が有効になっています※。これを無効にするには、configure実行時、「--with-openssl=no」を指定します。また、OpenSSLが標準的でないディレクトリにインストールされている場合は、「--with-openssl=インストールされたパス名」を指定します。

【DNSSEC】まだあまり一般的に利用されていないため、本書ではDNSSECを利用しない前提で説明している。

▶configure操作の例

```
$ cd bind-9.2.3
$ ./configure --prefix=/usr/local/named \
  --sysconfdir=/etc \
  --with-openssl=no \      ←OpenSSLがソースから構築された場合は導入パスを指定
  --enable-ipv6=no         ←IPv6を使う予定がなければ指定したほうがよい
```

なお、OpenSSLを利用するためには、先にOpenSSLが導入されている必要があります。「which openssl」でopensslコマンドが表示されれば問題ないでしょう。

configureが問題なく終了したら、コンパイルを行います。

```
$ make
```

最後にインストールを行います。ここからはsuコマンドでrootになってから作業を行ってください。

```
# make install
```

以上で、BIND9が/usr/local/namedへ導入されたはずです。

BINDの実行ユーザー／グループの作成

BINDをroot権限で実行すると、BINDにセキュリティホールがあった場合、攻撃者にroot権限を奪取されるおそれがあります。本質的な解決にはなりませんが、多少ともセキュリティレベルを上げる対策として、BIND起動用のユーザーとグループを作成し、その権限で実行させることができます。

このために、次のようにしてグループnamedとユーザーnamedを作っておきます。ここではいずれもIDを1053にしていますが、これは既存のIDと重ならない任意の値でかまいません。

```
# addgroup -g 1053 named
# adduser -c "bind master account" -d /usr/local/named -g named \
-u 1053 -s /bin/false named
```

2-2 BINDの初期設定と起動

コンパイルがすんだら、BINDを起動するための設定ファイルを用意します。起動はその後に行います。

必要なファイルは次のとおりです。

- /etc/rndc.conf　　　　　：rndc接続で必要になる設定ファイル
- /etc/named/named.conf　：BIND自体の動作を制御するための設定ファイル
- zoneファイル　　　　　　：BINDに登録する、ホストとIPアドレスの対応情報
- そのほか、起動用スクリプトなど

rndc.confの作成

最初に、rndcによるリモート機能を実現するため、共有秘密鍵の準備を行います。作成した秘密鍵は、BINDの基本設定ファイルである「named.conf」と、rndcが使用する「rndc.conf」に記述されている必要があります。

rndcはTCP経由で管理者端末からBIND9を操作することを可能とするため、共有秘密鍵による認証を行うことでセキュリティを確保しています。端末からBIND9サーバに接続するためには、2つの条件を満たす必要があります。

1つは、BIND9が動作しているDNSサーバのnamed.confに、接続する端末への接続許可が書かれていることです。もう1つは、DNSサーバのnamed.confと、rndcが動作する端末のrndc.confの秘密鍵が一致していることです。

これにより鍵とアクセス制限さえ適切に設定すれば、特定の複数のホストからターゲットとなるBIND9サーバを安全にメンテナンスできます（rndcコマンドの操作→P.108「2-5 rndcによる遠隔操作」）。

なお、上記の条件は、接続端末がDNSサーバ自身（ローカルホスト）であっても適用されるので、以降の設定は事実上必須のものとなります。

●rndc.conf ファイルの用意

rndc.conf ファイルは次のように作ります。

```
# cd /usr/local/named/sbin/
# ./rndc-confgen -b 512 -r /dev/urandom -k samplekey > /etc/rndc.conf
```

作成された rndc.conf の中身は次のとおりです。

▶ /etc/rndc.conf の例

```
key "samplekey" {
        algorithm hmac-md5;
        secret "pCeVPh2SlQ01gk2hooSqBSvDafvKctfEyVKd0n+18ZPPko
ZwFxOER4iGLj2DHn8xHYKUG9r8qrpkSrM2Ut6u0A==";
};

options {
        default-key "samplekey";
        default-server 127.0.0.1;
        default-port 953;
};
server 202.xxx.xxx.106 { keys { "samplekey";} };
server 127.0.0.1 { keys { "samplekey";} };
# End of rndc.conf

# Use with the following in named.conf, adjusting the
# allow list as needed:
# key "samplekey" {
#         algorithm hmac-md5;
#         secret "pCeVPh2SlQ01gk2hooSqBSvDafvKctfEyVKd0n+18ZPPko
ZwFxOER4iGLj2DHn8xHYKUG9r8qrpkSrM2Ut6u0A==";
# };
#
# controls {
#         inet 127.0.0.1 port 953
#                 allow { 127.0.0.1; } keys { "samplekey"; };
# };
# End of named.conf
```

options ステートメントの内容は、生成した鍵の名前が samplekey であり、デフォル

トで接続するDNSサーバがローカルホスト（127.0.0.1）、ポートが953であることを意味します。

keyステートメントでは、samplekey用にHMAC-MD5アルゴリズムを使用することを指定しています。secret句には、HMAC-MD5によって生成された秘密鍵をbase-64方式で符号化したものが、二重引用符に囲まれて記述されています。

● rndc.confの後半部分をrndc.keyにコピーする

rndc.confのうち、後半のコメント部分（「#」ではじまる部分）は、同じ秘密鍵とアクセス制限の定義をnamed.confに記述するための雛形です。ここでは、この部分をコピーして/etc/rndc.keyとして保存し、下記のように変更してください。あとでこのファイルをnamed.confにインクルードするためです。

なお、この雛形部分をそのままnamed.confにコピーして「#」を削除してもかまいません。しかし、重要なセキュリティ情報が書かれたファイルは別になっているほうが好ましいため、本書ではあえて別ファイルに保存する方法をとります。

▶ /etc/rndc.key

```
key "samplekey" {
    algorithm hmac-md5;
    secret "pCeVPh2SlQ01gk2hooSqBSvDafvKctfEyVKd0n+18ZPPkoZwFxOER4iGL
j2DHn8xHYKUG9r8qrpkSrM2Ut6u0A==";
};

controls {
    inet 127.0.0.1 port 953 allow {127.0.0.1;} keys {"samplekey";};
    inet 202.xxx.xxx.106 port 953 allow {127.0.0.1; 192.168.2.10;}  \
        keys {"samplekey";};
};
```

● rndc.confファイルのパーミッション設定

rndc.confとrndc.keyは、特権ユーザーとBINDを実行するユーザー以外には読み書きできないように設定する必要があります。そこで、これらのファイルのパーミッションを640、オーナー、グループともにnamedにしてください。

```
# chown named:named /etc/rndc.conf /etc/rndc.key
# chmod 640 /etc/rndc.conf /etc/rndc.key
```

最後に、rootグループにユーザーnamedを追加します。

```
# usermod -G named,root named
```

> **Tips** 秘密鍵を作り直したい場合は、dnssec-keygenコマンドで再作成することが可能です。
>
> ```
> $ dnssec-keygen -a hmac-md5 -b 128 -n user rndc
> ```
>
> 秘密鍵をbase-64エンコードした文字列が、2つのファイル「Krndc.+157.+｛random｝.key」と「Krndc.+157.+｛random｝.private」の中に生成されます（鍵の内容は同じです）。これをrndc.confとrndc.keyにコピーすればOKです。
> キーを取り出したあとは、.keyファイルと.privateファイルを削除してもかまいません。

named.confの作成

次に、BINDの動作を決めるnamed.confを作成します。設定項目の詳細は「2-3 BINDの設定項目」（→P.95）で説明するので、ここでは設定例を見て、全体のおおまかな構成を把握しておいてください。

ちなみに、先ほど作成したrndc.keyの鍵情報をインクルードする記述は、いちばん最後の部分にあります。

▶/etc/named/named.confの例

```
// BINDプログラムの環境の設定           ZONEファイルとDNS探索rootファイルが
options {                              設置されている場所を指定。
        directory "/etc/named";  ←
        pid-file "/var/run/named/named.pid";       ←PIDファイルの設置場所
        statistics-file "/var/run/named/named.stats";  ←Statisticsの
};                                                      設置場所

// アクセスコントロールの対象を定義（ローカルネットの名前解決を許可するアドレス）
// ここで定義したネットワークをあとの設定でアクセスコントロールの対象として利用
acl "localnet" {
```

次のページへ続く→

```
→前ページから続く
        192.168.1.0/24;        ┐
        192.168.2.0/24;         ├ LAN側（ファイアウォールの内側）
        192.168.3.0/24;        ┘  のアドレス
        127.0.0.1;        ←サーバ自身（ローカルホスト）は許可
};

// アクセスコントロールの対象を定義（ゾーン転送を許可するセカンダリDNS）
acl secondary_dns {
        192.168.1.50;           // ns0.testhoge.net
        202.xxx.xxx.210;        // ns1.testhoge.net
        213.xxx.xxx.101;        // ns0.testsuit.net
        194.xxx.xxx.97;         // ns1.testsuit.net
};

// 内側のドメインの定義と外側のドメインの定義をviewを使って行う
// これにより、1台のDNSで内側と外側の定義をセキュアに定義できる
// LAN側ホストからの問い合わせに対する設定
view "inside" {
        match-clients { localnet; };   ←上のaclで定義した"localnet"をここで指定す
                                        ることでアクセス範囲を限定する
        // DNSのルート探索
        zone "." {
                type hint;
                file "named.root";
        };

        // ここからがzone定義のスタート
        // localhost逆引き。
        zone "0.0.127.in-addr.arpa" {
                type master;
                file "named.0.0.127.in-addr.arpa";
        };

        // 自ドメイン正引き
        zone "testhoge.net" {   ←LAN内ホストと公開サーバの正引き。LAN内ホストから
                                 は参照できるように、ここに定義する
                type master;
                file "testhoge.local";
                allow-transfer { localnet; };   ←aclで設定したlocalnetを設定。
        };                                       このネットワーク範囲にあるセ
                                                 カンダリDNSとのゾーン転送を
                                                 許可する
```

次のページへ続く→

```
            // 自ドメイン逆引き (LAN)
            zone "1.168.192.in-addr.arpa" {        ←LAN内ホストの逆引き。LAN内ホストから
                type master;                         は参照できるように、ここに定義する
                file "1.168.192.in-addr.arpa";
            };
};

// WAN側ホストからの問い合わせに対する設定
view "outside" {
        match-clients { any; };    ←すべてのホストからのDNSアクセスを許可する

        // 自ドメイン正引き
        zone "testhoge.net" {    ←公開サーバの正引き
            type master;
            file "testhoge.zone";
            allow-transfer { secondary_dns; };    ←aclで設定したsecond
        };                                          ary_dnsを指定。定義し
                                                    たホストにはゾーン転送
                                                    を許可する
        // 自ドメイン逆引き
        zone "SUB96.xxx.xxx.202.in-addr.arpa" {    ←公開サーバの逆引き※
            type master;
            file "SUB96.xxx.xxx.202.in-addr.arpa";
        };
};

// rndc.keyの定義をインクルードする
include "/etc/rndc.key";
```

● named.confの設定確認

named.confの編集が終わったら、設定が正しい文法かどうか、チェックします。

```
# /usr/local/sbin/named-checkconf
```

これで何も表示されず、プロンプトが返るようだったらOKです。

【逆引き設定】SUB96.xxx.xxx.202.in-addr.arpaの「SUB96」は、ISPが付けた逆引きサブドメイン名。/24より長いマスク値に対して、ユーザーに逆引きの権限委譲を行う場合に、このようなサブドメイン名を使用する。「SUB96」部分の名前はISPによって異なる。

●named.conf 設定のポイント

例にあげた named.conf の設定のポイントについて、簡単に説明しておきます。

・「acl」の定義は、あくまで定義であり、そこに記述したことで、ただちにそのネットワークがアクセス許可されたり拒否されるという意味ではありません。view 定義の中で「acl」で定義した名称を指定することで、内容を見やすくするのが目的です。

・セカンダリ DNS を使用しない場合は、「allow-transfer」の記述は不要です。

・「view」に続く「inside」や「outside」の名称はなんでもかまいません。ただし、どのネットワーク範囲のホストに見せる定義であるかを明確にし、それにもとづいた名称を設定することを推奨します。

・LAN 内部での localhost の正引きを設定していませんが、これは、localhost の参照において /etc/hosts ファイルが最初に検索されるからです（/etc/hosts には localhost の設定がデフォルトで入っている）。

・WAN 側での自ドメインの逆引きでは、「SUB96.xxx.xxx.202.in-addr.arpa」という変則的なゾーンを使用しています。ここは本来、「96.xxx.xxx.202.in-addr.arpa」のように、IP アドレスを逆に並べたものになります。しかし、これはクラス C 以上のアドレス割り当ての場合に可能なスタイルであり、16IP や 8IP のようなクラス C 未満の場合にはこの方法が使えません。そこで、ISP 側の DNS サーバで「SUB96」のようなサブドメインを定義し、このサブドメインの名前解決については、ユーザーが設置した DNS サーバに問い合わせが行くようにしています。なお、この部分の実装は ISP によって異なるため、具体的な設定方法は契約 ISP の指示に従う必要があります。

・ISP から逆引きの委譲が行われていない場合、WAN 側での自ドメインの逆引き設定は不要です。ただし、セキュリティ上の理由などで自ドメインの逆引き設定を行いたい場合は、ISP に相談して、逆引きが行えるような設定を依頼しましょう。

zone ファイルの作成

zone ファイルの例

named.conf に記述されている「zone "testhoge.net"」のようなステートメントは、「testhoge.net ゾーンの名前解決情報はここで定義したファイルに書かれている」とい

う意味です。

そこで、ステートメントの中で定義されている「file "testhoge.zone";」に該当するファイル（この場合はtesthoge.zone）を用意しなくてはなりません。作成したファイルは、/etc/namedディレクトリ下に配置します。

なお、このうちルートドメインを担当するnamed.rootには、ルートドメインサーバーのアドレスを記述します。常に最新のものを準備する必要がありますが、このファイルは、ftp://ftp.rs.internic.net/domain/から取得することが可能です。ダウンロードしてそのまま使えばよいので、ここでは例をあげません。

各ファイルの設定項目の詳細は「2-3 BINDの設定項目」（→P.95）で説明するとして、上記named.confに対応するzoneファイルの例をあげましょう。

● ローカルホストの逆引き定義

まず、ローカルホストの逆引き定義です。

▶ 0.0.127.in-addr.arpa

```
$TTL 86400
@       IN      SOA     ns.testhoge.net.  root.testhoge.net. (
                        2004080101    ;serial
                        28800         ;refresh
                        7200          ;retry
                        604800        ;expire
                        86400         ;minimum
                        )
        IN      NS      ns.testhoge.net.
1       IN      PTR     localhost.
```

● LAN内ホストと公開サーバの正引き定義

LAN側からの問い合わせに答える、LAN内ホストと公開サーバの正引き定義です。

▶ testhoge.local

```
$TTL 86400
@       IN      SOA     ns.testhoge.net.  root.testhoge.net. (
                        2004080101    ;serial
                        28800         ;refresh
                        7200          ;retry
```

次のページへ続く→

2-2 BINDの初期設定と起動

```
→前ページから続く
                        604800          ;expire
                        86400           ;minimum
                        )
        IN      NS      ns.testhoge.net.        ;Primary
        IN      NS      ns0.testhoge.net.       ;Secondary
        IN      MX      10              mail.testhoge.net.
        IN      A       202.xxx.xxx.106
ns      IN      A       202.xxx.xxx.106
mail    IN      A       202.xxx.xxx.107
www     IN      CNAME   ns
ns0     IN      A       192.168.1.50
host1   IN      A       192.168.1.101
host2   IN      A       192.168.1.102
host3   IN      A       192.168.1.103
```

　ここで、「IN A 202.xxx.xxx.106」のレコード（「IN MXの次の行」）では、最初のフィールドを省略して定義しています。ここを省略したときは前レコードの定義を引き継ぐことになるので、「@」、すなわち、自ドメインのゾーンtesthoge.netを記述したのと同じことになります。この場合、ホスト名なしでtesthoge.netにアクセスすると、202.xxx.xxx.106（DNSサーバ「ns」）に接続することになります。

● LAN内ホストの逆引き定義

　LAN側からの問い合わせに答える、LAN内ホストの逆引き定義です。

▶ 1.168.192.in-addr.arpa

```
$TTL 86400
@       IN      SOA     ns.testhoge.net.    root.testhoge.net. (
                        2004080101      ;serial
                        28800           ;refresh
                        7200            ;retry
                        604800          ;expire
                        86400           ;minimum
                        )
        IN      NS      ns.testhoge.net.        ;Primary
        IN      NS      ns0.testhoge.net.       ;Secondary
```

次のページへ続く→

```
→前ページから続く
50      IN      PTR     ns0.testhoge.net.
101     IN      PTR     host1.testhoge.net.
102     IN      PTR     host2.testhoge.net.
103     IN      PTR     host3.testhoge.net.
```

● **公開サーバの正引き定義**

WAN側からの問い合わせに答える、公開サーバの正引き定義です。

▶ **testhoge.zone**

```
$TTL 86400
@       IN      SOA     ns.testhoge.net.    root.testhoge.net. (
                        2004102301      ;serial
                        28800           ;refresh
                        3600            ;retry
                        604800          ;expire
                        86400           ;minimum

                        )
        IN      NS      ns.testhoge.net.        ;Primary
        IN      NS      ns1.testhoge.net.       ;Secondary
        IN      NS      ns0.testsuit.net.       ;Secondary
        IN      NS      ns1.testsuit.net.       ;Secondary
        IN      MX      10      mail.testhoge.net.
        IN      A       202.xxx.xxx.106
ns      IN      A       201.xxx.xxx.106
mail    IN      A       201.xxx.xxx.107
www     IN      CNAME   ns
```

● **公開サーバの逆引き定義**

LAN側とWAN側からの問い合わせに答える、公開サーバの逆引き定義です。

▶ **SUB96.xxx.xxx.202.in-addr.arpa**

```
$TTL 86400
@       IN      SOA     ns.testhoge.net.    root.testhoge.net. (
                        2004080101      ;serial
```
次のページへ続く→

2-2 BINDの初期設定と起動

```
→前ページから続く
                        28800           ;refresh
                        7200            ;retry
                        604800          ;expire
                        86400           ;minimum

                        )

        IN      NS      ns.testhoge.net.    ;Primary
        IN      NS      ns1.testhoge.net.   ;Secondary
        IN      NS      ns0.testsuit.net.   ;Secondary
        IN      NS      ns1.testsuit.net.   ;Secondary
106     IN      PTR     ns.testhoge.net.
107     IN      PTR     mail.testhoge.net.
```

● /etc/resolv.confの定義

最後に、DNSサーバ自身の/etc/resolv.confを用意します。ホスト(ここではDNSサーバ)は、nameserverレコードに定義された順に、DNSサーバを参照します。下記を参考に用意してください。

▶ /etc/resolv.confの例

```
domain testhoge.net
search testhoge.net testsuit.net    ←host名のみの検索で使う場合の補完ドメインを記述する
nameserver 127.0.0.1
nameserver 192.168.1.50
nameserver 201.xxx.xxx.106
```

設定の確認とBINDの起動

設定ファイルの確認

ひととおり設定が終わったところで、named.confに記述ミスがないかどうか、確認しましょう。

```
# named-checkconf
```

同様に、zoneファイルの記述にミスがないかどうか、確認します。

```
# named-checkzone testhoge.net testsuit.net
```

● 起動スクリプトの作成と登録

システム起動時にBINDが自動的に起動されるように、rcスクリプトを作成します。以下は、Red Hat/Fedora系での作成例です。

▶/etc/rc.d/init.d/namedの例

```
#!/bin/sh
#
# chkconfig: 345 55 45        ←chkconfig用のパラメータ設定
# description: named (BIND) is a Domain Name Server (DNS) \
# that is used to resolve host names to IP addresses.

# Source function library.
. /etc/rc.d/init.d/functions

# Source networking configuration.
. /etc/sysconfig/network

# Check that networking is up.
[ ${NETWORKING} = "no" ] && exit 0

[ -f /etc/named ] || exit 0

[ -f /etc/named/named.conf ] || exit 0

# See how we were called.

case "$1" in

  start)
        # Start daemons.
        echo -n "Starting named: "
        daemon /usr/local/named/sbin/named -u named \
        -c /etc/named/named.conf
        touch /var/run/named
        ;;
```

─namedを起動する

次のページへ続く→

2-2 BINDの初期設定と起動

```
→前ページから続く
stop)
        # Stop daemons.
        echo -n "Shutting down named: "
        killproc named
        rm -f /var/run/named
        echo
        ;;
status)
        status named
        exit $?
        ;;
restart)
        $0 stop
        $0 start
        exit $?
        ;;
reload)
        /usr/local/named/sbin/rndc reload
        exit $?
        ;;
*)
        echo "Usage: named {start|stop|status|restart|reload}"
        exit 1
esac

exit 0
```

「start)」のブロックの「daemon /usr/sbin/named -u named -c /etc/named/named.conf」でBIND（コマンド名はnamed）を起動しています。-uオプションで、インストール時に作成したユーザー名namedを起動ユーザーとして指定しています。

Red Hat/Fedora系の場合、スクリプト作成後、chkconfigコマンドでrcスクリプトとして登録できます。

```
# chmod 744 /etc/rc.d/init.d/named
# chkconfig --add named
```

BINDの起動

以上の準備ができたら、次のコマンドラインでBINDを起動します。

```
# /etc/rc.d/init.d/named start
```

なお、前述のように起動スクリプトをrcスクリプトとして登録してあれば、ブート時に自動的に起動します。

起動スクリプトを使って再起動するには、次のようにします。named.confを変更したときなどに実行してください。

```
# /etc/rc.d/init.d/named restart
```

起動スクリプトを使わない場合は、次のようなコマンドラインで起動します。-cオプションで指定しているのは、named.confのパスです。

```
# /usr/local/named/sbin/named -u named  -c /etc/named/named.conf
```

いずれの場合も、psコマンドでnamedプロセスが存在していることを確認してください。

2-3 BINDの設定項目

前節では典型的なネットワーク構成のサイトを想定し、BINDの設定例を紹介しました。細かいところはともかく、全体の構成や雰囲気はつかめていただけたと思います。

ここでは、named.confとzoneファイルの、各設定項目の書式や意味について説明します。

● named.confの記述

▸ acl（アクセス制御リスト）

ほかの設定文の中で使うために、アクセス制御対象のIPアドレスを定義したリストです。aclそのものがアクセス制御を行う文ではないことに注意してください。

下記はその設定例ですが、ネットワーク単位、ホスト単位で範囲を定義できるのでとても便利です。ネットワーク単位で範囲を設定する場合は「/」のあとに、ネットマスクのビット数を記述してください。

▶ 設定例

```
acl kyoka-lists {
        103.5.0.0/16;
        192.168.11.0/24;
        127.0.0.1;
};
```

▸ options（動作設定）

namedプログラムの各種動作について設定する文です。options文はnamed.confに一度しか書けません。

次の例では、directoryとallow-transferの設定をしています。

▶ 設定例

```
options {
        directory "/etc/named";
        allow-transfer {
                kyoka-lists ;
        };
};
```

▶ directoryの書式

```
directory   "パス名"
```

【意味】BINDの各種設定ファイルやzoneファイルの設置場所。

▶ allow-transferの書式

```
allow-transfer  {aclで定義した名前 | IPアドレス }
```

【意味】zoneの転送を許可するネットワークおよびホスト。

zone "." (ルートサーバの設定)

ネームサーバは、自分が知らないドメインの情報を探す際、まずドメイン全体の起点となるルートサーバに問い合わせを行います (→P.75図参照)。そのルートサーバの情報が書かれたファイルを定義するのが、「zone "."」です。下記の設定例では、named.rootというファイルにルートサーバの情報が記述されています。

最新版のルートサーバ情報ファイルは「ftp://ftp.nic.ad.jp/mirror/internic/rs/domain/named.root」からダウンロードできます。

▶ 設定例

```
zone "." {
        type hint;
        file "named.root";
};
```

▶ typeの書式 (1)

```
type hint
```

【意味】DNSルート探索のヒントに使用する。

2-3 BINDの設定項目

● zone "サイトドメイン"（正引き）

ドメイン名※からIPアドレスやネームサーバ、メールサーバの名前を検索する、正引きのための設定をします。

下記の設定例では「testhoge.jp」という架空のサイト名を使っているので、自分のサイトに合わせて修正を行ってください。

ファイル名は何を設定してもかまいませんが、一般的にはサイトドメイン名を付けることが多いようです。

▶ 設定例

```
zone "testhoge.jp" {
        type master;
        file "hogehoge.zone";
};
```

▶ typeの書式 (2)

```
type master   ←このサーバがこのドメインに関するマスタサーバ
type slave    ←このサーバはこのドメインに関するセカンダリサーバ
```

【意味】ドメインに対するマスタ／スレーブ（セカンダリ）を定義する。

● zone "サイト逆IP.in-addr.arpa"（逆引き）

IPアドレスからドメイン名を検索する、逆引きのための設定をします。書式自体は正引きと同じです。

ゾーンの名前が、IPアドレスとは逆順に書かれていることに注意してください。

▶ 設定例

```
zone "11.xxx.202.in-addr.arpa" {
        type master;
        file "202.xxx.11.rev";
};
```

【ドメイン名】一般的なイメージでは「組織名」と理解されがちだが、ここではホスト名を含む表記もドメイン名と呼ぶ。

● zone "ローカルホスト"（ローカルホスト）

ローカルホストのzone定義も、正引き逆引きともにサイトの記述と同じです。

ただし、通常ローカルホストはOSをインストールした時点で/etc/hostsファイルに記述されているため、参照されることはきわめて少ないといえます。ローカルホストの定義を省略しているサイトもたくさん見受けられます。

▶ 設定例

```
zone "localhost" {
      type master;
      file "localhost.zone";
};

zone "0.0.127.in-addr.arpa" {
      type master;
      file "127.rev";
};
```

zoneファイルの記述方法

マスタファイルの形式

zoneファイルは、正式にはマスタファイルと呼ばれ、ディレクティブによる制御情報とリソースレコードから構成されます。書式は次のようになります。$INCLUDE、$ORIGIN、$TTLの部分が制御情報、最後がリソースレコードの書式です。

```
$INCLUDE <filename> <opt_domain>
$ORIGIN <domain>
$TTL <ttl>
<domain> <opt_ttl> <opt_class> <type> <resource_record_data>
```

●制御情報

$TTL以外の制御情報は省略可能です。次のような内容です。

```
$INCLUDE <file-name> [<domain-name>] [<comment>]
```

ほかのファイルをその箇所にインクルードします。また、<domain-name>を指定することにより、特定ドメインの情報として扱うことができます。

注意が必要なのは、$INCLUDE以降の記述の補完ドメインは、$INCLUDEを呼び出す前のドメイン（$ORIGIN）に復帰するということです。

▶例

```
$ORIGIN example.net.zone
$INCLUDE sub.example.net.zone example.net
www    IN    A    202.xxx.xxx.101
```

この記述の「www」の行は以下と同等です。

```
www.example.net.zone. IN A 202.xxx.xxx.101
```

```
$ORIGIN <domain-name> [<comment>]
```

それ以降記述されたリソースレコードに、FQDNでないドメイン名（ホスト名など）が現れた場合、$ORIGINで定義したドメイン名で補完されます。

なお、$ORIGINをゾーンファイルの途中に記述することも可能なので、書き方によっては、暗黙の宣言を切り替える記述子として使うこともできます。

▶例1

```
$ORIGIN testhoge.net

www    IN    A    202.xxx.xxx.100
```

この記述の「www」の行は以下と同等です。

```
www.testhoge.net.     IN     A     202.xxx.xxx.100
```

▶ 例2

```
$ORIGIN testhoge.net
www   IN   A   202.xxx.xxx.100
$ORIGIN sub.testhoge.net
www   IN   A   202.xxx.xxx.101
```

この記述の最後の「www」は以下と同等です。

```
www.sub.testhoge.net.    IN    A    202.xxx.xxx.101
```

```
$TTL <TTL> [<comment>]
```

　キャッシュ有効時間（Time To Live）のデフォルト値を秒単位で設定します。それ以降記述されたリソースレコードでキャッシュ有効時間が省略された場合、$TTLの値が指定されたことになります。指定できる値の範囲は、0～2147483647（秒）です。
　この指定は、SOAレコードの最後のフィールド（ネガティブキャッシュ）と混同されることがありますが、まったく別の意味なので注意が必要です（混同の原因は、SOAレコードの最終フィールドの意味が、BIND8.2から変更されたことにあるようです）。
　ネガティブキャッシュは、名前解決を試みた結果、明確に存在しなかったドメインについての、キャッシュの有効期限を表します。これに対して$TTLは、通常のキャッシュの有効期限を表します。
　一般的には、$TTLの設定値は数日、ネガティブキャッシュは10分～1時間の値に設定しましょう。
　なお、$TTLの指定はBIND9では必須となりました。省略するとエラーとなります。

リソースレコードの書式

リソースレコードの書式と、前にあげたリソースレコードの例を対応させると、次のようになります。

```
host1                IN       A        192.168.1.101
<domain> <opt_ttl> <opt_class> <type> <resource_record_data>
```

重要なのはdomain、type、resource_record_dataの3つです。opt_ttlには、そのレコードのTTLを指定できます。opt_classには、現在はINしか使用できません。

各項目の詳細は次のようになります。

● domain

定義するドメインを記述します。ドメインが不完全、すなわち"."で終わっていない場合、現在のドメインで補完されます。現在のドメインそのものを表現するには、"@"を記述します。ルートドメインの場合は"."を記述します。

省略された場合は、直前のレコードと同じとみなされます。

● opt_ttl

そのレコードのキャッシュ時間を秒単位で指定します。

● opt_class

アドレスの型を指定します。現在はインターネットへの接続を意味する"IN"だけが使えます。

● type

レコードのタイプを指定します。次の表のようなものが使えます。

▶ レコードタイプの種別

type	意味
A	ホストのIPアドレス
NS	ドメインを管理するネームサーバの定義。スレーブやほかのドメイン管理も含む
MX	ドメインのメールエクスチェンジの定義。複数のメールサーバがある場合は、その優先順位（0～32767）を指定できる。小さい値が優先順位の高いことを示す
CNAME	ホストの別名を定義
SOA	実際に定義するzoneのサーバ名や各種設定の更新に関する情報を定義
NULL	ヌルリソースレコード
RP	ドメイン名の責任者のメールアドレスを記述することが多い
PTR	ドメイン名へのポインタ。逆引き定義の際に使われる
HINFO	ホスト情報（CPUタイプ、OSタイプ）。コメントに近い

SOAレコードの形式

各マスタゾーンファイルのリソースレコードは、そのゾーンのSOA※レコードではじまらなければなりません。

SOAレコードには、zoneのデータの更新を決定する時間を記述したり、zone全体の管理をするネームサーバや管理者のメールアドレスなどを記述します。

以下に、SOAレコードの例を示します。

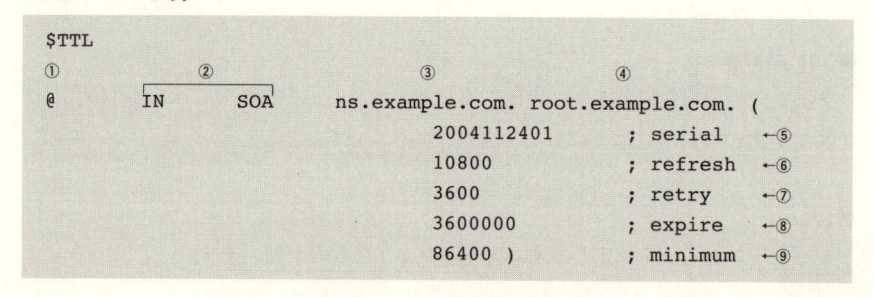

▶ SOAレコードの例

```
$TTL
①           ②            ③                  ④
@           IN    SOA     ns.example.com. root.example.com. (
                          2004112401      ; serial     ←⑤
                          10800           ; refresh    ←⑥
                          3600            ; retry      ←⑦
                          3600000         ; expire     ←⑧
                          86400 )         ; minimum    ←⑨
```

①～④は、左から「自ドメイン名」「クラス（IN）とレコードのタイプ（SOA）」「MNAMEフィールド」「RNAMEフィールド」となっています。

①の「@」は、自分のドメイン名の省略を表し、named.confのzone指定で指定されたドメインが代入されます。②の「IN SOA」は、「インターネットクラスのSOAレコード」を表します。どちらもSOAレコードの決まり文句のようなものです。

③～⑨の意味は次のとおりです。

【SOA】Start of Authority

▶SOAレコードの項目

番号	レコード情報	意味
③	MNAMEフィールド	プライマリマスタネームサーバのFQDNを指定する
④	RNAMEフィールド	このドメインの管理者のメールアドレスを指定する
⑤	Serial	zone情報のバージョンを示すシリアル値。データを変更したらカウントアップして設定し直す
⑥	Refresh	セカンダリDNSがzoneの情報を更新する間隔（セカンダリDNSのマスタ確認間隔）
⑦	Retry	⑥のリフレッシュが失敗した場合のリトライ間隔
⑧	Expire	⑦の試行が続いた場合の、古いセカンダリ側の情報の有効期限
⑨	Negative cache TTL	存在しないドメインについての情報をキャッシュする期間

※⑨はminimumと呼ばれることもあり、設定ファイルの中ではminimumと書かれることが多い。

　なお、ネガティブキャッシュは、「名前解決を試みた結果、明示的にその名前がなかった」ということを意味するキャッシュです。ネガティブキャッシュに保存されているドメインは、キャッシュが有効な間、名前解決を試みなくなります。

　無駄な名前解決を抑制するための仕組みなのですが、これが望ましくない結果をもたらすこともあります。たとえば、ゾーンファイルに新しい名前を登録しても、その名前がたまたまネガティブキャッシュに存在した場合、定義した時間の間は名前が引けなくなります。

　実際にはありそうもないケースに思えますが、そうでもありません。たとえばユーザーが新しいホストのDNS登録を確認するためにチェックしたとき、まだ登録が完了していなかった場合、その時点でネガティブキャッシュに入ることになります。

　このような場合、BINDを再起動すると引けるようになるので、適当に再起動してお茶を濁してしまい、原因を究明しない場合が多いようです。このような現象が起きたときは、ネガティブキャッシュの値を確認するとともに、あまり大きな値を指定しないようにしましょう。一般的には、10分〜1時間が適当でしょう。

2-4 BINDのセキュリティ対策

BINDを動作させる環境では、ある程度の外部からのアタックとはつきあっていかなければなりません。

一般に誤解されやすいのは、「エッジルータやiptablesによるファイアウォールがあれば問題ない」という認識です。しかし、ファイアウォールは必要なポートはオープンするのが当たり前です。オープンしているポートは、ほとんどガードできないのが現実です。

つまり、BIND自身の設定を強化することで自己防衛を行わなければ、クラッカーに侵入される危険が高まったり、負荷をかけてダウンさせるDoS系の攻撃にさらされることになるでしょう。

基本的な対策としては、セキュリティ機関からのインシデント報告を常にウォッチし、セキュリティホールが見つかった場合はすぐにパッチをあてるなどの対策をとるよう心がけることです。

▶ セキュリティ対策で参考になるサイト

ISC	: http://www.isc.org/index.pl?/sw/bind/bind-security.php
情報処理推進機構	: http://www.ipa.go.jp/security/
CERT	: http://www.cert.org/
JPCERT	: http://www.jpcert.or.jp/

ファイルのパーミッション

第一に、ファイルとディレクトリに適切なパーミッションを設定することが重要です。

BINDの設定ファイルに関しては、基本的にrootとnamed起動ユーザー以外にはアクセス権を一切与えないようにしてください。また、クラッカーにnamed起動ユーザー権限を取られたときのことを考慮し、named起動ユーザーの書き込み権については、必要最低限に抑えるようにしてください。

まず、named.confです。namedを動かすユーザーは、このファイルを読む必要はあ

2-4 BINDのセキュリティ対策

りますが、書き込みができる必要はありません。そこで、たとえばnamedを起動するユーザーをnamedというIDで作成したなら、次のように設定します。

▶ /etc/named/named.confのパーミッション設定

```
# chown named:named /etc/named/named.conf
# chmod 640 /etc/named/named.conf
```

また、named.confを格納しているディレクトリ、ここでは/etc/namedを次のようにします。

▶ /etc/namedディレクトリのパーミッション設定

```
# chown named:named /etc/named
# chmod 750 /etc/named
```

/etc/named配下の各zoneファイルについては、次のように設定します。

▶ /etc/named下のzoneファイルのパーミッション設定

```
・正引き
# chown named:named /etc/named/*.zone
# chmod 440 /etc/named/*.zone

・逆引き
# chown named:named /etc/named/*.rev
# chmod 440 /etc/named/*.rev

・キャッシュファイル
# chown named:named /etc/named/named.root
# chmod 440 /etc/named/named.root
```

アクセスコントロール

named.confでaclによるアクセスの拒否／許可を行うネットワークとホストを定義し、各viewの設定で必要な相手だけに許可を設定しましょう。「2-2 BINDの初期設定と起動」のaclの定義（→P.87）を参照し、allow-transferで指定してください。

また、53/UDPに対する問い合わせをsnortなどのツールで監視し、普段から怪しいホストやネットワークからのアクセスを見つけて、フィルタリングを行うことも重要です。

Versionバナーの非表示

問い合わせてきたホストにBINDのバージョンを表示させると、それを手がかりに既知の脆弱性を突いたアタックをしやすくなります。この対策として、バージョンを表示させないようにしましょう。

named.confのoptionsステートメントに「version "";」という記述を追加します。

▶ バージョンを非表示にする設定 (named.conf)

```
options {
    directory "/etc/named";
    allow-transfer {
        none;
    };
    version "";           ←この部分を空白にするか、偽りの情報を入れる
};
```

ゾーンデータの変更通知

セカンダリDNSサーバは、プライマリDNSサーバのデータが更新されたかどうかを知るために、SOAレコードに設定されたリフレッシュ間隔ごとにプライマリDNSサーバのシリアルを確認します。

当然、リフレッシュ間隔の間にプライマリのデータが更新されたとき、それがセカンダリに反映されるまでにはタイムラグが生じます。そして、このタイムラグを狙って、嘘のDNSを参照させるクラッキング手法が出回っています。

この問題を解決する方法として、ゾーンデータ変更通知機能というものがあります。

プライマリDNSサーバ側でゾーンデータの変更通知機能を有効にすると、データが変更されたとき、変更通知がセカンダリDNSサーバに送られます。セカンダリDNSサーバは、通知を受け取るとすぐにプライマリDNSサーバのシリアルをチェックし、必要ならゾーンデータを転送します。

設定はプライマリ側のnamed.confで、次のように行います。

2-4 BINDのセキュリティ対策

▶ ゾーンデータの変更通知を行う設定（named.conf）

```
zone "testhoge.net"{
    type master;
    file "testhoge.zone";
    notify yes;              ←ここがポイント
};
```

2-5 rndcによる遠隔操作

rndcは遠隔操作が可能なDNSコントロールツールです。遠隔地の端末からrndcコマンドを使用することにより、DNSサーバ側の状態確認や設定のリロードなどのメンテナンスを行うことができます。

rndcコマンドの実行例

まず、ローカルホストのDNSサーバをrndcで操作する例を紹介します。

▶zoneデータの再ロード

```
# rndc reload
```

zone情報が書き換えられている場合は内容がDNSへ反映されます。マスター／スレーブの両方とも更新されます。キャッシュされているDNS情報はそのまま維持します。

▶DNSサーバの停止

```
# rndc stop
```

DNSサーバを安全に停止します。停止前に、動的な更新とIXFRデータを保存します。

▶DNSサーバの強制終了

```
# rndc halt
```

DNSサーバを強制的に終了します。

▶ステータスのダンプ

```
# rndc stats
```

現在のnamedステートメントをnamed.statsファイルにダンプします。

2-5 rndcによる遠隔操作

▶ データのリフレッシュ

```
# rndc refresh
```

DNSサーバのzoneデータをリフレッシュします。

▶ クエリーのロギング

```
# rdnc querylog
```

クライアントからDNSサーバに行われる問い合わせをロギングします。

リモート接続のための設定①──DNSサーバ側の設定

次に、遠隔地のDNSサーバにrndcで接続し、制御するための設定を紹介します。

ここでは、手元の端末から、データセンターなどにあるDNSサーバを制御するケースを想定して説明します。それぞれ、次のようなIPアドレスのホストと仮定しましょう。

▶ rndcクライアントによるDNSサーバの制御イメージ

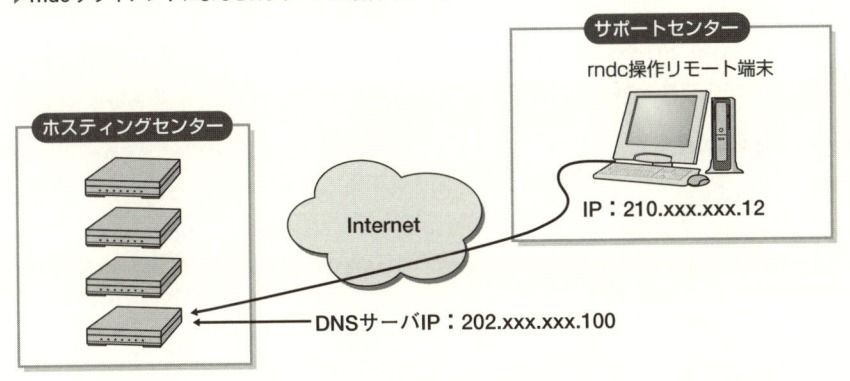

```
[ホスティングセンター]    Internet    [サポートセンター]
                                    rndc操作リモート端末
                                    IP：210.xxx.xxx.12
DNSサーバIP：202.xxx.xxx.100
```

rndcによるリモート接続を実現するためには、DNSサーバとrndcクライアントに、共通の暗号鍵が必要になります。これにはrndc-confgenで生成した鍵を使用します（鍵の作成方法→P.82「2-2 BINDの初期設定と起動」）。まずサーバ側で鍵を生成し、それをrndcクライアントにコピーして使ってください。

サーバ側では、この鍵を使用して、/etc/rndc.confと/etc/rndc.keyを設定します。なお、/etc/rndc.keyはすでに説明したように（→P.83）、/etc/named/named.confにインクルードされているとします。

▶ /etc/rndc.conf の例

```
key "samplekey" {
    algorithm hmac-md5;
    secret "pCeVPh2SlQ01gk2hooSqBSvDafvKctfEyVKd0n+18ZPPkoZwFxOE
R4iGLj2DHn8xHYKUG9r8qrpkSrM2Ut6u0A==";
};

options {
    default-server  127.0.0.1;
    default-key     samplekey;
    default-port    953;
}

server 127.0.0.1 {
    keys { samplekey; };        ←ローカルrndc操作のための定義
};
server 202.xxx.xxx.100 {        ←遠隔rndc操作のための定義。DNSサーバ自身のアドレスを記述
    keys { samplekey; };
};
```

　最後の「server 202.xxx.xxx.100」の設定がポイントになります。rndcがこのアドレスに対して鍵の交換を行い、接続できるように設定しています。

▶ /etc/rndc.key の例

```
key "samplekey" {
    algorithm hmac-md5;
    secret "pCeVPh2SlQ01gk2hooSqBSvDafvKctfEyVKd0n+18ZPPkoZwFxOER4iGLj2DHn8xHYKU
G9r8qrpkSrM2Ut6u0A==";
};

// rndcクライアント(210.xxx.xxx.12)に対してアクセス許可
controls {
  inet 127.0.0.1 allow { 127.0.0.1;} keys { samplekey; };
  inet 202.xxx.xxx.100 allow { 127.0.0.1; 210.xxx.xxx.12; } keys { samplekey; };
};              ↑ DNSサーバのアドレス              ↑ rdnc端末のアドレス
```

このファイルはnamed.confにインクルードされ、BINDの設定ファイルの一部となります。

controlsの定義では、DNSサーバがクライアントからの接続を受け付けるためにListenするIPアドレスを定義します。接続にあたっては、keysで定義したsamplekeyで認証が行われます。

●namedの再スタート

以上が揃ったらnamedを再スタートします。rcスクリプトを使っている場合は、次のようにします。

```
# /etc/rc.d/init.d/named restart
```

そうでない場合は、namedのプロセス番号をpsコマンドで確認し、次のコマンドを実行します。

```
# ps ax | grep named       ←namedのプロセス番号を確認
# kill -HUP プロセス番号     ←取得したプロセス番号を指定して再起動
```

これで、rndcがリモート接続を受け付けるようになります。

●ファイアウォールの設定確認

rndc接続では、TCPのポート953を使用します。iptablesを使用している場合やファイアウォールを使ってる場合は、TCP/953のポートをオープンしてください。

リモート接続のための設定②──rndcクライアントの設定

まず、rndcクライアントとDNSサーバのバージョンが一致していることを確認してください。BIND9.1とBIND9.2/9.3ではプロトコルが若干異なるため、通信ができないという問題が報告されています。

遠隔操作側のrndcでは、操作対象のDNSサーバの共有秘密鍵（samplekey）をコピーして、自分の/etc/rndc.confに入れます。なお、rndcクライアント側でDNSサーバが起動している必要はありません。

設定例は次のようになります。

▶ /etc/rndc.conf

```
// rndcの基本設定
options {
    default-key "samplekey";
};

// 遠隔DNSサーバの定義
server  202.xxx.xxx.100 {
    key     "samplekey";
};

// 遠隔DNSサーバからコピーしたsamplekeyキー
key "samplekey" {
    algorithm hmac-md5;
    secret "pCeVPh2SlQ01gk2hooSqBSvDafvKctfEyVKd0n+18ZPPkoZwFxOE
R4iGLj2DHn8xHYKUG9r8qrpkSrM2Ut6u0A==";
                    ↑遠隔操作するDNSサーバで生成したものと同じキー
};
```

●リモート接続の実行例

　編集が終わったら接続してみましょう。次のコマンドは、ターゲットとなるDNSサーバのステータス確認をするrndcの実行例です。

```
# rndc -s 202.xxx.xxx.100 status
```

　次の例は、DNSが複数のドメイン管理をしている際、部分的にリロードするものです。この場合、ドメインtestsuit.netのデータだけがリロードされます。

```
# rdnc -s 202.xxx.xxx.100 reload testsuit.net
```

2-6 BINDのユーティリティ

　bind9には、dig、host、nslookupといったDNSの問い合わせツールのほか、ゾーンデータを更新できるnsupdateなどのコマンドが付属します。ここでは、主なコマンドの使い方について解説します。

digコマンド

　DNSへの問い合わせを実行し、その結果を表示するツールがdigです。基本的な使い方は次のようになります。

▶ 正引き

```
# dig ホスト名
```

▶ 逆引き

```
# dig -x IPアドレス
```

▶ 問い合わせネームサーバを指定

```
# dig @ネームサーバ ホスト名など
```

▶ クエリータイプを指定

```
# dig ドメイン名など　クエリータイプ
```

　クエリータイプの例は次のようになります。

a	ネットワークアドレス
any	指定されたドメインのすべて、または任意の情報
mx	ドメインのメール交換情報（MX）
ns	ネームサーバ
soa	SOAレコード

dig のオプション

digには、かなり"使える"オプションが用意されています。ぜひ試してみてください。

●+short

問い合わせ結果を簡潔に表示します。

▶実行例

```
# dig www.yahoo.co.jp +short
203.141.35.113
210.81.3.241
202.229.198.216
```

●+trace

ルートネームサーバからの再帰的問い合わせのようすを表示します。

▶実行例

```
# dig www.yahoo.co.jp +trace

; <<>> DiG 9.2.3 <<>> www.yahoo.co.jp +trace
;; global options:  printcmd
.                       482223  IN      NS      C.ROOT-SERVERS.NET.
.                       482223  IN      NS      D.ROOT-SERVERS.NET.
.                       482223  IN      NS      E.ROOT-SERVERS.NET.
.                       482223  IN      NS      F.ROOT-SERVERS.NET.
.                       482223  IN      NS      G.ROOT-SERVERS.NET.
.                       482223  IN      NS      H.ROOT-SERVERS.NET.
.                       482223  IN      NS      I.ROOT-SERVERS.NET.
.                       482223  IN      NS      J.ROOT-SERVERS.NET.
.                       482223  IN      NS      K.ROOT-SERVERS.NET.
.                       482223  IN      NS      L.ROOT-SERVERS.NET.
.                       482223  IN      NS      M.ROOT-SERVERS.NET.
.                       482223  IN      NS      A.ROOT-SERVERS.NET.
.                       482223  IN      NS      B.ROOT-SERVERS.NET.
;; Received 436 bytes from 127.0.0.1#53(127.0.0.1) in 1 ms
```

次のページへ続く→

2-6 BINDのユーティリティ

```
→前ページから続く
jp.                        172800    IN      NS      A.DNS.jp.
jp.                        172800    IN      NS      B.DNS.jp.
jp.                        172800    IN      NS      C.DNS.jp.
jp.                        172800    IN      NS      D.DNS.jp.
jp.                        172800    IN      NS      E.DNS.jp.
jp.                        172800    IN      NS      F.DNS.jp.
;; Received 229 bytes from 192.33.4.12#53(C.ROOT-SERVERS.NET) in 186 ms

yahoo.co.jp.               86400     IN      NS      dnsg01.yahoo.co.jp.
yahoo.co.jp.               86400     IN      NS      dnsn201.yahoo.co.jp.
;; Received 108 bytes from 61.120.151.100#53(A.DNS.jp) in 2 ms

www.yahoo.co.jp.           300       IN      A       203.141.35.113
www.yahoo.co.jp.           300       IN      A       210.81.3.241
www.yahoo.co.jp.           300       IN      A       202.229.198.216
yahoo.co.jp.               900       IN      NS      dnsg01.yahoo.co.jp.
yahoo.co.jp.               900       IN      NS      dnsn201.yahoo.co.jp.
;; Received 156 bytes from 211.14.12.10#53(dnsg01.yahoo.co.jp) in 2 ms
```

● +nocomments

コメント行の表示を抑制します。

▶ 実行例

```
# dig www.yahoo.co.jp +nocomments

; <<>> DiG 9.2.3 <<>> www.yahoo.co.jp +nocomments
;; global options:  printcmd
;www.yahoo.co.jp.                   IN      A
www.yahoo.co.jp.           1        IN      A       210.81.3.241
www.yahoo.co.jp.           1        IN      A       202.229.198.216
www.yahoo.co.jp.           1        IN      A       203.141.35.113
yahoo.co.jp.               601      IN      NS      dnsg01.yahoo.co.jp.
yahoo.co.jp.               601      IN      NS      dnsn201.yahoo.co.jp.
dnsg01.yahoo.co.jp.        743      IN      A       211.14.12.10
;; Query time: 1 msec
;; SERVER: 127.0.0.1#53(127.0.0.1)
;; WHEN: Mon Jan  5 19:04:34 2004
;; MSG SIZE  rcvd: 140
```

● +nofail

問い合わせに失敗（SERVERFAIL を受信）した際に、次のサーバへの問い合わせを試みます。

● デフォルトの動作を変更する

ホームディレクトリに.digrc というファイルを作成し、そこにオプションを記述することでデフォルトの動作とすることが可能です。たとえば、+short と +nofail をデフォルトとする場合には、~/.digrc に次のように記述しておきます。

▶ ~/.digrc

```
+short
+nofail
```

host コマンド

dig や nslookup と同様のことができますが、表示は非常にシンプルです。

▶ 正引き

```
# host ホスト名
```

▶ 逆引き

```
# host IPアドレス
```

host には豊富なオプションがあり、それを使うことで dig 並みの情報を得ることもできます。

nslookup コマンド

DNS の定番ユーティリティといえば nslookup です。基本的な使い方は次のとおりです。

● 正引きと逆引きの例

まず、起動してみましょう。次のようにプロンプト「>」が表示されて入力モードになるはずです。

2-6 BINDのユーティリティ

```
# nslookup -sil
>
```

ここで正引きを行ってみましょう。

```
> www.yahoo.co.jp              ←「www.yahoo.co.jp」と入力
Server:         192.168.1.1     ←DNSを引くNAMEサーバのアドレス
Address:        192.168.1.1#53  ←Port53を使用

Name:   www.yahoo.co.jp         ←DNSで検索する内容
Address 202.229.199.136         ←その結果
>
```

今度は逆引きをやってみます。

```
> 202.229.199.136               ←「202.229.199.136」と入力
Server:         192.168.1.1     ←DNSを引くDNSサーバのアドレス
Address:        192.168.1.1#53  ←Port53を使用

136.199.229.202.in-addr.arpa    name=www.yahoo.co.jp   ←その結果
>
```

●指定したタイプの情報を表示する

クエリータイプで指定した情報を表示させます。ただし、ネームサーバがゾーン転送を許可していない場合、情報は表示されません。

```
>ls -t [クエリータイプ]  ドメイン
```

▶ 実行例

```
> ls -t mx example.org   ←mxを引く場合
[192.168.0.10]
example.org. MX 10 mail1.example.org
example.org. MX 20 mail2.example.org
```

クエリータイプにはほかにも、次のようなものがあります。

```
>ls -t CNAME [ドメイン名]   ←CNAMEによる別名定義を表示
>ls -t ANY   [ドメイン名]   ←ゾーン情報全体を表示
>ls -d [ドメイン名]         ←-t ANYと同じ
```

● set コマンドによるタイプの指定

タイプの指定には、setコマンドを使う方法もあります。次のいずれかの書式で、指定したレコード情報を表示します。

```
>set type=[レコード]
>set q = [レコード]
```
――いずれかの方法で実行

▶ [レコード] に指定するコマンド一覧

ANY	任意のレコード種別
SOA	ゾーンに関する情報
NS	ネームサーバの情報
A	正引きの情報（ホスト名→IPアドレス）
PTR	逆引きの情報（IPアドレス→ホスト名）
CNAME	別名
MX	メール配送先の情報
HINFO	マシン（ホスト）情報
MINFO	メール情報
UINFO	ユーザー情報
TXT	テキスト情報
WKS	サービス情報
AXFER	ゾーン転送のための問い合わせ
MB	メールボックスのドメイン名
NULL	任意のデータ

nsupdate コマンド

zone情報を更新するには、サーバ上で直接zoneファイルを編集するのが一般的です。しかし、nsupdateコマンドを使えばファイルを変更することなく、zone情報を動的に更新することができます。

これにより、DHCPなどで動的に付与されたIPアドレスを、迅速にDNSへ反映させることができるようになりました。つまり、個人宅でサイトを公開する場合によく利用されるDynamic DNSを構築できるということです。

nsupdateは、動的更新の内容をプロンプトに対して1行ずつ入力していくスタイルと、更新内容を指定のファイルに記述して読み込むスタイルの2つの方法で利用できます。まず、プロンプトを利用した設定について説明していきます。

nsupdateを起動するとプロンプトが出力されます。次はその例です。

2-6 BINDのユーティリティ

▶ リソースレコード追加の例

```
# nsupdate
> update: {add} new.example.co.jp. 600 IN A 192.168.1.30
>      ←[Enter]
>      ←[Ctrl]+[D]で終了
#
```

この例では、ゾーンexample.co.jpに対して、新しいホストnew.example.co.jpを加える場合の例を示しています。ドメインのあとに指定している「600」は、キャッシュの有効期限を秒で指定したもので、ゾーンファイルの$TTLの値を局所的に上書きします。ここでは、new.example.co.jpのIPアドレスを192.168.1.30とします。

▶ リソースレコード削除の例

```
# nsupdate
# update: {delete} new.example.co.jp. IN A
>      ←[Enter]
>      ←[Ctrl]+[D]で終了
#
```

この例では、ゾーンexample.co.jpからホストnew.example.co.jpを削除しています。

● nsupdateの書式

プロンプトで入力するコマンドの書式は次のようになります。

```
セクション名：{オペレーションコード} ドメイン名 TTL CLASS TYPE データ
```

セクション名には、prereqとupdateの2つが利用可能です。prereqはupdateを行う前の処理指定を行うために使うものです。

▶ prereqのオペレーションコード

```
nxdomain,yxdomain,nxrrset,yxrrset
```

▶ updateのオペレーションコード

```
add      ：ゾーンデータベースへの追加
delete   ：ゾーンデータベースでの削除
```

rndcで使った秘密暗号鍵を利用してセキュアにnsupdateを行うには、次のように指定します。-k以下は鍵のファイルを指定します。

```
# nsupdate -k example.tsig.+157.16066.private
```

nsupdateでリソースレコードを制御する際は、named.confに記述された「allow-update」のIPアドレスを確認します。これにより、特定の端末からの更新のみを受け付けることができます。このようなアクセス制限と暗号鍵の指定による認証は、安全に運用するためには不可欠です。

2-7 BINDに関するFAQ

Q1 同じzoneファイルを使って、異なるドメインのzoneを定義することはできますか？

◆

A1 はい、可能です。
仮に、example.orgというドメインがあったとします。そこのDNSサーバns1.example.orgで、example.netとtestsuit.comの名前解決をしたいとします。その場合、定義は次のようになります。

▶ named.conf

```
zone "example.net"   {
      type master;
      file "example.org.db";
};

zone "testsuit.com" {
      type master;
      file "example.org.db";
};
```

▶ example.org.db

```
$TTL 8h
@ SOA ns1.example.org. postmaster.example.org. (
          42      1d      12h     1w      10m )
        ; Serial, Refresh, Retry, Expire, Neg. cache TTL

        NS      ns1.example.org.
        NS      ns2.example.org.

        MX      mail.example.org.

        A       10.0.0.1
www     A       10.0.0.2
```

Q2 MXレコードに記述するメールサーバの定義にあたって何か気をつけることはありますか？

◆

A2 第一に、MXレコードに記述するメールサーバは、必ずAレコードで定義されたものでなければなりません。CNAMEで定義した名前を使うことはできません。

　第二に、最近のメールシステムはセキュリティ対策として、メールを受信する前に、相手メールサーバのドメイン名からIPアドレスを引きます。さらに、このIPアドレスからホスト名を逆引きして両者の結果が一致しなければ、不正なメールサーバとして拒否される可能性があります。

Q3 MXレコードのあとにプライオリティの数値を設定しますが、この値はどのように評価されますか？

◆

A3 同一ドメインのメールアドレスであれば、値の小さい順に評価され、その値が設定されているメールサーバへ配送されます。もし値の小さいメールサーバがダウンしているなら、次に値の小さいメールサーバへ配送されます。

　同じプライオリティで異なるメールサーバを指定している場合、ロードバランシングの動作となります。正常に動作している範囲なら、ランダムに振り分けされます。しかし、片方のメールサーバがダウンした場合は、Aレコードのラウンドロビンと同様にフェイルオーバしないので、注意しなければなりません。1つの回避方法として次のような方法があります。

▶ 例

```
example.net.   IN MX 10   mail.example.net.    ←①
               IN MX 10   mail2.example.net.   ←②
               IN MX 20   mail3.example.net.   ←③
```

　このようにすると、通常は①と②で交互にメール配送要求に対し、交互に返すメールサーバを変えます（DNSキャッシュが効いている間は同じサーバを指します）。しかし、①、②のいずれかがダウンすると③へ転送されます（DNSサーバはメールサーバの生死を見ていません）。

2-7 BINDに関するFAQ

Q4 DNSサーバをchroot仕様にする場合、どのように設定すればよいでしょうか？

◆

A4 chrootとは、そのサービスを実行するユーザーのディレクトリが、あたかもルートディレクトリ"/"であるかのように見せる仕組みです。セキュリティ上該当ユーザーのホームディレクトリより上のパスに移動できることは望ましくないため、このような仕組みでディレクトリの移動を制限します。

たとえば、現在BIND9を導入しているシステムで、関連ファイルが次のディレクトリにあると仮定して説明を行っていきます（named.confが/etc直下にあるという点はここまでの本文の説明と若干異なるので、注意してください）。

▶ 現在の構成

```
/
├─/etc/
│      ├─named.conf
│      └─named/
│              ├─xxxxx.zone
│              ├─xxx.xxx.xxx.in-addr.arpa
│              └─0.0.127.in-addr.arpa
├─/usr/
│      └─sbin/
│              └─named
├─lib/
├─sbin/
└─/var/
       └─run/
              └─named/
                      └─named.pid
```

123

●作業手順

①もしnamed起動用のアカウントを作成していないなら、次の手順で作りましょう。ここでは起動用のアカウントをnamedとします。

```
# addgroup -g 1053 named
# adduser -c "bind master account" -d /var/bind_root/named -g \
named -u 1053 -s /bin/false named
```

②chroot用のディレクトリを作成します。このディレクトリが、namedにとってのルートディレクトリとなります。

```
# mkdir -p -m 750 /var/bind_root/named
```

③chrootの各ディレクトリを作成します。

```
# cd /var/bind_root/named
# mkdir -p dev etc lib usr/sbin var/named var/run
# mknod dev/null c 1 3
```

④/var/bind_root配下のアクセス権限を揃えます。

```
# chown -R named:named /var/bind_root
```

⑤BINDのコンフィギュレーションファイルを移動します。

```
# mv /etc/named.conf /var/bind_root/named/etc
# mv /etc/named/named.root /var/bind_root/var/named
# mv /etc/named/*.zone /var/bind_root/var/named
# mv /etc/named/*.arpa /var/bind_root/var/named
```

⑥BINDの設定ディレクトリを削除します。

```
# cd /etc
# rmdir named
```

⑦ログ出力のために、timezone情報を出力するように指定します。

```
# mkdir -p /var/bind_root/named/usr/share/zoneinfo
# cp -p /usr/share/zoneinfo/Japan \
/var/bind_root/named/usr/share/zoneinfo
```

※導入ディストリビューションによってzoneinfoのパスは異なるので、findコマンドなどで調べてください。

⑧BINDの起動スクリプトを修正します。

通常、/etc/rc.d/init.dに、namedやbindなどの名前でbindの起動スクリプトが設置されていると思います。その起動スクリプトを修正し、chroot用の起動に変えましょう。たとえば次のようにします。

▶chroot用起動スクリプトの例

```
#!/bin/sh
# BINDの実行ファイルが置かれているディレクトリは必ずPATH変数に設定のこと
BINDUSER=named
CHROOT=/var/bind_root/named
BINDPATH=`which named`
RNDC=`which rndc`

case $1 in
'start' )
    $BINDPATH -u $BINDUSER -t $CHROOT    ←-t $CHROOTでchrootを指定する
    ;;
'stop' )
    $RNDC stop
    ;;
*)
    echo "usage: $0 {start|stop}"
esac
```

⑨BIND起動スクリプトを実行します。

```
/etc/init.d/named start
```

Q5 内部LAN用のDNSを作成しましたが、なぜか非常にレスポンスが遅いようです。負荷もそれほどないのですが、何が原因として考えられるでしょうか？

◆

A5 原因として考えられることが、2つあります。

①まず、IPv6の設定をデフォルトで検索しにいき、タイムアウトでやっと普通のIPv4を検索するために遅くなっている可能性があります。

　Fedora Core2/3を使用しているユーザーから、DNSの動作が非常に遅いという報告が出ています。これは、IPv4より先にIPv6での通信を試してしまうことが原因とされています。もしお使いのインフラがIPv6でなければ、IPv6をモジュールをはずしておくべきです。

　IPv6モジュールをはずすには、/etc/modprobe.confの最後のほうの適当な箇所に、次の内容を追加します。

```
alias net-pf-10 off
alias ipv6 off
```

　この設定をセーブしたのちに再起動すると、DNSのlookupが速くなっているはずです（rmmodコマンドで上記のモジュールを削除する場合は、再起動しなくても大丈夫です）。

②次に、そのDNSサーバがファイアウォールの内側にある場合、DNSのレスポンスが遅い原因として、ファイアウォールの53番ポートがオープンしていないために発生している可能性があります。

　内部用のDNSサーバを作る場合の重要なポイントとして、内部の検索以外は外部のDNSへ問い合わせるようにすることがあげられます。これなら、ファイアウォール側も危険なポートをオープンする必要がないので安全です。これを実現する方法がforwardersの設定です。

　forwardersを設定するには、named.confのoptionsで次のように記述します。

```
options {
    directory   "/etc/named"
    query-source address * port 53;
    forwarders {
        202.xxx.xxx.100      ←加入ISPのDNS1
        210.xxx.xxx.101      ←加入ISPのDNS2
    }
}
```

これにより、自分自身で解決できないホスト名の問い合わせはすべて、forwarders行のDNSへ行くようになります。ただし、起動時はnamed.rootに記述されているサーバと交信しようとします。そこでこれをやめて、必要最低限のオリジナルのnamed.rootを作成することで、速いレスポンスが返ってくるはずです（大企業では、オリジナルのnamed.rootを使用している場合もあります）。

もし、単なる内部ドメイン解決ではなく、内部ホスト向けのレスポンス向上のためのDNSキャッシュサーバとして使うなら、named.rootをはずして「forwarders only;」を設定することで、アクセス速度の向上が図れるはずです。

Q6 最新のnamed.root情報を取得する簡単な方法はありますか？

◆

A6 named.rootを作る非常に簡単なコマンドラインがあります。次のコマンドラインを実行することで、最新のnamed.rootを生成することができます。

```
# dig @e.root-servers.net . ns > /etc/named/named.root
         ↑
   named.rootに記述のルートサーバであればなんでもOK
```

Q7 日本語ドメイン名を扱えるようDNSを構築したいのですが、どうすればよいでしょうか？

◆

A7 日本語ドメインのようなマルチバイトドメイン名を、国際化ドメイン名（IDN※）と呼びます。現在、IETF※にIDNワーキンググループが設立され、国際ドメイン名に対応するための技術面での標準化活動を行っています。

ここで制定されたIDN技術にもとづき、IDNKITという国際化対応するためのツールとライブラリー、BIND8/9に対するパッチが提供されており、JPNICで公開されて

【IDN】Internationalized Domain Name
【IETF】The Internet Engineering Task Force

います。これを利用すれば、国際化対応が可能になります。サーバに関しては、BIND8またはBIND9のソースにパッチをあてて再構築することで対応が可能になります。

　日本語対応は、Unicode文字のASCII符号化のためのACE※技術が必要となり、これを行う変換アルゴリズムがPunycodeです。これを使って、zoneファイルやnamed.confファイルに日本語ドメインを登録する必要があります。あとは、通常のBINDでの記述と同じです。

　詳細については、下記のサイトを参考に作業を行ってください。

日本語ドメインの登録について	：http://日本語.jp/
案内	：http://www.nic.ad.jp/ja/idn/
ダウンロード先	：http://www.nic.ad.jp/ja/idn/idnkit/download/index.html

Q8 DNSサーバを移行する場合には、どんなことに気をつければいいでしょうか？

◆

A8
　通常DNSサーバは、頻繁にDNS検索を行ってネットワークに負荷をかけないよう、キャッシュを使ってクライアント端末へアドレスを返しています。しかし、これが移行の際、すぐにDNSサーバの設定変更が反映されない理由となっています。キャッシュが持続する間はDNS登録上のアドレスを変更しても、すぐに反映されないことが原因です。

　キャッシュの持続時間はzoneファイルのTTL値で決まります。そこでDNSサーバの移行前に、設定されているTTL値を短くしてしまいます。これにより、そのドメインへの問い合わせが発生したときに新しいTTL値を経過していれば、新しいサーバに対してDNS検索を行うようになります。

　なお、新しいTTL値が反映されるのは、旧TTLで設定した期間が過ぎてからです。ですからTTL値の変更は、DNSの切り替え日より、旧TTL値の期間だけ手前で行う必要があります。実際にはさらに、多少のタイムラグも見ておくべきでしょう。

▶DNSの移行スケジュール

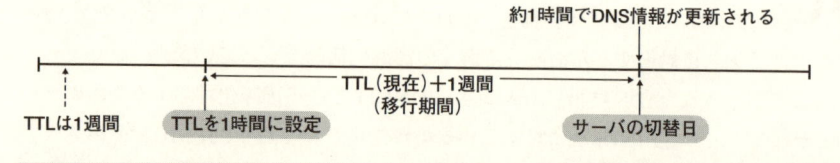

（図：TTLは1週間 → TTLを1時間に設定 → TTL（現在）＋1週間（移行期間） → サーバの切替日。約1時間でDNS情報が更新される）

【ACE】Ascii Compatible Encoding

2-7 BINDに関するFAQ

▶ DNSサーバの移行

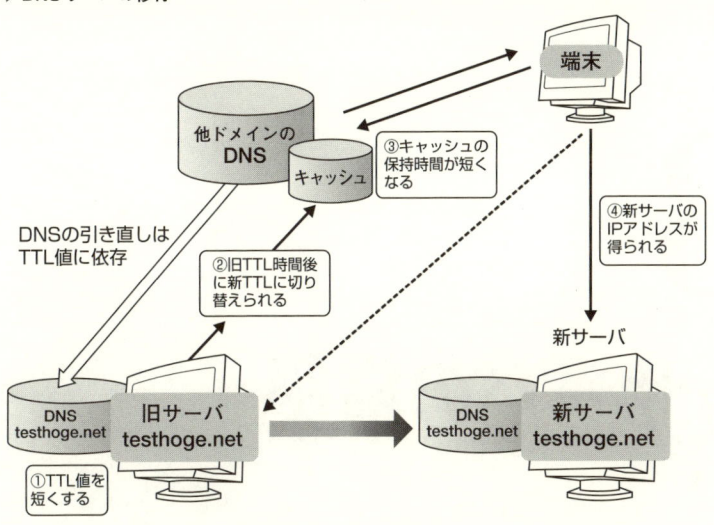

具体的な手順の例をあげると、次のようになります。ここでは、移行時のTTLを1時間に設定しています。

(1) 現在のTTL値を調べ、それに1週間程度の時間を加えた時間を、サーバ切り替え前の準備期間とする。
(2) サーバ切替日から、(1)の準備期間をさかのぼった時点で、TTL値を1時間に設定する（図の①と②）。
(3) 切り替え当日にはすでにTTLが1時間になっているため、サーバの切り替えが1時間程度で完了する（図の③と④）。

第3章
Webサーバの構築

　Webサーバの役割については、いまさら説明する必要もないでしょう。インストールとひととおりの設定も、さほど難しいものではありません。
　しかし、実際にWebサーバを運用していると、予想もしなかった問題に直面することがあります。たとえば、サイトへのアクセス数が急増すると、マシンのパフォーマンス改善や移設が必要となり、システム追加の要求も発生してきます。
　こうしたとき、いかにしてシステムを止めずに増強したり、冗長化（システムを二重化してダウンに備える）を図るかがポイントとなってきます。そして、Webサーバを立ち上げる段階でこのような知識を多少でも仕入れておけば、のちのち、楽にシステム運営を行うことができるのです。

- **3-1** Apacheの概要とインストール
- **3-2** SSL接続のサーバ構築
- **3-3** Apacheディレクティブの基本設定
- **3-4** ユーザー認証
- **3-5** バーチャルホストの設定
- **3-6** WebDAVの設定
- **3-7** Apacheに関するFAQ

3-1 Apacheの概要とインストール

Apacheの概要

　Webサーバ用のソフトウェアといえばApache——いまではこれが一般的です。実際、Apacheは多くのプラットフォーム上で稼動し、個人利用から商用サイト、ホスティングサービス業界まで、Webサーバのデファクトスタンダードとなっています。

　最近の調査では、Apacheは70％近いシェアを占めており、2位のMicrosoft IISサーバを大きく引き離しているということです。

　Apacheの最新バージョンは2.0.xです。ただし、旧版の1.3.x系も並行して配布され、セキュリティパッチなどのメンテナンスが継続されています。本書では最新の2.0.xをターゲットとして解説を進めます。

　2.0.xの新機能として、次のような点があげられます。

①プラットフォーム依存が少ない

　マルチプロセッシングモジュールMPM※の採用で、プラットフォーム依存部分がモジュールとして切り離されました。また、APR※とC言語で作成したモジュールは、ほかの環境でもそのまま利用することができます。

②マルチスレッド化

　MPMの選択によっては、接続要求ごとにプロセスとスレッドを併用する動作にできます。従来のようにアクセスごとに単独プロセスを生成する方式に比べ、より少ないメモリ資源で、多くの接続要求に応えることができます。スケーラビリティの点ではプロセス方式より優れているといえます。

③IPv6対応

　従来のIPv4のアドレスの記述箇所にIPv6の記述を行えば、すぐにIPv6が利用できます。

【MPM】 Multi-Processing Modules。MPMまたはMPMsと略される。
【APR】 Apache Portable Runtime

3-1 Apacheの概要とインストール

④APIの柔軟性強化

プラットフォーム依存をなくし、さらにモジュールをロードする順番を考える必要がなくなりました。順番や配置は、Apache側で自動的に制御します。

⑤スクリプト連携機能の強化

Filtering機能を使用することで、たとえば、CGIとSSI間のデータ交換が行えるようになりました。

● ダウンロードとコンフィギュレーション

◆ ダウンロードと解凍

まず、Apache2のソースファイルをダウンロードしてください。本書執筆時点ではバージョン2.0.52が最新版です。

http://www.apache.org/download.cgi から近くのミラーサイトを探し、適当なディレクトリへダウンロードしてください。

ダウンロード後、ファイルのあるディレクトリへ移動して解凍を行います。

```
$ cd ~/src                    ←ソースファイルをダウンロードしたディレクトリへ移動する
$ tar xvzf httpd-2.0.52.tar.gz ←tarコマンドで解凍する
$ cd httpd-2.0.52             ←解凍したフォルダへ移動する
```

◆ コンフィギュレーションとコンパイル

続いて、解凍した先のディレクトリでconfigureスクリプトを実行しますが、Apacheの場合、この際に指定するコンパイルオプションの選択がパフォーマンスと機能のよしあしに直結します。このため、まずはconfigureスクリプトで必要に応じたオプションを設定することが重要です。

では、基本的なオプション指定とコンパイルの手順を見てみましょう。

●DSOとインストールパスを指定してmakeする

DSO[※]とは、必要な機能をモジュールで追加することで、Apache本体のプロセスを小さく、速くする仕組みのことです。DSOとしてコンパイルするには、モジュール指定の際に「shared」を指定します。

たとえば、rewriteとsslをDSOで組み込むには次のように指定します。

【DSO】Dynamic Shared Object

```
$./configure --enable-rewrite=shared --enable-ssl=shared
```

逆に、モジュールを静的にコンパイルするには、次のように指定します。

```
$./configure --enable-rewrite=static --enable-ssl=static
```

また、Apacheのインストールパスを指定するには、「--prefix=パス指定」オプションを使用します。この指定がない場合は、/usr/localディレクトリの下にapacheディレクトリが作成され、そこに導入が行われます。本書では/opt/wwwにインストールすることを想定して説明しますので、次のように指定します。

```
$ ./configure --enable-rewrite=shared --enable-ssl=shared \
          --prefix=/opt/www
```

configureが終了したらmakeを行い、スーパーユーザーになってインストールします。

```
$ make
$ su
# make install
```

> **Tips**
> 　新規モジュールを組み込んで再コンパイルしたいなど、一度構築したサーバを再構築するときに便利なのが、configure時に作成されるconfig.statusというシェルスクリプトです。
> 　以前のconfigureオプションを忘れていても、これを使えば、最後にconfigureしたときのオプションで再度実行してくれます。
>
> ▶前回の状態を再実行
>
> ```
> $ ./config.status
> ```
>
> 　オプションを変更して実行するときは、現在のconfig.statusをバックアップしておくとよいでしょう。テストした新規オプションがうまくいかなかった場合に、前のステップに戻すことが簡単になります。また、最後に使用したオプションは、config.logの冒頭部分にも残っています。
> 　なお、このTipsは、./configureでMakefileを作ってコンパイルする多くのソフトで使えるはずです。

3-1 Apacheの概要とインストール

この章で紹介するconfigureのオプション

以下、次のような代表的なオプションについて、順次、使い方を見ていくことにします。

①MPMによるプロセス動作の指定（Webプロセスのスピードや同時接続数の設定にかかわる内容）
②圧縮通信の指定
③WebDAVの指定

なお、configureオプションの一覧は、「./configure --help」で見ることができます。

MPMによるプロセスモデルの指定

●MPMモジュールの機能

MPM（マルチプロセッシングモジュール）とは、Apacheの中核部分となる、子プロセスなどの管理機能をモジュール化したものです。使用するMPMモジュールを変更することにより、プラットフォームに最適の動作をさせることができます。たとえばWindowsで使う場合、mpm_winntを指定することで、Windowsに最適化された動作となります。

これはApache2.0から採用された機能で、モジュールの指定はconfigure時に行う必要があります。Linuxを含むUNIX系のOSでは、Apache 1.3系と同様の動作をするpreforkがデフォルトになっています。

コマンドラインの書式は次のとおりです。

```
$ ./configure --with-mpm=モジュール名
```

●MPMモジュールの種類

「モジュール名」に指定できるMPMモジュールは次のとおりです。

▶ 指定できるMPMモジュール

--with-mpmのオプション	動作内容
worker	マルチスレッドとマルチプロセスのハイブリッド型のプロセスタイプ。スレッドがリクエストに応答するため、少ない資源で多数のアクセスをさばき、一方、スレッドを管理するプロセスを複数持つことで安定性を確保する
perchild	プロセスの数は固定で、スレッドの数がダイナミックに増えていく。最大数と最小値を設定し、その範囲でスレッドが延びる動作となる。スレッド自体が接続を受け持つ
prefork	Apache 1.3.xと似た動作で、スレッドは使わない。要求されるプロセスを予測してプロセスを生成する。Linux/UNIX環境でオプション指定がない場合は、これが選択される
leader	workerの一種（試験段階）
threadpool	

なお、perchildについては、マニュアルに「試験的なものであるため、開発目的以外の利用は避けるように」とあります。また、workerと相性の悪い古いアプリケーションがある場合は、preforkを選択することになります。

実際に、configureスクリプトを実行してみましょう。

```
$ ./configure --with-mpm=worker --prefix=/opt/www
$ make
$ su
# make install
```

これで作業は完了です。次のコマンドラインで、実際に選択されているMPMを確認できます。

```
# /opt/www/bin/httpd -l
```

なお、これは--prefix=/opt/wwwを指定した場合です。デフォルトでインストールした場合、httpdのバイナリは/usr/local/apache2/bin/httpdとなります。

圧縮通信の指定をしたサーバ構築

圧縮通信を行う場合はzlibが必要です。必要に応じてダウンロードし、インストールしてください。手順は次のようになります。

3-1 Apacheの概要とインストール

▶ ダウンロードサイト

http://www.zlib.net/zlib-1.2.2.tar.gz

▶ ホームディレクトリのsrcへ保存した場合のインストール操作例

```
$ cd ~/src
$ tar zxvf zlib-1.2.2.tar.gz
$ cd ./zlib-1.2.2
$ ./configure --prefix=/usr
$ make
$ su
# make install
```

このあと、「--enable-deflate」オプションを付けてApacheをコンパイルします。これで圧縮通信対応になります。

```
# cd ~/src/httpd-2.0.50
# ./configure --enable-deflate
```

WebDAVの指定をしたサーバ構築

WebDAV※は比較的モジュールが大きいので、組み込む場合はDSOを指定したほうがよいでしょう。

次の要領でコンフィギュレーションを行い、コンパイルとインストールを行ってください。

```
$ ./configure --enable-shared=yes --enable-dav=yes \
  --prefix=/opt/www --with-mpm=worker
$ make
$ su
# make install
```

WebDAVの各種設定については、178ページ「3-6 WebDAVの設定」を参照してください。

【WebDAV】Web Distributed Authering and Versioning。RFC2518で規定される、Webのデータ管理機能。Windows 2000/XPのWebフォルダ管理との連携が可能。リモートからイントラネット内のデータを参照・更新する際に有効な方法として注目されている。

3-2 SSL接続のサーバ構築

SSLによる暗号化通信の仕組み

重要なデータをインターネット上で交換する際、データを盗聴されても内容がわからないようにする方法として、通信の暗号化があります。これを実現するのがPKI[※]と呼ばれる公開暗号方式を使ったインフラです。

この技術はSSL[※]接続のための手法として古くからApacheなどで使われているものです。最近では、多くのサーバの動作モードの1つとして、ごく普通に組み込まれるようになりました。

LinuxにSSLを組み込んで暗号化を行うためには、OpenSSLの導入が必要です。OpenSSLの導入にあたっては、PKIに関するいくつかの用語が出てきます。まず、これらの用語についての知識を仕入れておくことにしましょう。少なくとも、次の項目に関する知識を整理しておく必要があります。

公開鍵暗号の仕組み
認証局（CA[※]）とサーバ証明書の役割

公開鍵暗号の仕組み

通信に限らず、データの暗号化には大きく分けて2つの方法があります。共通鍵暗号と公開鍵暗号です。

共通鍵暗号は、データの送信者と受信者が同じ鍵を持ち、その鍵で暗号化と復号化を行う方式です。対称鍵暗号、秘密鍵暗号とも呼ばれます。この方式を通信で使う場合、次のような点が問題になります。

▶ 共通鍵暗号の欠点

- 接続端末間での鍵交換の際に盗聴などで鍵を盗まれ、データを復号される危険がある
- 接続相手ごとに異なる共通鍵を持つ必要があるため、鍵の管理が煩雑になる

【PKI】 Public Key Infrastructure
【SSL】 Secure Socket Layer
【CA】 Certificate Authority

▶ 共通鍵方式

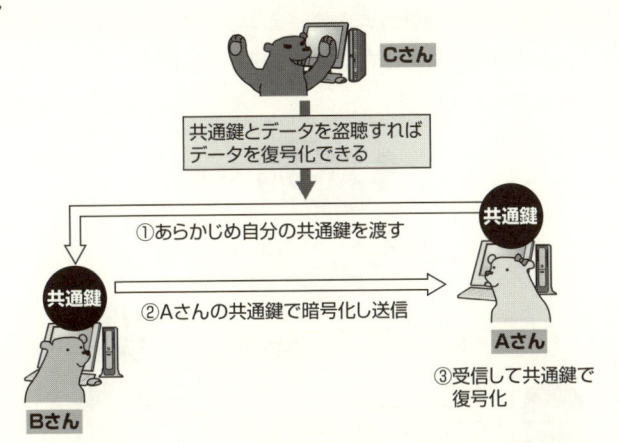

```
                    Cさん
         共通鍵とデータを盗聴すれば
         データを復号化できる
                                        共通鍵
         ①あらかじめ自分の共通鍵を渡す
  共通鍵
         ②Aさんの共通鍵で暗号化し送信
                                         Aさん
                                  ③受信して共通鍵で
                                    復号化
  Bさん
```

　これに対して公開鍵暗号では、公開鍵と秘密鍵の2つの鍵を使います。公開鍵と暗号鍵はペアになっていて、公開鍵で暗号化されたデータは、ペアとなった秘密鍵でしか復号化できないという特性を持っています。

　この方式では、受信者は前もって公開鍵を送信者に送っておきます。送信者は受信者の公開鍵を使ってデータを暗号化して送信し、受信者は自分の秘密鍵で復号化します。非対称鍵方式とも呼ばれます。

　公開鍵は公開を前提にしたものなので、盗聴などで盗まれても問題ありません。秘密鍵は交換する必要がないので、盗聴される危険を防げます。

　また、この例とは逆に、秘密鍵で暗号化したデータは、それとペアになっている公開鍵でしか復号化できないという特性もあります。これを利用すれば、自分の秘密鍵で暗号化したデータを送信し、自分の公開鍵で復号してもらうことで、そのデータが確かに秘密鍵を持つ本人から送られたものであることを証明できます。これを署名機能と呼びます。

　公開鍵暗号のメリットをまとめると、次のようになります。

▶ 公開鍵暗号の利点

・秘密鍵を交換する必要がないため、盗聴などの危険を防げる
・公開鍵は公開を前提にしたものであるため、盗聴を気にせずに事前に配布しておける
・秘密鍵で暗号化したデータを送信することで、署名機能として利用できる

実際のApacheのSSL接続では、証明書の交換などの接続認証段階で公開鍵方式を使い、データの送受信には共通鍵方式を使います。これは、暗号化・復号化のオーバーヘッドが大きいという、公開鍵方式の欠点を補うためです。

▶ 公開鍵方式

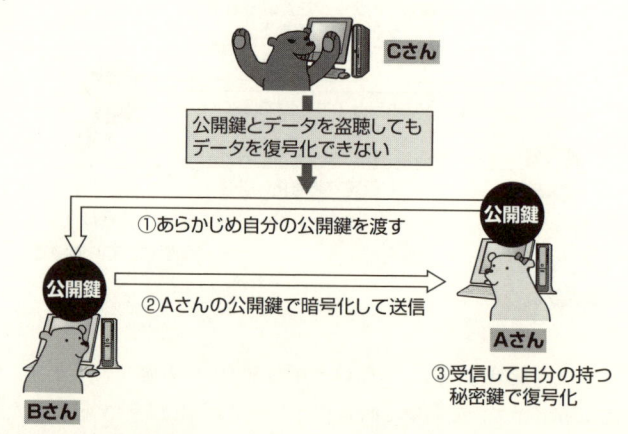

Cさん
公開鍵とデータを盗聴してもデータを復号化できない

①あらかじめ自分の公開鍵を渡す
公開鍵 Aさん
公開鍵 ②Aさんの公開鍵で暗号化して送信
Bさん
③受信して自分の持つ秘密鍵で復号化

認証局とサーバ証明書

サーバ証明書は、Webサーバの詐称を防ぐためのデータです。クライアントがSSLサーバに接続したとき、その相手が本来のサーバであり、偽造されていないことを確認するために使われます。

サーバ証明書には、サーバについての情報とサーバの公開鍵、証明書に対する署名が含まれています。

署名は前述のように、証明書の改竄を防ぐための手段です。まず、第三者の認証局が証明書に秘密鍵で署名します。SSLサーバはこの証明書をクライアントに渡します。

クライアントのブラウザは、あらかじめ内蔵している公開鍵を使って、受け取った証明書の署名を復号します。復号できれば署名が正しいことを確認でき、それによって証明書が改竄されていないことを確認できます。

つまり、証明書が有効に働くためには、ブラウザに公開鍵が内蔵されているような、著名な認証局に署名をしてもらう必要があるということです。

第三者の認証局を使わない場合は、これに自己署名をして使います。ただしこの場合、ブラウザは署名に対応する公開鍵を持っていないので、接続時に警告を出すのが一般的で、商用目的には適さない状態となります。

3-2 SSL接続のサーバ構築

▶ SSLの仕組みと証明書

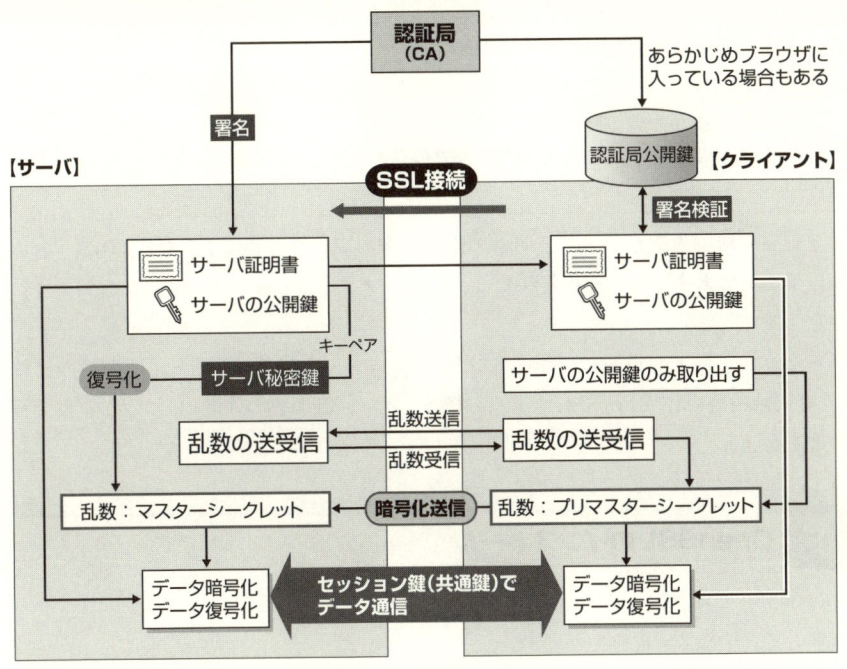

```
                    ┌─────────┐
                    │ 認証局  │
                    │  (CA)   │   あらかじめブラウザに
                    └─────────┘   入っている場合もある
              署名  │         │
                    ↓         ↓
                              ┌──────────────┐
【サーバ】                    │ 認証局公開鍵 │   【クライアント】
                              └──────────────┘
              ←── SSL接続 ──→        │ 署名検証
                                      ↓
      ┌─サーバ証明書─┐          ┌─サーバ証明書─┐
      │ サーバの公開鍵│ ────→   │ サーバの公開鍵│
      └───────────────┘          └───────────────┘
              │ キーペア              │
      復号化  │                       │ サーバの公開鍵のみ取り出す
              ↓                       ↓
      ┌─サーバ秘密鍵─┐
      └───────────────┘

      乱数の送受信  ←乱数送信─  乱数の送受信
                    ─乱数受信→

      乱数：マスターシークレット  ←暗号化送信─  乱数：プリマスターシークレット

      データ暗号化  ←セッション鍵(共通鍵)で→  データ暗号化
      データ復号化      データ通信             データ復号化
```

※セッション鍵はクライアントとサーバの互いの乱数とプリマスターシークレット※で生成

SSLサービスに必要な要素

● サーバ証明書

ApacheでSSL接続をサービスするためには、前述のように、サーバの詐称を防ぐためのサーバ証明書が必要です。

さらに、サーバ証明書を生成するためには、サーバ秘密鍵と証明書署名要求ファイル（CSR※）が必要になります。まとめると、次の3つのファイルが必要です。

- サーバ秘密鍵
- 証明書署名要求ファイル（CSR）
- サーバ証明書

● 認証局の証明書

サーバ証明書を作るためには、認証局に署名をしてもらうことが必要です。商用利用では、前述のようにベリサインなどの商用の証明書を発行する機関を利用します

【プリマスタシークレット】セッション鍵を生成する際のベースとなるキー要素。
【CSR】Certificate Signing Request

が、本書では、テストベースでサーバ証明書を発行するため、自己署名を行います。

このためには、まず、自ホストに認証局を構築する作業が必要になります。そのために必要になるのが、次のファイルです。

- 認証局秘密鍵
- 認証局証明書
- ブラウザに組み込めるよう、認証局証明書のフォーマットを変換したファイル（DER形式）

認証局の構築作業とサーバ証明書の作成作業の両方で「秘密鍵」や「証明書」という言葉が出てきますが、それぞれまったく別のファイルですので、混同しないように注意してください。

ちなみに、以下の説明は、OpenSSLのインストール操作のあと、「認証局の構築（認証局証明書の作成）」「SSLサーバの構築（サーバ証明書の作成）」という順番で行います。

OpenSSLのインストール

OpenSSLとは、SSL v2/v3とTLS[※] v1のプロトコルを実装するためのオープンソースライブラリ&ツールキットです。

ここ数年で、さまざまなサーバが暗号化による通信モードを用意するようになり、それに伴って、OpenSSLの需要が高くなっています。有名なところでは、ApacheやSSHなどで使われています。

ここでは、OpenSSLを使用する場合の基本的な知識と導入（コンパイル）について解説していきます。

OpenSSLのダウンロードとコンパイル

OpenSSLは、次のサイトで最新のソースプログラムを取得することが可能です。本書執筆時点での最新バージョンは、openssl-0.9.7e.tar.gzです。

▶ OpenSSLの配布元

```
http://www.openssl.org/source/
```

まず、任意のディレクトリにソースファイルをダウンロードし、解凍してから解凍先のディレクトリに移動します。

【TLS】Transport Layer Security

```
$ cd ~/src
$ tar xvfz openssl-0.9.7e.tar.gz
$ cd openssl-0.9.7e
```

configスクリプトを使い、環境に合わせて設定を行い、コンパイルします。

```
$ ./config --prefix=/usr/local --openssldir=/usr/local/openssl
$ make
```

コンパイル後、動作チェックを行い、問題がなければインストールします。

```
$ make test
    :
(エラーメッセージが出なければOK)
$ su
# make install
```

認証局(CA)の構築

ここで行う作業は、認証局の構築です。

通常、SSLサーバ構築のためには、まず証明書を作成し、続いて、証明書署名要求(CSR)を作成します。このあと、ベリサインのような認証局にCSRを提出し、署名のリクエストを行います。しかしここでは、テスト的なサイトを構築するという意味で、自分自身で署名を行うことにします。そのために、ベリサインに相当する認証局を、自ホストの上に構築する必要があるわけです。

認証局がすべきことは、署名された証明書を作成することです。そのために必要になるのは、ペアの鍵(秘密鍵、公開鍵)を作成し、証明書(サーバ用、クライアント用)を発行できる環境にすることです。

これには、次の内容のファイルを準備しなければなりません。

・秘密鍵と公開鍵のペア
・自己署名された証明書

秘密鍵と証明書の作成

最初に秘密鍵を作成します。OpenSSLではCA.shというスクリプトが用意されているため、これを起動して対話形式で作業を進めていきましょう。

▶ 秘密鍵と証明書の作成

```
# cd /usr/local/openssl
# cp misc/CA.sh .
# ./CA.sh -newca
CA certificate filename (or enter to create)    ←[Enter]を入力

Making CA certificate ...
Generating a 1024 bit RSA private key
...++++++
.................................++++++
writing new private key to './demoCA/private/./cakey.pem'
Enter PEM pass phrase:                ←パスフレーズ（証明書のパスワード）を入力
Verifying - Enter PEM pass phrase:    ←パスフレーズを再入力
                :
         注意事項が英語で表示される
                :
Country Name (2 letter code) [AU]:JP                    ←国名を入力
State or Province Name (full name) [Some-State]:Tokyo   ←都道府県名を入力
Locality Name (eg, city) []:Shibuya-ku                  ←市町村名を入力
Organization Name (eg, company) [Internet Widgits Pty Ltd]:Hyper Fudosan
Organizational Unit Name (eg, section) []:Sales         ←組織名と部署名を入力
Common Name (eg, YOUR name) []:www.hyper-fudosan.net    ←サーバ名（FQDN）を入力
Email Address []:info@hyper-fudosan.net   ←連絡先メールアドレスを入力
```

以上で、秘密鍵と証明書が作成されました。次のファイルがあることを確認してください。

▶ 作成された秘密鍵と証明書

```
/usr/local/openssl/demoCA/private/cakey.pem   ←秘密鍵
/usr/local/openssl/demoCA/cacert.pem          ←自己署名型証明書
```

安全のために、秘密鍵を他人から見られないようにパーミッション設定します。

```
# chmod 600 /usr/local/openssl/demoCA/private/cakey.pem
# chmod 700 /usr/local/openssl/demoCA/private
```

最後に、作った証明書が正しくできたかどうか確認します。

```
# openssl x509 -in cacert.pem -text
```

SSLサーバの構築

続いて、SSLプロトコルでWebサービスを提供するサーバを構築します。

実際にApacheでSSL接続をサポートするためには、サーバ証明書が必要になります。サーバ証明書の作成に必要な作業は次の3つです。

- ・サーバ秘密鍵の生成
- ・証明書署名要求の作成
- ・認証局が証明書に対し署名（ここでは自己署名）

以下、順に手順を説明します。なお、ここから先の作業は、第三者の認証局に署名を依頼する場合にも必要な手順になります（ただし、自己署名作業は別です）。

サーバ秘密鍵の作成

SSLサーバの秘密鍵を生成します。次のコマンドを実行してください。この例では、rootユーザのログインディレクトリで作業を行っています。秘密鍵は、コマンドを実行したディレクトリに作成されます。

▶ サーバ秘密鍵の作成

```
# cd
# openssl genrsa -out server.key 1024
```

実行したら、ファイルが生成されているかどうか確認してみましょう。

```
# ls
server.key    ←このファイル名が生成されていればOK
```

証明書署名要求（CSR）の作成

次に、サーバ証明書として認証局に署名してもらうための要求書（CSR）の作成を行います。

▶ 証明書署名要求（CSR）の作成

```
# openssl req -new -key server.key -out server.csr
                    :
Country Name (2 letter code) [AU]:JP
State or Province Name (full name) [Some-State]:Tokyo
Locality Name (eg, city) []:Shibuya-ku
Organization Name (eg, company) [Internet Widgits Pty Ltd]:Hyper Fudosan
Organizational Unit Name (eg, section) []:Sales
Common Name (eg, YOUR name) []:www.hyper-fudosan.net
Email Address []:info@hyper-fudosan.net

Please enter the following 'extra' attributes
to be sent with your certificate request
A challenge password []:
An optional company name []:
```

※Common Nameには、サーバのURLを指定してください。これが違う場合、ブラウザから警告が発せられます。

この作業が完了した時点で、サーバ証明書を発行してもらうための要求ファイルが作成できたはずです。確認してみましょう。先ほど作成した秘密鍵server.keyに加えて、いま指定したserver.csrができていればOKです。

```
# ls
server.key   server.csr
```

証明書に自己署名する

続いて、CSRに対して認証局が署名します。これによってサーバ証明書が生成されます。

すでに何度かふれましたが、通常は、ここでベリサインなどの第三者認証局へCSRを送って証明書に署名を入れてもらいます。今回は自前の認証局を立てているため、自己署名する方法を紹介します。

▶ 証明書に自己署名する

```
# openssl ca -out serverca.crt -infiles server.csr
Using configuration from /etc/ssl/openssl.cnf
Check that the request matches the signature
Signature ok
Certificate Details:
        Serial Number: 1 (0x1)
        Validity
            Not Before: Feb 26 01:29:45 2005 GMT
            Not After : Feb 26 01:29:45 2006 GMT
        Subject:
            countryName               = JP
            stateOrProvinceName       = Tokyo
            organizationName          = Hyper Fudosan
            organizationalUnitName    = Sales
            commonName                = www.hyper-fudosan.net
            emailAddress              = info@hyper-fudosan.net
        X509v3 extensions:
            X509v3 Basic Constraints:
                CA:FALSE
            Netscape Comment:
                OpenSSL Generated Certificate
            X509v3 Subject Key Identifier:
                21:74:13:89:7C:1E:20:07:E7:3F:9A:80:68:62:3D:77:
C9:77:41:90
            X509v3 Authority Key Identifier:
                DirName:/C=JP/ST=Tokyo/L=Shibuya-ku/O=Hyper
Fudosan/OU=Sales/CN=www.hyper-fudosan.net/emailAddress=info
@hyper-fudosan.net
                serial:00

Certificate is to be certified until Feb 26 01:29:45 2006 GMT
 (365 days)
Sign the certificate? [y/n]:y


1 out of 1 certificate requests certified, commit? [y/n]y
Write out database with 1 new entries
Data Base Updated
```

以上の作業により、サーバ証明書ができたはずです。ディレクトリに次のファイルができたことを確認しましょう。いま作成したserverca.crtがサーバ証明書です。

```
# ls
server.key    server.csr    serverca.crt
```

最後に、これまでに作成した秘密鍵や証明書を所定の場所へ移動します。

▶秘密鍵と証明書を移動する

```
# mkdir /opt/www/conf/ssl
# mv server.key /opt/www/conf/ssl
# mv serverca.crt /opt/www/conf/ssl
```

各ファイルの意味は次のとおりです。

```
server.key   ：サーバの秘密鍵
serverca.crt ：サーバの証明書
```

ApacheのSSL対応設定

ここからの作業は、作成したサーバ証明書をApacheに埋め込む作業です。これにより、アクセスしてきたブラウザに対してサーバ証明書を送り、互いに暗号化通信ができるようになります。

ssl.confの設定

まず、/opt/www/conf/ssl.confを次のように設定します。

▶/opt/www/conf/ssl.conf

```
# 自分のサーバ証明書の場所を指定
SSLCertificateFile     /opt/www/conf/ssl/serverca.crt

# サーバ秘密鍵の場所を指定
SSLCertificateKeyFile  /opt/www/conf/ssl/server.key
```

そして、念のため、httpd.confに次の記述があることを確認してください。

▶ /opt/www/conf/httpd.conf

```
<IfModule mod_ssl.c>
  Include conf/ssl.conf
</IfModule>
```

　この記述はssl.confの記述内容をhttpd.confへ取り込むためのものです。逆にいえば、ssl.confの内容を直接httpd.confへ記述してもかまいません。
　いずれにしても80番ポートのノーマル接続を残しつつ、SSLの接続も可能にするには、Virtual Hostの設定が必要です。この設定は、デフォルトでssl.confに記述されています。

Apacheの起動

すべての設定が完了したら、SSL接続のApacheを起動します。

```
# cd /opt/www/bin
# ./apachectl startssl
```

　netstat -aやpsコマンドでhttpdデーモンが起動し、port 443がオープンしていることを確認してください。

```
# ps -e |grep httpd

19342 ?   00:00:00  httpd
19343 ?   00:00:00  httpd
19344 ?   00:00:00  httpd
19345 ?   00:00:00  httpd
19346 ?   00:00:00  httpd
19347 ?   00:00:00  httpd

# netstat -a | grep https

tcp4  0  0 *:https        *:*        LISTEN
```

　以上の確認ができたら、ブラウザからURLでhttps接続を行ってテストしましょう。ブラウザに次のURLを入力します。

```
https://www.hyper-fudosan.net
```

うまく接続が行えれば、証明書をブラウザに導入する画面が出てきます。OKを押して証明書をインストールしてください。

> **Tips** 次の方法でもhttpsの接続確認ができます。
>
> ```
> # openssl s_client -connect www.hyper-fudosan.net:443 \
> -state -debug
> ```
>
> うまく接続ができれば、証明書の鍵情報が表示されます。

3-3 Apacheディレクティブの基本設定

　Apacheの基本動作を決定するファイルがhttpd.confです。ここにディレクティブという変数とその値を指定することで、いろいろな動作を制御できます。
　ほかにも補助的な設定ファイルがいくつかあります。以下にその一覧を示します。

▶Apacheの設定ファイル

ファイル名	用途
httpd.conf	httpdの基本動作を設定する
ssl.conf	SSLに関する設定する
mime.types	ファイルのサフィックスに対するアプリケーションの動作を設定する
magic	ファイルの内容（Magic）によるMIMEタイプを設定する

　次に、httpd.confの中でよく使用されるものについて解説します。

サーバの情報や基本動作に関する設定

サーバToken（レスポンスヘッダ）の表示設定

　クライアントに送るサーバ応答ヘッダ（レスポンスヘッダ）に含める情報を設定します。
　ブラウザでWebページを見るときにはこのヘッダを見ることはありませんが、telnetやアナライザーを使ってhttpを分析すると、レスポンスヘッダに含まれるサーバの情報を参照できます。
　表示を詳細にするほど、クラッカーがセキュリティホールを見つける手がかりになりかねないので、過度に詳しい表示は避けたほうがよいでしょう。

▶書式

```
ServerTokens  <Major|Minor|min|Prod|OS|Full>
```

▶ 設定例

```
ServerTokens    Prod
```

▶ パラメータの内容

パラメータ	意味	表示内容の例
Prod	プロダクト名の表示	Apache
Major	プロダクト名とApacheのメジャーバージョン	Apache/2
Minor	プロダクト名とApacheのメジャーバージョン＋マイナーバージョン	Apache/2.0
Min	プロダクト名と詳細なApacheのバージョン	Apache/2.0.47
OS	Minの内容＋OS名	Apache/2.0.47(Debian)
Full	Minの内容＋OS＋アプリ情報	Apache/2.0.47(Debian) PHP/4.2.2

Apacheの設定ファイルの置き場所

Apacheの設定ファイルやログファイル、関連バイナリ（コマンド）、ライブラリなどを設置する、ベースディレクトリを指定します。

▶ 書式

```
ServerRoot <ディレクトリ>
```

▶ 設定例

```
ServerRoot /opt/www
```

サーバの名前

サーバの自己参照URL（自分自身を表すURL）とポート番号を定義します。エラーページやディレクトリインデックスのページを表示するときは、ここで指定された名前を使用します。この設定が省略されたときは、IPアドレスからDNSを逆引きして得られた名前を使用します。

たとえば、WebサーバのURLはwww.example.comであり、DNSではsv.example.comのエイリアスとして定義されているケースがあります。この場合、DNSの逆引きではwwwというホスト名が得られないので、ServerNameにwww.example.comを設定する必要があります。

▶書式

```
ServerName  <ホスト名(FQDN)>
```

▶設定例

```
ServerName  www.testhoge.net:80
```

サーバの管理者のメールアドレス

エラーが生じた場合などに、クライアントに返すエラーページやログに表示される管理者のメールアドレスを指定します。ただし、エラーが生じたときに、このアドレスに通知がいくわけではありません。

▶書式

```
ServerAdmin  <サーバ管理者のメールアドレス>
```

▶設定例

```
ServerAdmin  webmaster@mail.testhoge.net
```

サーバが使用するIPアドレスとポート番号

サーバがリクエストを受け付けるIPアドレスとポート番号を指定します。複数のIPアドレスやポート番号を指定することもできます。Apache 2.0からはこの設定が必須となり、これがない場合はサーバが起動できなくなりました※。

複数のNICを装着したり、仮想IPアドレスで複数のIPアドレスを1枚のNICに割り当ててバーチャルホストを運用する場合、ここで接続を受け付けるすべてのIPアドレスを指定する必要があります。

▶書式

```
Listen   <サーバアドレス>:<ポート番号>
```

▶単一IPアドレスしか持たない場合の設定例

```
Listen  80
```

【Listen】Apache 1.3では、類似の指定にBindAddressも使える。IPアドレスまたはドメイン名が指定可能だが、ポート番号は指定できない。Apache 2.0では、BindAddressは廃止になった。

▶ 複数アドレスの設定例

```
Listen   192.168.0.100:8080
Listen   202.xxx.xxxx.106:80
```

プロセスファイルなどの置き場所

pidファイルはhttpdの親プロセスの番号を保存するファイルです。どこにこのファイルを設置するかをPidFileで指定します。

ScoreBoardFileには、子プロセスと連携するためのサーバ内部の情報を保存するファイル名を指定します。

通常、この情報は共有メモリ上に作られますが、OSがこの機能をサポートしていないなどの理由で失敗した場合、ファイルに情報が書き出されます。ScoreBoardFileディレクティブを指定すると、Apacheは最初からファイルを使用します。Linuxでは指定する必要はないでしょう。

なお、このファイルが使用されていれば、Apache起動後にファイルが作成されているはずです。デフォルトのファイル名は、インストールディレクトリのlogs/apache_statusです。

▶ 書式

```
PidFile          <ファイル名>
ScoreBoardFile   <ファイル名>
```

▶ 設定例

```
PidFile  /var/run/www/httpd.pid
ScoreBoardFile  /var/run/www/httpd.scoreboard
```

プロセス所有者

リクエストに応答する際に起動する、子プロセスのユーザーIDとグループIDを指定します。Apacheの大もとの親プロセスはroot権限によって起動されていますが、クライアントからのリクエストに応答する際は、ここで指定されたユーザーID／グループIDで子プロセスを起動します。

指定するユーザーIDとグループIDは、たとえば、ほかのユーザーのファイルへのアクセス権を持たないように設定することが必要です。「www.www」のようなユー

ザーとグループを作成して指定するのがよいでしょう。

▶ 書式

```
User   <ユーザー名>  | #<user id>
Group  <グループ名>  | #<group id>
```

▶ 設定例

```
User   www
Group  www
```

接続に関する基本設定

キープアライブ

　HTTPプロトコルでは、1つのHTTPリクエストごとにセッションを切断するのが基本です。しかし、たとえば複数の画像を含むページを閲覧する場合、画像1ファイルごとに接続が切断されると、ファイルごとにコネクションを生成する時間が必要になり、表示が遅くなってしまいます。

　これを解消するために、一度確立したコネクションをすぐには切断せず、一定の条件を満たすまで使い続ける指定がKeepAliveです。設定をOnにすると、KeepAliveが有効になります。デフォルトでOnになっています。

　KeepAliveを無効にさせるための条件を指定するのが、MaxKeepAliveRequestsとKeepAliveTimeoutです。

　MaxKeepAliveRequestsでは、KeppAlive中に受け付ける最大のリクエスト数を指定します。デフォルトは100です。

　KeepAliveTimeoutは、セッションの切断までのサーバの待ち時間を指定します。最後のリクエストからこの時間が経過しても次のリクエストが来ない場合、セッションが切断されます。デフォルトは15秒です。

　なお、KeepAliveの設定はWebサーバのパフォーマンスチューニングの基本です。大規模なサイトでは、KeepAliveがオフになっていることがあります。表示速度よりも、同時に接続可能なユーザー数を増やすことを優先させているからです。

▶書式

```
KeepAlive         <On|Off>
MaxKeepAliveRequests   <数>
KeepAliveTimeout       <秒>
```

▶設定例

```
KeepAlive On
MaxKeepAliveRequests  60
KeepAliveTimeout      20
```

サーバTimeout

　Timeoutとは、クライアントとの接続で、リクエストを失敗と判断するまでのサーバの待ち時間です。具体的には、Apacheのリクエストから最後のパケットが返ってくるまでの総時間の最大値です。この時間を超えると、タイムアウトとしてセッションを切断します。Apache 2.0のデフォルトは300秒です。

　具体的には次の3つの値が検査されます。

- GETリクエストを受け取る際のTCPパケットの間隔の合計
- POST、PUTリクエストで、次のパケットが届くまでの時間
- レスポンスにおいて、TCPのACKパケットが返るまでの間隔

▶書式

```
Timeout   <秒>
```

▶設定例

```
Timeout   400
```

アクセス制御

　クライアントのアドレスまたはホスト名によって、接続を許可、または拒否する設定です。

　接続を許可するホストなどを「Allow from」のあとに記述し、拒否するホストなどを「Deny from」のあとに記述します。

3-3 Apacheディレクティブの基本設定

　Orderの記述により、AllowとDenyのどちらを先に評価するかということと、デフォルト値を指定します。「Order Deny,Allow」の場合、Denyが先に評価され、同時にデフォルト値は接続許可となります。「Order Allow,Deny」の場合、Allowが先に評価され、デフォルト値は接続拒否となります。

　範囲指定ディレクティブ（<Directory>～</Directory>）と併用することで、さらに細かいアクセス制御ができです。

▶ 書式

```
Order Allow,Deny|Deny,Allow
Allow from IPアドレス|Hostname
Deny from IPアドレス|Hostname
```

▶ 例1

```
Order Allow,Deny
Allow from abcdef.com
Deny from aa.abcdef.com
```

　abcdef.comからの接続は許可しますが、aa.abcdef.comからの接続は拒否します。デフォルトで拒否の設定なので、そのほかのドメインからの接続は拒否します。

▶ 例2

```
Order Deny,Alow
Deny from abcdef.com
Allow from aa.abcdef.com
```

サーバ上のコンテンツに関する設定

サーバ名の生成

　この設定がOnの場合、自サーバのURL（自己参照URL）を生成する必要があるときには、ServerNameとPortから得た正規の名前を利用します。
　Offにした場合、クライアントからホスト名が知らされていると、その名前を利用するようになります。通常はOnでよいでしょう。

▶ 書式

```
UseCanonicalName  On | Off
```

▶ 設定例

```
UseCanonicalName  On
```

ドキュメントルート

WebサーバがHTMLページを保存するディレクトリツリーのトップを指定します。

▶ 書式

```
DocumentRoot <ディレクトリ>
```

▶ 設定例

```
DocumentRoot /Public/www
```

ユーザーの公開ディレクトリ

ユーザーアカウント名でリクエストを受けたときに使用する、実際のディレクトリ名を指定します。

ユーザー名でのアクセスのURL形式は、「http://サーバ名/~ユーザー名/」となります。デフォルトはpublic_htmlです。なお、ここで指定するユーザー名は、/etc/passwdに登録されたユーザー名です。また、PAMやLDAPを使う場合は、そこに登録されたユーザーとなります。

▶ 書式

```
UserDir   <ディレクトリ名>
```

次に、設定例と、このサイトにhttp://www.testhoge.net/foo/index.htmlでアクセスしたとき使われるディレクトリを示します。

▶ 設定例

```
UserDir    public_html    ←/home/foo/public_html/index.htmlが使われる
UserDir    /home/*/www    ←/home/foo/www/index.htmlが使われる
```

また、enabledとdisabledを追加することで、ユーザー専用ディレクトリを使用できるユーザーを指定できます。この例では、enabledで基本的にユーザー専用ページの使用を許可し、disabledでtaroとhanakoの使用を禁止しています。

▶ 設定例

```
UserDir    public_html
UserDir    enabled
UserDir    disabled taro hanako
```

逆に、「UserDir disabled」で全体を禁止し、「UserDir enabled」で一部のユーザーに許可することもできます。

ディレクトリインデックス

クライアントから、「http://サーバ名/」や「http://サーバ名/somedirectory/」のように「/」で終わるかたちのリクエストを受け付けたとき、表示するファイルの名前を指定します。

index.htmlという名前がよく利用されますが、スペースで区切って複数の名前を指定することもできます。複数のリストが設定された場合は、最初に見つかったものが表示されます。

▶ 書式

```
DirectoryIndex <ファイル名>
```

▶ 設定例

```
DirectoryIndex   index.htm index.html index.php
```

クライアントホスト名のDNS解決

クライアントホスト名をログに記録するために、DNSの逆引きを行うかどうかを設定します。Onで逆引きを行います。デフォルトではOffです。

Doubleを指定すると、逆引きのあとに再度正引きを行い、アクセス時のIPアドレスと正引きの結果を比較します。

接続数が大きい場合、負荷を軽減するためにOffのままにするのが一般的です。

▶ 書式

```
HostnameLookups On|Off|Double
```

▶ 設定例

```
HostnameLookups Off
```

エイリアス

サーバ上のURLを、実際のディレクトリにマッピングする機能です。これにより、DocumentRoot配下にないディレクトリを公開することができます。

なお、DocumentRoot配下以外のディレクトリを指定した場合、そのディレクトリのアクセス権などを、<Directory>〜</Directory>によって指定する必要が生じる場合もあるので、確認が必要です。

▶ 書式

```
Alias  <エイリアス名> <ディレクトリ> | <ファイル名>
```

▶ 設定例

```
Alias   /image   /home/pub/image
Alias   /doc/    /usr/share/doc/
```

最初の例では、http://www.testhoge.net/image/index.html というリクエストを受け付けたとき、/home/pub/image/index.html が参照されます。

2番目の例では、http://www.testhoge.net/doc/index.html というリクエストを受け付けたとき、/usr/share/doc/index.html が参照されます。

なお、2番目のようにエイリアス名の最後に「/」を付けた場合、「……/doc」という

URLはエイリアスに展開されません。「……/doc/」というURL指定が必要なので、注意が必要です。

スクリプトエイリアス

基本的にエイリアスと同じ機能ですが、指定ディレクトリにあるファイルをすべてスクリプトとして扱う点が異なります。

CGIなどの実行プログラムをDocumentRoot配下に設置するのは危険なため、通常はScriptAliasの指定によって、ほかのディレクトリに置くようにします。

▶ 書式

```
ScriptAlias    <エイリアス名>    <ディレクトリ名>  |  <ファイル>
```

▶ 設定例

```
ScriptAlias  /cgi-bin/  /var/www/cgi-bin/
```

文字コードの補完

Apache 2.0からの設定です。送信するHTMLファイルがコンテントタイプを持たず、文字セットが明示されない場合に追加する、文字セットの定義です。Onにするとapacheデフォルトのiso-8859-1が追加されます。Offでは何も追加されません。utf-8などの文字セット名を記述すると、charsetとしてそれが追加されます。指定しないときのApacheの動作はOffと同じになりますが、Apache 2.0のリビジョンによっては、サンプル設定ファイルでISO-8859-1が指定されています。

通常、文字セットが不明の場合はブラウザ側で自動的に判断するようになっているので、この機能は必要ありません。Offにするか、行全体をコメントアウトしましょう。

▶ 書式

```
AddDefaultCharset <On|Off|Charset>
```

▶ 設定例

```
AddDefaultCharset Off
```

CGIなどの拡張子の設定

指定した拡張子のファイルを扱うハンドラを指定します。

▶ 書式

```
AddHandler <ハンドラ名> <拡張子> [<拡張子> ...]
```

たとえば、拡張子「.cgi .pl」のファイルをCGIの実行ファイルとして扱う（cgi-scriptハンドラ）には、次のように指定します。

▶ 設定例

```
AddHandler cgi-script .cgi .pl
```

MIMEタイプの設定

AddTypeは、ファイルの拡張子をコンテンツタイプにマッピングさせるためのディレクティブです。

拡張子に応じてブラウザにコンテンツタイプを通知することにより、ブラウザはヘルパーアプリケーションやプラグインモジュールを使用して、最適な表示を行うことができます。

▶ 書式

```
AddType MIME-type extension [extension]
```

▶ 設定例

```
AddType image/gif .gif
```

ディレクトリに対するディレクティブとオプションの指定

ディレクティブの設定は、コンテンツを設置するディレクトリごとに行えます。

書式は次のような構成になっており、先頭の<Directory パス>で指定したパス名に対して、さまざまな機能を指定できるようになっています。

3-3 Apacheディレクティブの基本設定

```
<Directory パス>
  ディレクティブ
</Directory>
```

また、通常のディレクティブのほかに、そのディレクトリで使用可能な機能の指定を行うことができます。この場合は、次の書式で指定します。

```
<Directory パス>
  Options [+|-]オプション [[+|-]オプション] ...
</Directory>
```

● オプションの内容

Optionsで指定できるオプションのうち、主なものを紹介します。

▶ ディレクトリに設定できる主なオプション

None	拡張された機能を無効にする
All	MultiViews以外の全オプションを利用できるようにする
ExecCGI	cgi-bin以外の場所でCGIスクリプトの実行を許可する
Includes	サーバインクルードを許可する
IncludesNOEXEC	サーバインクルードにおいて、#execと#includeコマンドを不許可にする
Indexes	DirectoryIndexで指定しているファイルがディレクトリ内にない場合、ディレクトリ内のファイルの一覧を自動的に生成し表示する
MultiViews	Content negotiatedのMultiViewsを許可する。主にAddLanguageを参照させるためのオプションで、ロケールごとに言語を自動選択し表示できるようにする
FollowSymLinks	シンボリックリンクに従う（リンク先ファイルを参照する）

▶ 設定例

```
<Directory /opt/www/contents>
  Options +Includes -Indexes  FollowSymLinks
</Directory>
```

ディレクトリ単位で設定を変更する(.htaccess)

　Apacheの設定はhttpd.confで行うのが基本ですが、一般的にはhttpd.confを変更できるのは管理者だけです。たとえば、あるユーザーディレクトリの設定だけを変更したいときにもhttpd.confを管理者が変更しなければならないとしたら、煩わしいことになります。

　そこで、各ディレクトリに.htaccessという設定ファイルを置き、これによってhttpd.confの設定を上書きできる機構が用意されています。.htaccessファイルの書式はhttpd.confと共通なので、<Directory>～</Directory>と同様の内容を書くことができます。

　.htaccessに書かれた内容は、そのディレクトリと、そのディレクトリ配下のすべてのディレクトリに適用されます。

● .htaccessによるオーバライドの設定 ●

　.htaccessによる設定変更を無条件に許可することは、サーバ管理上、好ましくない場合があります。

　そこで、AllowOverrideディレクティブによって、.htaccessによる設定に制限を設けることができます。

▶書式

```
AllowOverride All|None|ディレクティブタイプ [ディレクティブタイプ]
```

　たとえば、httpd.confで次のように記述しておくと、そのサーバの.htaccessは無視されます。

```
<Directory />
    AllowOverride None
</Directory>
```

　逆にAllを指定すると、.htaccessの設定はすべて有効になります。

　特定のディレクティブを指定して有効にしたい場合は、ディレクティブタイプを指定します。

3-3 Apacheディレクティブの基本設定

▶ディレクティブタイプ

AuthConfig	AuthType など、認証に関する記述を有効にする
FileInfo	AddHandler など、ファイルタイプを制御する記述を有効にする
Indexes	DirectoryIndex など、ディレクトリインデックス関係の記述を有効にする
Limit	Allow/Deny/Order によるアクセス制御の記述を有効にする
Options	Options など、ディレクトリに対する機能指定の記述を有効にする

▶例：AuthConfig と Options の記述だけを有効にする

```
AllowOverride AuthConfig Options
```

.htaccessの名前を変更する

　必要な場合は、コンテンツディレクトリに置く設定ファイルの名前を.htaccess以外のものにできます。これにはAccessFileNameディレクティブを使います。

　たとえば、次のようにhttpd.confで定義することで、コンテンツディレクトリの.actlという名前のファイルが、.htaccessの代わりに読み込まれます。

```
AccessFileName .actl
```

●設定例

　次に示した設定例は、「/opt/www/win-media」のコンテンツディレクトリを、WindowsMediaのコンテンツディレクトリとして使用する場合の設定例です。最初のAllowOverrideにより、.actlを読み込む許可が得られます。

▶httpd.conf側の設定

```
AccessFileName .actl

<Directory "/opt/www/win-media">
AllowOverride All            ←これによって.actlが読み込まれる
AddType application/x-httpd-cgi .pl .cgi
AddType video/x-ms-asf .asf
AddType video/x-ms-asf .asx
</Directory>
```

▶.actlの設定

```
AddType video/x-ms-wmv  .wmv
AddType audio/x-ms-wma  .wma
AddType audio/x-ms-wax  .wax
```

　この例では、ストリーミングのMIME情報として、httpd.conf側の情報と.actlの情報が追加されたものが最終的な設定となります。

▶/opt/www/win-mediaのストリーミング情報

```
AddType video/x-ms-asf  .asf
AddType video/x-ms-asf  .asx
AddType video/x-ms-wmv  .wmv
AddType audio/x-ms-wma  .wma
AddType audio/x-ms-wax  .wax
```

3-4 ユーザー認証

　Webサーバでは、セキュリティを保つための1つの手段として、ログインプロンプトによる接続認証が用意されています。この認証はApacheにも当然用意されており、RFC2617にもとづいたベーシック認証およびダイジェスト認証をサポートしています。

　ほかに、SSLによるクライアント認証という方法もありますが、クライアント側に電子証明書をインストールする必要があるなど、クライアントユーザーの負担は大きくて使い勝手がよくないため、本書では割愛します。

　ベーシック認証の場合、ログイン名とパスワードはMIMEエンコード処理した平文で送られます。このため、盗聴された場合には、MIMEデコード処理によって簡単に内容を取得されてしまうのが弱点です。この弱点を補うため、IPアドレスやホスト名によるフィルタリングと併用したり、盗聴を防ぐために、ログインページでSSLを利用する使い方が有効です。

　この半面、古いブラウザも含めて幅広くサポートされており、設置とメンテナンスが容易な点が利点です。

　一方、ダイジェスト認証では、認証情報はMD5による暗号化が行われているため、仮に盗聴が行われても、中身を知られる可能性はきわめて低くなっています。ただし、古いブラウザではサポートされていない場合があります。たとえばInternet Explorer4以前、Netscape6以前ではサポートされていません。

● BASIC認証の導入

　BASIC認証を行うには、次のような作業が発生します。

- ・ユーザーの追加とパスワードファイルの生成
- ・または、グループ登録とグループファイルの生成
- ・httpd.confの編集、または.htaccessの作成と編集

● ユーザーとパスワードの登録

　ベーシック認証を行うには、ユーザー認証に利用するファイルを作成し、ユーザーを登録することが必要です。ユーザー登録には、Apache付属のユーティリティ、htpasswdプログラムを利用します。このプログラムはApacheのインストールディレクトリ配下のbinディレクトリに保存されています※。

　最初に、認証パスワードファイルとグループファイルを設置する場所を確定します。ここでは/opt/www/authディレクトリにパスワードファイルを置くことにしましょう。

　まず、/opt/wwwに認証用のファイルを置くためのディレクトリを生成し、作成したディレクトリへ移動します。

```
# cd /opt/www
# mkdir auth
# cd auth
```

　続いて、パスワードファイル作成とユーザーtaroの登録を同時に行います。パスワードファイル名は、任意のものでかまいません（あとでこのファイル名をhttpd.confまたは.htaccessに指定します）。

▶ パスワードファイルの作成

```
# /opt/www/bin/htpasswd -c .htpasswd taro
New password:        ←パスワードを入力する        ↑.htpasswdを新規作成し、ユーザーtaroを登録
Re-type new password:         ←パスワードを再入力
Adding password for user taro      ←ユーザーtaroが登録された
```

　これで.htpasswdの中にtaroというエントリが作成されました。
　htpasswdの「-c」オプションは、パスワードファイルの新規作成という意味です。パスワードファイル作成後にユーザーを追加する際には「-c」は付けずに、次のように実行します。

▶ ユーザーの追加

```
# htpasswd /usr/local/apache2/conf/.htpasswd test
New password:                ←パスワードを入力する
Re-type new password:         ←パスワードを再入力
Adding password for user test      ←ユーザーtestが追加された
```

【binディレクトリ】デフォルトでは/usr/local/apache2/bin。configure実行時に「--prefix=インストールパス」を指定した場合は、その下のbinディレクトリ。ここの説明では/opt/www/binと仮定している。

パスワード変更の場合も同じ書式でコマンドを実行してください。

グループによるユーザー管理の効率化

ユーザーが増えてくると、あとでhttpd.confや.htaccessに記述する際、アクセスを許可するユーザーの記述に手間がかかります。そこで、ユーザーをグループ化して定義し、.htaccessへの記述をグループ名で行う方法があります。

また、同一サーバの複数のディレクトリでユーザー認証を定義する際にもグループが役に立ちます。たとえば、/membersディレクトリではグループadminとmembersのアクセスを許可する一方、/adminディレクトリはグループadminのアクセスだけを許可する、といった設定が簡単に行え、メンテナンスも容易になります。

グループごとのアクセス制限には、グループ名と、それに属するユーザー名を列挙したグループファイルを作成します。

たとえば、グループファイルを/opt/www/auth/.htgroupという名前で作成してみましょう。

▶ グループファイルの内容

```
manager:taro takahashi
admin:ishi wada
stuff:yoshida takahashi
guest:guest
```

Apache設定ファイルの記述

ここまでの準備ができたら、httpd.confか.htaccessに設定と制限を記述することで認証機能が使えるようになります。

次の例は、httpd.confで/opt/www/contentsディレクトリに対してアクセス制限を加える記述です。認証を受け付ける対象は、ユーザーtakahashiとグループprojiect1に属するユーザーとします。

▶ .htaccessの例

```
<Directtory "/opt/www/contents">

AuthType        BASIC      ←認証方式
AuthName        "Welcome to MySite"    ←ダイアログボックスへのバナーメッセージ
                                        次のページへ続く→
```

```
→前ページから続く
AuthUserFile    /opt/www/auth/.htpasswd   ←パスワードファイルのパス
AuthGroupFile   /opt/www/auth/.htgroup    ←グループファイルのパス
require         takahashi   project1      ←認証を許可するユーザー名とグループ名
</Directory>
```

各記述の内容は次のとおりです。

● AuthUserFile

作成したパスワードファイルのパス名を指定します。認証の対象ディレクトリごとにパスワードファイルが異なっていてもかまいません。

● AuthGroupFile

作成したグループファイルのパス名を指定します。利用しない場合は、「/dev/null」を指定してください。

● AuthName

認証画面に表示されるメッセージです。

● AuthType

認証方式の指定です。ベーシック認証なら「Basic」、ダイジェスト認証なら「Digest」と指定します。

● Require

アクセスを許可するユーザーやグループを指定します。

例にあげたように個別に指定する場合は、アクセスを許可するユーザー名やグループ名をスペースで区切って指定します。「valid-user」を指定した場合は、パスワードファイルに含まれるすべてのユーザーにアクセスを許可することを意味します。

ダイジェスト認証の導入

ユーザーとパスワードの登録

ダイジェスト認証を行う場合のコマンドは若干異なりますが、ベーシック認証と同様の作業を行います。ここでは先ほどと同様に、/opt/www/authにパスワードファイルを置くことにしましょう。

/opt/www/authに移動して、パスワードファイル作成とユーザーtaroの登録を同時に行います。パスワードファイル名は、任意のものでかまいません。

```
# /opt/www/bin/htdigest -c .htdigest.pass   realm   taro
                             ↓                        ↓
                         パスワードファイル         ユーザー名
```

パスワードファイルの新規作成ではなく、ユーザーの追加や登録ずみユーザーのパスワード変更の場合は、次のようにしてください。

```
# /opt/www/bin/htdigest .htdigest.pass realm taro
```

グループの作成は、ベーシック認証とまったく同じ手順で行います。

Apache設定ファイルの記述

次にhttpd.confの設定変更を行います。

▶ httpd.confの例

```
<Directtory "/opt/www/contents">

AuthType          DIGEST                          ←認証方式
AuthName          "Welcome to MySite"             ←ダイアログボックスへのバナーメッセージ
AuthUserFile      /opt/www/auth/.htdigest.pass    ←パスワードファイルのパス
AuthGroupFile     /opt/www/auth/.htgroup          ←グループファイルのパス
require           takahashi   admin               ←認証を許可するユーザー名とグループ名
</Directory>
```

Requireに「valid-user」を指定すると、パスワードファイルに含まれるすべてのユーザーにアクセスを許可することを意味します。

3-5 バーチャルホストの設定

ここでは、Apacheの特徴的な機能の1つである「バーチャルホスト」について解説します。この機能を使うことで、少ないリソースで複数のWebサイトを構築することが可能になります。

バーチャルホストの種類

バーチャルホストとは、1台のWebサーバで複数のWebサイト（ドメイン）をサポートする機能です。バーチャルホストの実現方法には、大きく次の2種類があります。

- 名前ベース　：1つのIPアドレスに複数のドメインを割り当てる
- IPベース　　：IPアドレスごとに複数のドメインを割り当てる

たとえば、1つのIPアドレス202.xxx.xxx.106で、www.testhoge.netとwww.example.comのWebサイトを運用する場合が、名前ベースのバーチャルホストに該当します。

これに対して、www.testhoge.netは202.xxx.xxx.106で、www.example.comは202.xxx.xxx.107で運用する場合が、IPベースのバーチャルホストに該当します。

2種類のバーチャルホスト設定を混在させることも可能です。ただし、名前ベースのバーチャルホストはSSLサーバには使えないので、注意が必要です。

ちなみに、バーチャルホストの構築に際しては、Apacheの設定以前に、IPアドレスの割り当てなどでいくつかのバリエーションがあります。参考までに、バーチャルホスト構築のバリエーションを、例をあげて見てみましょう。

●バーチャルホストの例①――異なるドメインで同じコンテンツを提供

たとえば、www.testhoge.netとwww.example.comをまったく同じコンテンツにしたい場合です。

この場合、次のような設定が考えられます。

3-5 バーチャルホストの設定

- 方法1：1枚のNICに複数のIPアドレスを割り当てる。
- 方法2：複数のNICを使用し、それぞれIPアドレスを割り当てる。
  これら2例の場合、ApacheではListenディレクティブで両方のIPを受け付けるように設定し、IPベースのバーチャルホスト機能を利用して、同じDocument Rootを参照するように設定する。
- 方法3：www.testhoge.netとwww.example.comに、DNS上で同じIPアドレスを割り当てる。
  Apacheでは名前ベースのバーチャルホスト機能を利用して、同じDocumentRootを参照するように設定する。

● バーチャルホストの例②──異なるドメインで異なるコンテンツを提供

たとえば、www.testhoge.jpとwww.example.comで異なるコンテンツを表示したい場合です。

この場合、次のような設定が考えられます。

- 方法1：1枚のNICに複数のIPアドレスを割り当てる。
- 方法2：複数のNICを使用し、それぞれIPアドレスを割り当てる。
  これら2例の場合、ApacheではListenディレクティブで両方のIPを受け付けるように設定し、IPベースのバーチャルホスト機能を利用して、異なるコンテンツフォルダを参照するように設定する。
- 方法3：www.testhoge.netとwww.example.comに、DNS上で同じIPアドレスを割り当てる。
  Apacheでは、名前ベースのバーチャルホスト機能を利用する。クライアントの要求URLを参照し、そのURLに従ったコンテンツフォルダの内容を参照するように設定する。

Tips 1枚のNICに複数のIPアドレスを割り当てるには、ipコマンドを使用します※。たとえばeth0に複数のアドレスを割り当てるには、次のようにします。

```
# ip addr add 10.0.0.2/8 brd 10.255.255.255 dev eth0
# ip addr add 10.0.0.3/8 brd 10.255.255.255 dev eth0
# ip addr show dev eth0     ←割り振られているIPアドレスを確認
```

これで、もともとeth0に割り当てられていたものを含めて、3つのIPアドレスが1つのNICに設定されたことになります。

【ipコマンド】以前はifconfigを使用し、IPエイリアスという仕組みで実現していた。最近のカーネルではipコマンドによる設定が推奨されている。

IPベースのバーチャルホスト

DNSの設定

Apacheの設定の前に、DNSの設定が必要です。ここでは次の2つのWebサイトを運用し、それぞれコンテンツが異なるものとします。

```
www.testhoge.net  202.xxx.xxx.106
test.testhoge.net 202.xxx.xxx.107
```

testhoge.netのDNSゾーンファイルの内容は次のようになります。

▶ testhoge.net.zone

```
www     IN     A     202.xxx.xxx.106
test    IN     A     202.xxx.xxx.107
```

このように単純に2つのサイトを異なるIPで登録するだけです。2つのサイトのドメインが異なる場合は、それぞれのzoneファイルを開いてアドレスを登録してください。

Apacheの設定

Apache側ではhttpd.confのVirtualHostディレクティブで、仮想ホストごとの設定を行います。設定パターンは次のとおりです。

```
<VirtualHost IPアドレス>
ServerName ホスト名
DocumentRoot コンテンツディレクトリ
ServerAdmin 管理者メールアドレス
ErrorLog エラーログファイル名
TransferLog アクセスログファイル名
</VirtualHost>
```

では、DNSに登録した2つのホストをhttpd.confへ登録してみましょう。

▶httpd.conf

```
<VirtualHost 202.xxx.xxx.106>
ServerName www.testhoge.net
DocumentRoot /hosting/www/abc
ServerAdmin webmaster@testhoge.net
ErrorLog logs/www.error_log
TransferLog logs/www.access_log
</VirtualHost>

<VirtualHost 202.xxx.xxx.107>
ServerName test.testhoge.net
DocumentRoot /hosting/www/test
ServerAdmin webmaster@testhoge.net
ErrorLog logs/test.error_log
TransferLog logs/test.access_log
</VirtualHost>
```

最後に、Apacheが2つのIPアドレスを受け付けるように設定しましょう。httpd.confのListenディレクティブに2つのIPを登録します。

```
Listen 202.xxx.xxx.106
Listen 202.xxx.xxx.107
```

名前ベースのバーチャルホスト

DNSの設定

IPベースの場合と同様、最初にDNS登録を行います。ここでは次の2つのWebサイトを運用し、それぞれコンテンツが異なるものとします。

```
www.testhoge.net  202.xxx.xxx.106
test.testhoge.net 202.xxx.xxx.106
```

testhoge.netのDNSゾーンファイルの内容は次のとおりです。

▶testhoge.net.zone

```
www     IN      A           202.xxx.xxx.106
test    IN      CNAME       www
```

今度は同一アドレスを使用するために、CNAMEで別名登録しています。ホスティングサービスのように運用するなら、2行目の「IN　CNAME」のパターンを追加していくことで、仮想ホストを増やすことが可能です。

● Apacheの設定

NAMEベースの場合、使用IPアドレスは1つだけなのでListenディレクティブを設定する必要はありません。その代わり、NameVirtualHostディレクティブを定義する必要があります。これは複数のホスト名が共通して使用するIPアドレスを示す設定です。

それでは、IPベースと同様にhttpd.confを設定してみましょう。

▶httpd.conf

```
NameVirtualHost 202.xxx.xxx.106

<VirtualHost 202.xxx.xxx.106>
ServerName www.testhoge.net
DocumentRoot /hosting/www/abc
ServerAdmin webmaster@testhoge.net
ErrorLog logs/www.error_log
TransferLog logs/www.access_log
</VirtualHost>

<VirtualHost 202.xxx.xxx.106>
ServerName test.testhoge.net
DocumentRoot /hosting/www/test
ServerAdmin webmaster@testhoge.net
ErrorLog logs/test.error_log
TransferLog logs/test.access_log
</VirtualHost>
```

3-5 バーチャルホストの設定

なお、いずれの設定の場合も、設定後は必ず DNS と Apache の再起動を行ってください。

> **Tips**　上記の名前ベースのバーチャルホスト設定例のとき、「http://202.xxx.xxx.106/」のように IP アドレスをブラウザに直打ちしてアクセスしたら、どれが表示されるでしょうか。
>
> 　答えは、「httpd.conf に登録しているバーチャルホストの中で、いちばん先頭に定義しているものが選択される」です。これまで紹介した例の場合だと、www.testhoge.net が表示されます。
>
> 　では、バーチャルホスト設定の外側で、ServerName によってリアルホストの名前を定義してある場合はどうなるでしょう。この場合でも、リアルホスト設定と同じ IP アドレスでバーチャルホストが定義されている場合は、バーチャルホストの先頭の定義が選択されます。
>
> 　ホスティングサービスなどで共有サーバを運用する場合は、このような振る舞いにも考慮が必要です。たとえば、先頭のバーチャルホストには、警告メッセージのページやオリジナルのエラーページを登録するなどの工夫を行うとよいでしょう。こうすると、IP アドレスを直打ちでアクセスした場合、警告メッセージなどが表示されるようになります。

3-6 WebDAVの設定

WebDAVとは、簡単にいうと、ネットワーク共有をhttpプロトコルで行うイメージの機能です。通常、ネットワーク共有をインターネット経由で行うにはVPN※などが必要になってきますが、設定が大がかりになるので、簡単に導入できるものではありません。

その点、WebDAVはHTTPベースなので、SSLを使って簡単に暗号化してデータを送れます。また、HTTPは同期をとるようなプロトコルではないので、管理も楽です。さらに80番ポートと443番ポートは、ファイアウォールでも、通常はオープンしています。新たにポートを開けなくてもよいため、ネットワーク管理者の手間も省けます（もちろんWebDAVを使用している旨、管理者への報告は必要です）。

手軽なインターネット上のファイル共有として、今後期待が持てる機能です。

サーバ環境の設定

WebDAVの基本設定

最初に、WebDAVを使うための環境設定を行います。

ここでは、WebDAVフォルダを/home/wwwに作ります。そして、クライアントからはhttp://www.testhoge.net/web-davでアクセスできるようにエイリアスを設定します。また、Apacheの起動ユーザーとグループをwww.wwwとします。

さらに、まだ作成していなければ、ユーザーwwwとグループwwwを作成します。

```
# useradd www
# groupadd www
```

次に、ユーザーwwwのディレクトリを作成します。ここをWebDAVフォルダにします。

【VPN】Virtual Private Network。インターネット上で仮想的な専用線を構築する技術。

3-6 WebDAVの設定

```
# mkdir /home/www
# chown www:www /home/www
```

そして、WebDAVが使用するロックファイルを作成するディレクトリを作成し、オーナーをwww.wwwにしておきます。

```
# mkdir -p /var/web-dav/lock/
# chown www:www /var/web-dav/lock/
```

最後に、httpd.confに次のような設定を追加します。

▶httpd.conf

```
DAVLockDB /var/web-dav/lock/dav.lock
DAVMinTimeout 600
LoadFile /usr/local/lib/libiconv_hook.so
LoadModule encoding_module modules/mod_encoding.so
LoadModule headers_module modules/mod_headers.so
```

なお、libiconv_hook.soとmod_encoding.soは、日本語ファイル名を正常に表示させるために必要です。これについては、次項で説明します。

日本語ファイル名への対応

これまでの設定で、英語表記のファイルは問題ありませんが、日本語名のファイルは文字化けを起こすことがわかっています。このため、日本語変換のモジュールを導入します。

まず、「WebDAV Resources JP」のWebサイトから、必要な日本語対応モジュールをダウンロードします。URLは次のとおりです。

▶WebDAV Resources JPのダウンロードページ

```
http://webdav.todo.gr.jp/download/
```

ダウンロードするファイルは次の2つです。

```
mod_encoding-20020611a.tar.gz
mod_encoding.c.apache2.20040616
```

最初のファイルがmod_encodingのパッケージであり、2つ目のファイルは、その本体であるmod_encoding.cの最新版です。パッケージの中のmod_encoding.cをこの最新版に置き換えてからコンパイルします。

まず、パッケージファイルを展開します。

```
$ tar xvzf mod_encoding-20020611a.tar.gz
```

次に、展開したディレクトリにあるmod_encoding.cファイルを、最新のソースで上書きします。

```
$ cp mod_encoding.c.apache2.20040616 \
  mod_encoding-20020611a/mod_encoding.c
```

これで準備ができたので、iconvのコンパイルを行います。

```
$ cd mod_encoding-20020611a
$ cd lib
$ ./configure
$ make
$ su
# make install
```

次に、mod_encodingのコンパイルを行います。ここでは、Apacheを/opt/wwwにインストールし、iconvは/usr/localにインストールしたと仮定しています。

```
# exit
$ cd ..
$ ./configure --with-apxs=/opt/www/bin/apxs \
    --with-iconv-hook=/usr/local/include
$ make
$ gcc -shared -o mod_encoding.so mod_encoding.o \
    -Wc,-Wall -L/usr/local/lib -Llib -liconv_hook -liconv
$ su
# make install
```

これでmod_encodingのインストールが終わったので、文字化け対策の設定を行うためにApacheのhttpd.confを編集します。次の内容を追加してください。

▶httpd.conf

```
<IfModule mod_encoding.c>
  EncodingEngine on
  NormalizeUsername on
  DefaultClientEncoding JA-AUTO-SJIS-MS SJIS
  SetServerEncoding UTF-8
  AddClientEncoding UTF-8 "Microsoft-WebDAV-MiniRedir/"
  AddClientEncoding UTF-8 "Microsoft .* DAV"
  AddClientEncoding SJIS "Microsoft .* DAV 1\.1$"
  AddClientEncoding SJIS "xdwin9x/"
  AddClientEncoding EUC-JP "cadaver/"
</IfModule>
```

モジュールmod_headersの準備

次に、Windowsクライアントとのやりとりで問題が起きないように設定するために、mod_headersを作成します。Apacheのソースを置いてある場所へ移動し、作業を開始します。

```
$ cd ~/src/httpd-2.0.52/modules/metadata
$ /opt/www/bin/apxs -c mod_headers.c
$ gcc -shared -o mod_headers.so mod_headers.o -Wc,-Wall \
    -L/usr/local/lib -Llib -liconv_hook
```

これでできたmod_headers.soを、既存のApacheのルートパス配下のmodulesディレクトリへコピーします。

```
$ su
# cp mod_headers.so /opt/www/modules
```

httpd.confに次の記述を入れることで、mod_headersが有効になります。

▶httpd.conf

```
<IfModule mod_headers.c>
  Header  add MS-Author-Via "DAV"
</IfModule>
```

アクセス制御の設定

WebDAVにはクライアントからファイルを書き込むことができるので、アクセス制限が必要になります。本来はダイジェスト認証を使うほうが安全なのですが、ここではとりあえず、ベーシック認証の方法を紹介します。

ここでは、davuserというユーザー名でアクセスできるように設定します。次のようにパスワードファイルを作成してください。

```
# /opt/www/bin/htpasswd -c /opt/www/conf/.dav_passwd davuser
```

ベーシック認証を有効にするため、httpd.confに次の内容を追加します。

▶ httpd.conf

```
Alias /web-dav "/home/www"
<Directory /home/www>
DAV on
AllowOverride None
Options None
AuthType Basic
AuthName "Your Password Enter here."
AuthUserfile /opt/www/conf/.dav_passwd
require  davuser
</Directory>
```

設定確認と再起動

設定が終わったら、記述に問題がないかどうかを確認します。

```
$ /opt/www/bin/apachectl configtest
```

「syntax OK」と表示されたら、サーバを再起動してください。

```
# /opt/www/bin/apachectl restart
```

3-6 WebDAVの設定

クライアント環境の設定

次に、クライアントからWebDAVに接続してみます。ここでは、Windowsで標準で搭載されているWebフォルダの機能を設定します。UNIX系にもcadaverというクライアントがありますが、この機能はどちらかというとWindowsユーザー向きなので、ここでは省略します。

ここではWindows XPの設定例を紹介しますが、Windows NT/2000などでも、似たような手順で設定できます。

① 「マイネットワーク」で「ネットワークプレースを追加する」をクリックし、「ネットワークプレースの追加」ウィザードを起動する。

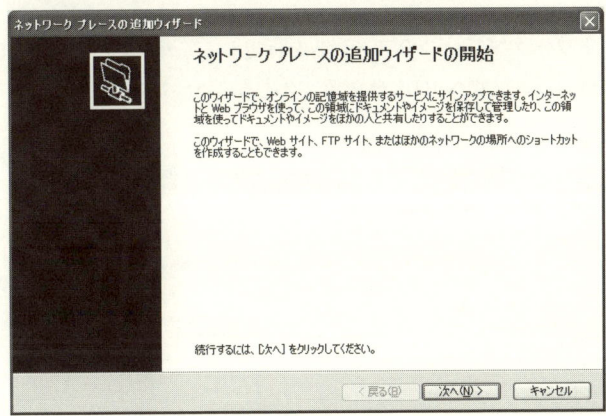

▶ 「ネットワークプレースの追加」ウィザードの開始

② 「このネットワークプレースを作成する場所を指定してください」で、「別のネットワークの場所を選択」を選択し、[次へ (N)] をクリックする。

▶「別のネットワークの場所を選択」を選択し、[次へ(N)] をクリック

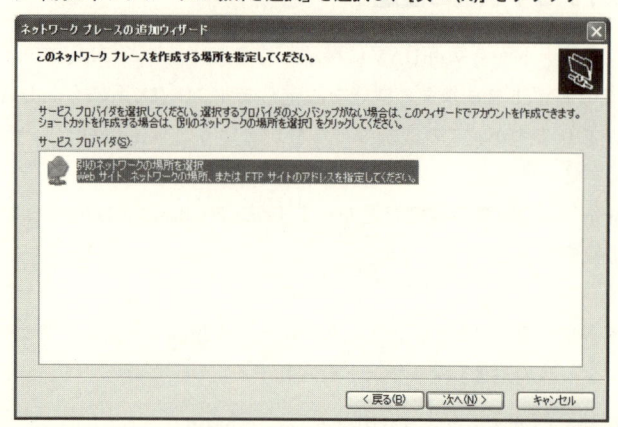

③「このネットワークプレースのアドレスを指定してください」で、WebDAVを設定したURLを入力し、[次へ (N)] をクリックする。

▶URLを入力し、[次へ (N)] をクリック

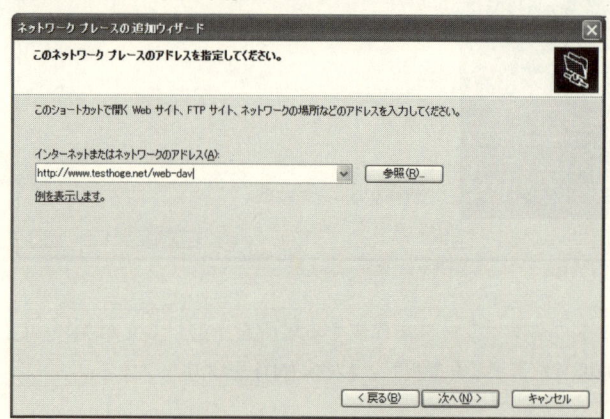

④ユーザー名とパスワードを入力するダイアログが開くので、htpasswdで設定したユーザー名とパスワードを入力し、[OK] をクリックする。

3-6 WebDAVの設定

▶ ユーザー名とパスワードを入力する

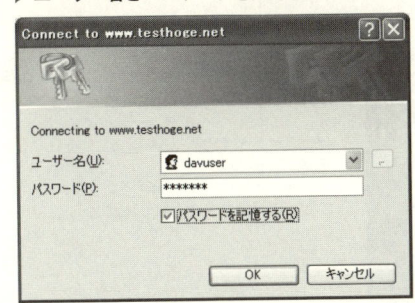

⑤「このネットワークプレースの名前を指定してください」で、Webフォルダのニックネームを指定する。

▶ ネットワークプレースに名前を付ける

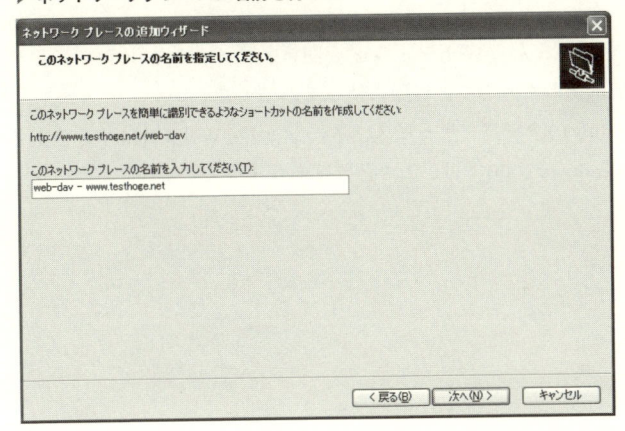

⑥ [OK] ボタンを押すと次の画面が現れ、設定が完了する。

▶ ネットワークプレースへの追加が完了した

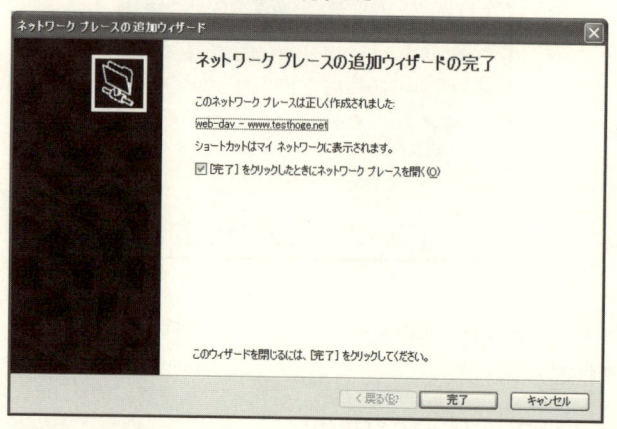

すべてうまくいったらWebフォルダを開き、ファイルをドラッグ＆ドロップして保存したり、削除したりして、実際に使ってみてください。

なお、Windows XPでは、サービスマネージャの「Web Client」を停止させる必要があります。Windows 2000では、この必要はありません。

3-7 Apacheに関するFAQ

Q1 HTMLの記述によって、Webページを任意のサイトへ転送する方法は知っていますが、Webサーバで転送する方法はありますか？

◆

A1 はい、あります。Apacheはもともと、URL転送のためのディレクティブを持っており、この指定により、さまざまな転送を行うことができます。以下にその例を紹介します。httpd.confを開いて編集を行ってください。

①ドキュメントルート（本サイト）への接続を任意のサイトへ転送する例

```
ServerName  www.testhoge.net

DocumentRoot "/opt/www/html"         ←本サイトのRootディレクトリ
<Directory />
Redirect / http://www.example.co.jp/  ←転送先のURL
</Directory>
```

これにより、www.testhoge.netにアクセスすると、www.example.co.jpに転送されるようになります。もっとも、このような場合はDNSでhttpサーバを指定すればすむことなので、あまり必要になることはないでしょう。

②仮想ホストを任意のサイトへ転送する例

```
<VirtualHost 202.xxx.xxx.107>
ServerName www2.testhoge.net
Redirect / http://www.example.co.jp/
</VirtualHost>
```

バーチャルホストwww2.testhoge.netにアクセスすると、www.example.co.jpに転送されます。

③特定のページから任意のページ（またはURL）へ転送する例

▶例1

```
Redirect /index1.html http://www.example.co.jp/
```

index1.htmlのアクセスをwww.example.co.jpへ転送する。

▶例2

```
Redirect / /index2.html
```

/index.htmlへのアクセスを/index2.htmlへ転送する。

Q2 あるページを、特定のページからしかたどれないようにすることは可能ですか？

◆

A2 mod_rewriteを使用して直リンク（Hot Link）を禁止することが可能です。mod_rewriteは、クライアントのrefererを確認し、どのページからたどってきたのかを調べます。これを利用して、直接URLを指定したりBookMarkして接続するのを防ぐことができます。

次の例は、http://www.example.co.jp/index.htmlからたどったアクセスのみを許可するものです。「RewriteCond」行の末尾にある [NC] は、大文字と小文字を区別しないということ（No Case）を意味します。次の行の末尾にある [F] は、アクセス禁止（Forbidden）を意味します。

この設定を適当なURLに変えて使用することで、直リンクの防止が行えます。

▶httpd.confの設定例

```
#
# Dynamic Shared Object (DSO) Support
#
                    :
LoadModule rewrite_module modules/mod_rewrite.so

AddModule mod_rewrite.c
                    :
RewriteEngine on                              次のページへ続く→
```

3-7 Apacheに関するFAQ

```
→前ページから続く
RewriteCond %{HTTP_REFERER} !^
http://www\.example\.co.jp/index\.html.*$ [NC]
RewriteRule ^.*$ - [F]
```
実際は1行で入力する

次の例は、複数の条件で直リンクを防止する場合に有効な方法です。末尾に[OR]を指定し、RewriteCondの行を複数指定することもできます。

ここでは、リモートホストやリモートアドレスも判断基準として利用しています。結果として「*.remoto.co.jp」とIPアドレス「210.xxx.100.」「200.xxx.133.」からのアクセスを拒否し、http://www.example.co.jp/index.htmlからアクセスしたものだけを許可します。

```
RewriteEngine on

RewriteCond %{REMOTE_HOST} \.remote\.co\.jp$ [NC,OR]
RewriteCond %{REMOTE_ADDR} ^210\.xxx\.100\. [OR]
RewriteCond %{REMOTE_ADDR} ^200\.xxx\.133\. [OR]
RewriteCond %{HTTP_REFERER} !^
http://www\.example\.co.jp/index\.html.*$ [NC]
RewriteRule ^.*$ - [F]
```
実際は1行で入力する

Q3 ベンチマークを使って負荷テストしたいのですが、どのように行えばよいでしょうか？

◆

A3 Apacheに付属のabというユーティリティを使用して評価を行うことができます。

abは、同時接続数とアクセス回数を指定してサイトへ接続することで、負荷の高い状態を再現するツール（コマンド）です。

▶書式

```
ab [options] URL
```

▶ 使用例

```
# ab -n 1000 -c 250 http://サイト名/
# ab -n 1000 -c 100 -A user:password http://サイト名/
# ab -n 100 -c 10 -w http://サイト名/ > bench.html
```

▶ ab のオプション

オプション	意味
-n count	要求の実行回数
-c number	要求する同時リクエストの数
-t timelimit	レスポンスのための最大待機時間（秒）
-p postfile	ファイルを送信（POST）する
-T content type	POST する際のコンテンツヘッダ
-C attribute	クッキーを加える。たとえば「abcdef=12345」
-H attribute	任意のヘッダを加える。たとえば「Accept-Encoding: gzip」
-A attribute	基本 Web 認証、属性を加える。user:password で指定する
-P attribute	Proxy 認証、属性を加える。user:password で指定する
-X proxy:port	Proxy サーバ名とポート番号を指定する
-k	KeepAlive（セッション保持）を使用する
-v	より多くの情報を出力する
-w	HTML の書式（table）で結果を出力する
-x	-w オプション指定の際、table の属性値を指定する
-y	-w オプション指定の際、table の中のタグ <TR> の属性値を使用する
-z	-w オプション指定の際、table の中のタグ <TD> の属性値を使用する
-e filename	CSV ファイルで出力する

また、httperf というツールもあります。ab よりももっと細かい条件で試験が行えます。下記のサイトで、詳しく紹介されています。

```
紹介サイト　　：http://www.hpl.hp.com/personal/David_Mosberger/httperf.html
ダウンロード　：ftp://ftp.hpl.hp.com/pub/httperf/
```

Q4 Apache 2.0 で文字化けが起こるのですが、これはなぜですか？

◆

A4 多くの場合、文字化けはデフォルトの文字セットの設定に原因があります。httpd.conf の AddDefaultCharset の行が「ISO-8859-1」となっている場合、行

全体をコメントアウトすればOKです。

```
#AddDefaultCharset OffISO-8859-1
```

編集が終わったら、Apacheを再起動してください。

Q5 ユーザーディレクトリ配下に作成したCGIディレクトリをCGIエイリアスにしたいのですが、どうすれば実現できますか？

CGIエイリアスは普通、「http://xxxx/cgi-bin/」という形式で指定されますが、これを、ユーザーごとのCGIディレクトリを指定して、「http://xxxx/~user/cgi-bin/」のようにしたいのです。

◆

A5 ScriptAliasMatchを使って実現できます。
次のラインをhttpd.confに追加してください。

```
ScriptAliasMatch ^/~([^/]*)/cgi-bin/(.*) \
"/home/$1/public_html/cgi-bin/$2"
```

これにより、/home配下にユーザーディレクトリが存在する場合、そのすべてのユーザーにCGIエイリアスパスが設定されます。

次の定義はユーザー個別に定義する方法で、セキュリティに配慮するならこちらのほうが安心です。

```
ScriptAlias /~user/cgi-bin/ /home/user/public_html/cgi-bin/
```

いずれの方法も、次のエントリは必ず記述します。

```
<Directory "/home/*/public_html/cgi-bin/*">
    AllowOverride None
    Options None
    Order allow,deny
    Allow from all
</Directory>
```

Q6 クライアントから通常の接続があった場合でも自動的に SSL 接続にしたいのですが、どうすればよいですか？

◆

A6 ReWrite を使って SSL 接続へリダイレクトさせる方法があります。
まず、次の設定により、SSL 以外の接続は受け付けないようにします。

```
<IfDefine SSL>
SSLRequireSSL
</IfDefine>
```

そして次の設定で、自動的に通常接続（NON SSL）から SSL 接続にリダイレクトするようにします。

```
<IfModule mod_rewrite.c>
RewriteEngine on
RewriteBase /
RewriteCond %{HTTPS} != on
RewriteRule ^.*$ https://%{HTTP_HOST}%{REQUEST_URI} \
[R=permanent]
</IfModule>
```

たとえば「http://www.example.com/something」ならば、「https://www.example.com/something」へリダイレクトされます。

Q7 コンテンツにある画像ファイルを直接ダウンロード、あるいは直リンクできないようにするには、どうすればよいでしょうか？

◆

A7 これも ReWrite を使用して実現できます。
.htaccess に次の記述を追加しましょう。使用する場合は、3 行目のドメイン名を実際のドメインに変更してください。

```
RewriteEngine On
RewriteCond %{HTTP_REFERER} !^$
RewriteCond %{HTTP_REFERER} !^http://(www\.)?example.com/.*$ [NC]
RewriteRule \.(gif|jpg)|png$ - [F]
```

この例では、gif と jpg、png を対象としています。記述が終わったら、画像ファイルが置いてあるディレクトリへ.htaccess を置いてください。

Q8 組み込まれているApacheのモジュールを確認する方法はありますか？

A8
次のコマンドラインを実行してください。

これは、/opt/wwwにApacheをインストールしている場合です。

```
# /opt/www/apache2/bin/httpd -l
```

Q9 Apache 2.0をバーチャルホストごとに異なるユーザーで動かすことは可能ですか？

A9
はい、Apache 2.0のMPMモジュールperchildを使用すれば可能です。ただし、この機能はまだexperimental（実験的）であり、実運用では使わないようにアナウンスされています。安定した機能になるまで、実運用は控えてください。

まず、次の内容を確認し、必要に応じて設定を変更しておきます。

▶ 動作環境への考慮

①Apache 2.0を、MPMモジュールperchildの使用を指定してコンパイルする
②suEXECを使わずに、CGIをユーザー権限で動作することが必要
③WebDAV利用の際はWebDAV独自ユーザーで動作することが必要
④そのほか、Apacheサービスで独自ユーザーで動作できるものは極力独自ユーザーで動作させる

以上を確認後、perchildを指定してコンパイルします。

```
$ ./configure --with-mpm=perchild ←必要ならほかのオプションも指定する
$ make
$ su
# make install
```

● httpd.confの設定

perchildモジュールの特徴は、子プロセスを特定のユーザー権限で動作させられる点にあります。これを応用して、バーチャルホストごとに特定のユーザーと特定のプロセスを割り当てることが可能です。次は、その記述例です[※]。

【参考URL】http://httpd.apache.org/docs-2.0/mod/perchild.html

▶httpd.confの例

```
<IfModule perchild.c>
  NumServer            5
  StartThreads         5
  MinSpareThreads      5
  MaxSpareThreads     10
  MaxThreadsPerChild  20
  MaxRequestsPerChild  0

  # 文法:ChildPerUserId  user-id group-id プロセスオーダ(1-5)
  # NumServerで5プロセス使用するので、その2番目と5番目に割り当てる
  ChildPerUserId webuser-1 www 2
  ChildPerUserId webuser-2 www 5

NameVirtualHost *
  <VirtualHost *>
    ServerName test1.example.com
    # 文法：AssignUserId  user-id group-id
    AssignUserId webuser-1 www     # 2番目のプロセスが管理
       (省略)
  </VirtualHost>

  <VirtualHost *>
    ServerName test2.example.com
    AssignUserId webuser-2 www     # 5番目のプロセスが管理
       (省略)
  </VirtualHost>

</IfModule>
```

第 4 章

メールサーバの構築

本章でもこれまでの章と同様、ソースのダウンロードとコンパイルを最初に解説しています。特にメールサーバの場合、パスワードデータベースにLDAPを使ったり、SPAM対策を施したり、セキュリティパッチを適用したりと、再構築の機会がほかのサーバより多くなることが考えられます。
マニュアルを見なくてもコンパイルできるように、基本的な操作は身につけておいてください。

- 4-1 Postfixの概要とインストール
- 4-2 Postfixの設定
- 4-3 POPサーバの構築
- 4-4 IMAPサーバの構築
- 4-5 Procmailの設定
- 4-6 メールサービスに関するFAQ

4-1 Postfixの概要とインストール

Postfixの概要

電子メールが電話やファックスと並ぶ通信手段となった現在、メールサーバのダウンは業務の停滞に直結します。また、たとえば、送信者が控えをとっていないメールが行方不明になった場合、Webなどのサービスにくらべて問題が深刻になることは明らかです。このため、メールサーバの設定に関しては、ほかのサーバ以上に厳しさを求められます。

Postfixは、簡潔な設定で安定して動作するという特徴を持つため、このような厳しい要求を十分に満たすメールサーバです。

●メール配送に関係するサーバ

ところで、「メールサーバ」というのはやや曖昧な言い方です。メールの配送に関しては、実際には次のような複数のサーバが関連しています。

- SMTPサーバ ：メールの送信と受信（受信メールをSMTPサーバ内のメールボックスに保存する）
- POPサーバ ：メールの受信（受信メールをクライアントパソコンのメールボックスに取り込む）
- IMAPサーバ ：メールの閲覧（受信メールをサーバに置いたまま、クライアントパソコンで閲覧する）

このうち、SMTPサーバのように、ホストとホストの間でメールを送受信するプログラムをMTA※と呼びます。Postfixを含む多くのMTAは、これに加えて、受信したメールを自ホストのメールスプールに保存する機能を持ちます。

なお、メールを自ホストのスプールに保存する機能をローカル配送と呼び、この機能に特化したMDAというプログラムもあります。MTAは、自分でローカル配送を行う代わりに、MDA※に依頼するように設定することもできます。

これに対して、ユーザーの操作によってメールの送信をMTAに依頼したり、メールスプールからメールを取得したりするのがMUA※、いわゆるメーラです。

【MTA】 Mail Transfer Agent
【MDA】 Mail Delivery Agent
【MUA】 Mail User Agent

そして、メーラの要求に応じてメールスプールからメールを取り出すのがPOPサーバ、メールスプールのメールを閲覧できるようにするのがIMAPサーバです。

メールシステムは、このようにMTAとMUA、そしてPOP/IMAPサーバの連携によって成立しています。

● Postfixの特徴

MTAとして最もポピュラーなのはSendmailです。しかし、設定の難しさから中小規模のサイトでは敬遠されるケースも増えてきており、数年前までは、代わりにQmailを採用する管理者が多かったようです。

最近はLinux上で標準になりつつあるPostfixの人気が上昇しています。これは、sendamilやQmailよりインストールが簡単なうえに、スパム対策機能や接続制限機能が充実し、sendmailからの移行が比較的容易に行えることが要因と思われます。

次の表は、PostfixとほかのMTAとの機能を比較したものです。これを見ても、Postfixが最近のMTAのニーズを標準でサポートしていることがわかります。なお、スケーラビリティを必要とするサイトでは、LDAPとの相性のよいものを選定することが重要になります。

▶ Postfixと各種MTAの比較

機能	Postfix	Qmail	sendmail	exim4
SMTP認証	SASLライブラリ	パッチ	SASLライブラリ	○
暗号化（SSL/TLS）	○	パッチ	×	TLS○
POP before SMTP	DRAC併用	アドオン	DRAC併用	whoson&zeiss併用○
仮想ドメイン	○	○	○	○
UNIXDB以外の対応DB	LDAP/MYSQL	LDAPパッチ/MYSQL	LDAP	LDAP/MYSQL/Postgres ORACLE/InterBase
IPv6への対応	パッチ	パッチ	○	○
MailBox形式	Maildir/MBOX	Maildir/MBOX	MBOX	Maildir/MBOX/MBX
DNS並行Query	○	○	×	×
SMTP並行送信	○	×	○	○
SMTPバルク送信	○	×	○	○
ログ分析ツール対応	○	○	○	○
Webmin対応	○	○	○	×

ダウンロードとコンパイル、インストール

ダウンロードと解凍

まず、次のURLから近くのミラーサイトを探し、適当なディレクトリへPostfixのソースファイルをダウンロードしてください。現在のオフィシャルリリースはPostfix2.2.1です。

▶Postfixダウンロードサイト

```
http://www.postfix.org/download.html
```

ダウンロード後、ファイルのあるディレクトリへ移動して解凍を行います。

```
$ cd ~/src        ←ソースファイルをダウンロードしたディレクトリへ移動する
$ tar xvzf postfix-2.2.1.tar.gz     ←tarコマンドで解凍する
$ cd postfix-2.2.1                  ←解凍したフォルダへ移動する
```

ユーザーとグループの追加

●グループの追加

まずグループpostfixとpostdropを作成しておきます。

```
# groupadd postfix
# groupadd postdrop
```

登録を確認します。

```
# cat /etc/group
     :
postfix:x:1001
postdrop:x:1002
```

●ユーザーの追加

Postfixの実行ユーザーpostfixを追加します。

4-1 Postfixの概要とインストール

```
# adduser -g postfix -d /var/spool/postfix \
  -s /sbin/nologin -c "Postfix User" postfix
```

登録を確認します。

```
# cat /etc/passwd
       :
postfix:x:1001:1001:Postfix User:/var/spool/postfix:/sbin/nologin
```

● コンパイルとインストール ●

次に、展開したソースファイルをコンパイルし、インストールします。

▶ コンパイルとインストールの実行例

```
$ make tidy
$ make
$ su
# make install
       :
install_root: [/]
tempdir: [/home/ichinohe/src/postfix-2.2.1]
config_directory: [/etc/postfix]
daemon_directory: [/usr/lib/postfix] /usr/local/libexec/postfix    ←※
command_directory: [/usr/sbin] /usr/local/bin                      ←※
queue_directory: [/var/spool/postfix]
sendmail_path: [/usr/sbin/sendmail] /usr/local/sbin/sendmail       ←※
newaliases_path: [/usr/bin/newaliases] /usr/local/sbin/newaliases  ←※
mailq_path: [/usr/bin/mailq] /usr/local/sbin/mailq                 ←※
mail_owner: [postfix]
setgid_group: [postdrop]
html_directory: [no]
manpage_directory: [/usr/local/man]
readme_directory: [no]
Updating /usr/lib/postfix/bounce...
```

インストール時には、このようにインストールするパス名などを聞いてきます。[ ]で表示されているのがデフォルトの候補です。デフォルト値でよい場合は[Enter]を押してください。

値を変更したい場合はパス名を入力します。この例では/usr/localにインストールするため、「←※」の箇所を入力しています。

> **Tips** すでに導入ずみのpostfixを再度コンパイルした場合は、「make install」の代わりに「make upgrade」と入力してください。これにより、既存のディレクトリ設定を踏襲して導入を行ってくれます。この場合、インストールパスの設定は省略されます。

オプショナルな準備

PCREのインストール

Postfixでは、正規表現によるメールフィルタリングの制御が可能です。これを実現する機能がPCRE※という正規表現のライブラリです。PCREがなくても正規表現のフィルタリングは可能ですが、これを使うことで、より高度なフィルタリングが可能になります。

PCREのダウンロードは次のサイトから行えます。ここではpcre-4.5.tar.gzを使用します。

```
ftp://ftp.csx.cam.ac.uk/pub/software/programming/pcre/
```

pcreのソースを展開するため、postfixのダウンロードパスへファイルを保存します。ここでは、pcre-4.5.tar.gzが~/src/postfix-2.2.1にダウンロードしてあると仮定します。

```
$ cd ~/src/postfix-2.2.1
$ tar xvfz pcre-4.5.tar.gz
```

pcreをコンパイルします。

```
$ cd pcre-4.5
$ ./configure
$ make
```

最後に「creating pcregrep」と表示されればOKです。

次に、postfixをpcre用にコンパイルします。

【PCRE】Perl Compatible Regular Expressions。Perl互換の正規表現。

```
$ make -f Makefile.init makefiles CCARGS='-DHAS_PCRE -Ipcre-4.5' \
 AUXLIBS=pcre-4.5/.libs/libpcre.a
$ make
$ su
# make install
```

インストールパスの情報を聞いてくるので、pcreなしの場合と同様に、必要に応じてパス名を指定してください。

sendmailを使っていた場合の準備

Postfix導入以前にsendmailをインストールして使っていた場合、そのままだとPostfix側で問題となる場合もあります。sendmailを削除するか、sendmail関連ファイルをリネームしてバックアップしましょう。

```
# mv /usr/sbih/sendmail /usr/sbin/sendmail.off
# mv /usr/bin/mailq /usr/bin/mailq.off
# mv /usr/bin/newaliases /usr/newaliases.off
# chmod 755 /usr/sbin/sendmail.off /usr/bin/mailq.off /usr/newaliases.off
```

なお、ここに示した操作はあくまでも一例です。ディストリビューションによってバックアップするファイルのパスが異なりますので、注意してください。

rpmやdpkgなどのパッケージ管理コマンド、あるいはfindコマンドで次のファイルを探し、例にあげたような操作でバックアップを行ってください。

Postfixの起動

単にPostfixを起動するだけなら、次のようにpostfixコマンドの場所を確認して起動してください。

```
# which postfix
/usr/local/bin/postfix
# /usr/local/bin/postfix start
```

ただし、正常に稼動させるためには、main.cfにサーバ名とドメイン名をあらかじめ記述しておく必要があります（→P.207「4-2 Postfixの設定」）。

Postfixの起動にはいくつかの方法があり、次の書式で実行方法を指定できます。

```
# /usr/local/bin/postfix    スイッチ
```

起動スイッチの内容は次のとおりです。

▶ Postfixの起動スイッチ

スイッチ	意味
start	Postfixの起動
stop	Postfixの停止
abort	Postfixの強制停止
flush	キューに存在するメッセージの再送
reload	設定ファイルの再読み込み
check	インストールの状態の確認

コンフィギュレーションを変更した場合は、reloadもしくは「stop後にstart」が必要となります。再起動を行ったら、計画通りの設定になっているか、確認するようにしましょう。設定の確認は「postconf -n」で行えます。

なお、Postfixをディストリビューションのバイナリからインストールした場合、OS起動時に自動的にロードするために、/etc/init.d/postfixスクリプトがインストールされます。ソースからのインストールの場合はこのスクリプトは作成されませんので、自作する必要があります。

Postfixの仕組みについて

Postfixを起動すると、複数のデーモンが起動していることがpsコマンドで確認できます。その内容はmaster、pickup、smtpd、cleanup、qmgrであり、masterが親プロセスとして全体を管理しています※。

このmasterは、メールの送信ポートである25番ポートを常に監視し、必要に応じて各プロセスに命令を出します。

たとえばメールを受信したとき、masterは、pickupまたはsmtpdに処理を渡します。ローカルユーザー同士か、インターネット経由での受信かで、pickupとsmtpdのどちらが受け取るかが決まります。

メールを受け取ったpickup/smtpdは、第三者不正中継、アクセスの拒否／許可について確認を行い、問題がなければcleanupが最終処理を行います。

ここでは、メールのヘッダを各種コンフィギュレーションファイルにもとづいて追加したり書き換えたりします。この処理が完了するとincomingキューにメールが挿入され、qmgr（queue manager）に新しいメールが到着したことが通知されます。

【Postfixのプロセス】master、pickup、qmgrはメモリに常駐する。そのほかは必要に応じて起動される。

4-1 Postfixの概要とインストール

▶ Postfixのプロセス構造

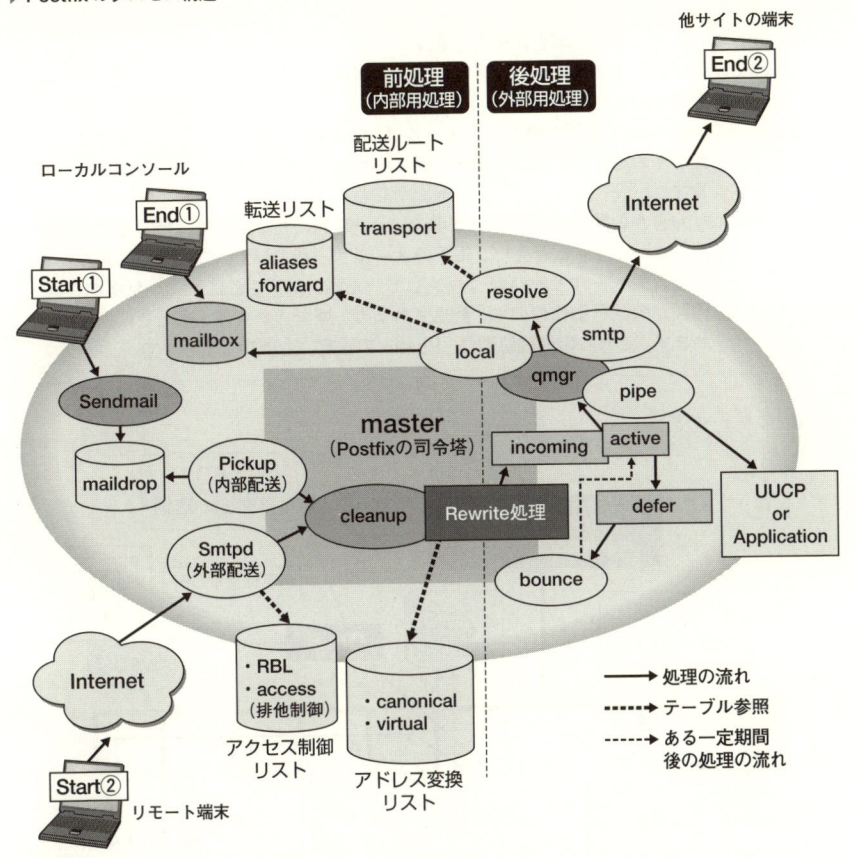

メールキューについて

　メールの受信動作や送信動作が行われると、Postfixは、それらを一度いくつかのキューに振り分けます。メール送受信の際には、多くの加工処理やチェック処理が行われますが、各プロセスごとに処理をするために、一時的に蓄えておく領域がキューになります。

　用途に合わせて4つのキューが存在します。次に示すのは、この各キューに関する用途です。

▶ 各キューの用途

①maildrop ：ローカル配信の場合に使用します。
②incoming ：受信処理中のメールや、最終的に配送可能かどうかのチェックを行うメールが溜まります。
③active ：incomingで処理が終わったメールは、Qmgrが処理を受け取れるまでここに溜めておきます。このキューに蓄えられたメールは確実に配信が決まっています。
④deferred ：なんらかの問題を抱えている場合に、一時的にサーバ側で保持しておくためのキューです。たとえば、相手のメールサーバのMXレコードに問題があった場合やメールサーバがダウンしていた場合は、ここにメールが格納され、何回かの試行動作ののち、配送されるか、廃棄されるか、送信者に送り返されます。これらの最終処理は、Postfixの設定にも依存してきます。

▶ Postfixのキューの構造

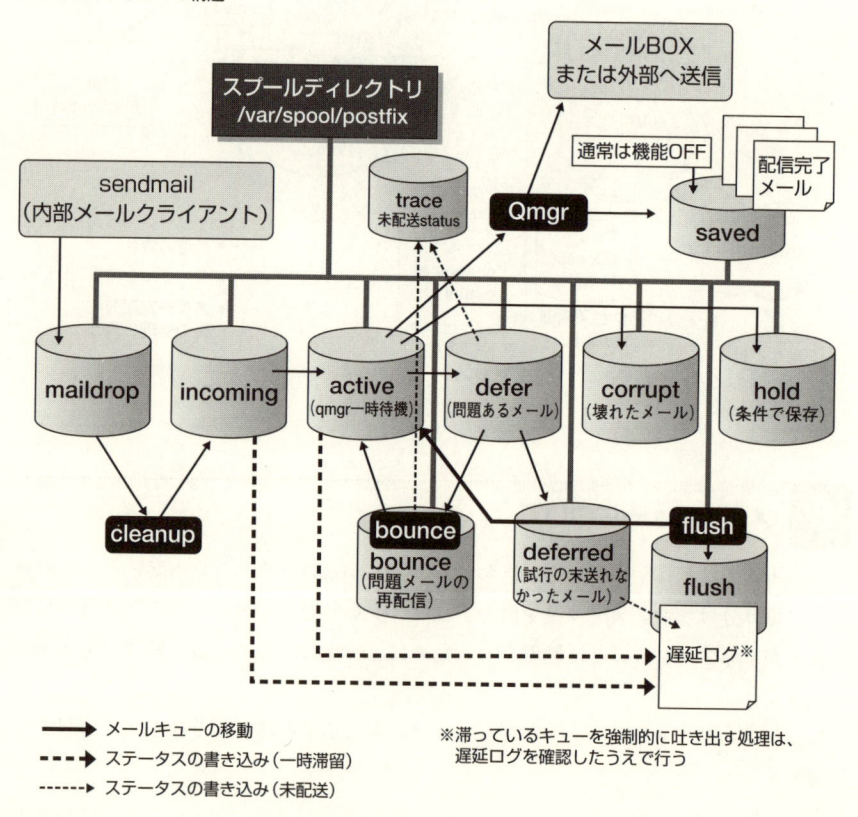

```
スプールディレクトリ               メールBOX
/var/spool/postfix              または外部へ送信

                                  通常は機能OFF      配信完了
                trace                                 メール
sendmail      未配送status    Qmgr
(内部メールクライアント)                              saved


maildrop   incoming   active      defer     corrupt    hold
                     (qmgr一時待機) (問題あるメール) (壊れたメール) (条件で保存)

           cleanup
                      bounce              flush
                      bounce    deferred
                    (問題メールの (試行の末送れな   flush
                      再配信)    かったメール)
                                              遅延ログ※
```

──▶ メールキューの移動
- - ▶ ステータスの書き込み(一時滞留)
‥‥▶ ステータスの書き込み(未配送)

※滞っているキューを強制的に吐き出す処理は、遅延ログを確認したうえで行う

4-2 Postfixの設定

基本設定

このあとPostfixの設定について解説していきますが、まず、その前提となるサイト構成を確認しておきましょう。

▶ ここで設定する基本的な設定情報

①メールサーバホスト名：mail
②ドメイン名　　　　　：testhoge.net
③受信ドメイン名　　　：以下の3つ
　・testhoge.net
　・mail.testhoge.net
　・localhost
④コネクションを受け付けた際、バージョンは表示しない。
⑤内部ネットワーク宛てのメールは中継を許可する。
⑥内部ネットワークから出るメールは中継を許可する。
⑦上記⑤⑥以外の中継は拒否する（第三者不正中継に関する設定を行う）。
⑧mail-abuse.orgの不正リレーテストに合格すること。

基本設定の例

以上の前提にもとづいて、Postfixの設定ファイル「/etc/postfix/main.cf」を編集してみます。

● (1) サーバのホスト名の設定

メールサーバのホスト名をFQDNで指定します。SMTP AUTHでの認証の際、この設定が関係してきます。

```
myhostname = mail.testhoge.net
#myhostname = virtual.domain.name
```

● (2) ドメイン名の指定

　メールサーバのドメイン名を指定します。デフォルトは$myhostnameから最初のフィールドを取り除いたものです。

```
mydomain = testhoge.net
```

● (3) Fromアドレスに付加されるドメインの指定

　ローカルで送信されたメールがどこから来たかを明確にするために、Fromアドレスに補完する文字列です。たとえば、ユーザーfooが「From: foo」でメールを送信したとき、$myoriginの値で@の右辺を補完します。なお、$myoriginはDNSに登録されている名前であることが必要です。

```
myorigin = $myhostname
#myorigin = $mydomain
```

● (4) メールの受信許容範囲の指定

　メールの配送を許可する宛先ドメイン名を指定します。この宛先へのメールは無条件に配送されます。

```
#mydestination = $myhostname, localhost.$mydomain
mydestination = $myhostname, localhost $mydomain
#mydestination = $myhostname, localhost.$mydomain, $mydomain,
#mail.$mydomain, www.$mydomain, ftp.$mydomain
```

● (5) 内部ネットワークの指定

　ここで指定したネットワークからのメールは、無条件に配送されます。

```
mynetworks = 192.168.1.0/24, 127.0.0.0/8
#mynetworks = $config_directory/mynetworks
```

● (6) メールヘッダに記載されるMTAの表示に関する設定

```
smtpd_banner = $myhostname ESMTP $mail_name
#smtpd_banner = $myhostname ESMTP $mail_name ($mail_version)
```

● (7) 不正中継対策 (第三者リレー関係) の設定

```
notify_classes = resource,software,policy
allow_percent_hack = yes         ←不正中継対策
swap_bangpath = yes              ←不正中継対策
disable_vrfy_command = yes       ←VRFYコマンドを禁止
smtpd_recipient_restriction =    ←SMTPの受信者の制限
  permit_mynetworks,             ←mynetworksへ登録のネットワーク、ホストは許可
  check_relay_domains,           ←リレーするドメインを確認
  reject                         ←基本は拒否
```

設定が終わったら保存して、Postfixを再起動しましょう。

```
# /usr/local/bin/postfix stop
# /usr/local/bin/postfix start
```

不正中継対策のパラメータ

例の (7) であげた不正中継対策のパラメータは、次のような意味を持ちます。

①notify_classes

なんらかの問題が発生してメールを送れない場合、それをbounceプロセスやpostmasterに通知します。

▶ 設定例

```
notify_classes=resource,software,policy
```

▶ notify_classesに指定できる値

resources	リソース問題によってメールが配送できない場合、postmasterに通知する
software	ソフトウェア (smtpクライアント) の問題によってメールが配送されない場合、postmasterに通知する
policy	SMTPクライアントがポリシー違反した場合、postmasterにセッションエラーをメールで通知する
bounce	バウンスメールのヘッダ部のコピーをpostmasterに送信する
2bounce	配送できないバウンスメールそのものをpostmasterに送信する
protocol	SMTPクライアントがSMTPプロトコルにサポートされていないコマンドを使用した場合、postmasterに通知する
delay	遅延したメールのヘッダコピーをpostmasterに送信する

②allow_percent_hack

不正中継の拒否を行う設定です。

yesの場合、「user%domain」の形式を「user@domain」へ変換します。これは、「user%domain1@domain2」のようなトリッキーなドメイン表記を抑制します。ただし、バーチャルドメインの場合は、このような形式をとる可能性があるので、不正でなくても不正扱いされる可能性もあります。必ずしもよい結果となるとは限らず、そうしたメールが来る可能性がある場合は、テストして判断しましょう。

▶allow_percent_hackに指定できる値

no	メールアドレスに含まれる%を見つけた時点ですべて中継を拒否する。正しい中継も拒否の可能性になる場合がある
yes	%の後ろのドメインと@の後ろのドメインを比較したり、ドメインの評価を行い、基準を通過したものに関しては中継を許可する。最終的には形式変換を行う

③swap_bangpath

不正中継に対する設定です。yesの場合「site!user」の形式を「user@site」へ変換します。これはUUCPの形式を通常のドメイン形式に変換する方法なのですが、UUCPに偽装して中継許可をねらうメールをシャットアウトする効果があります。noにすると形式変換を行いません。

④disable_vrfy_command

SMTPのVRFYコマンドを使用禁止にするかどうかについての設定です。VRFYはユーザーを確認するためのコマンドですが、辞書にあるようなよく使う名前であれば、このコマンドを使用して試行を繰り返すことで、実在するユーザーアカウントを見つけ出すことができます。telnetやシェルスクリプトで不正接続を行う試みから、ユーザー名流出を防ぐのが目的です。

yesを設定するとVRFYコマンドを禁止します。noで許可します。

⑤smtpd_recipient_restriction

SMTP中継（配送）を制限するための設定です。ここで指定できる内容はいくつかありますが、よく使用されるものについて表にまとめます。基本的に拒否するのが目的の設定であるため、条件にマッチした時点で、そのあとの評価は行いません。

▶ smtpd_recipient_restriction に指定できる値

permit_mynetworks	mynetworks に定義したネットワークやホストは接続を許可
check_relay_domains	relay_domains に定義したドメイン、ファイル、検索テーブルの確認。マッチすれば許可
reject_maps_rbl	ORBL のブラックリストと照合して合致しなければ通過となる
regexp:/etc/postfix/recipient_checks.reg	正規表現テーブルでヘッダチェックし、マッチしたものは拒否
check_client_access hash:/etc/postfix/bad_sender	正規表現テーブルでヘッダチェックし、マッチしたものは拒否
reject_unauth_destination	$mydestination,$inet_interfaces,$virtual_maps,$relay_domains にある値を評価し、適正なアドレス宛てであるか確認。それ以外は拒否
reject	許可を前提でパラメータを設定した場合、最後に記述することでそれ以外は拒否
permit	拒否を前提でパラメータを設定した場合、最後に記述することでそれ以外は許可

▶ 設定例

```
smtpd_recipient_restriction = permit_mynetworks,check_relay_domains,
                              reject_maps_rbl,reject
```

⑥ smtpd_sender_restrictions

送信元アドレスで受信制限を行うための設定です。記述形式は⑤に似ています。

▶ smtpd_sender_restrictions に指定できる値

reject_non_fqdn_sender	FQDN のアカウントでないものは受信拒否
reject_invalid_hostname	不正なホスト名を受信拒否
reject_unknown_sender_domain	DNS に登録されていないドメインは拒否
reject_unknown_hostname	DNS に登録されていない SMTP サーバからの受信は拒否
reject_unauth_pipelining	パイプで渡されたメールは受信拒否

▶ 設定例

```
smtpd_sender_restrictions=reject_non_fqdn_sender,reject_invalid_hostname,
                          reject_unauth_pipelining
```

不正中継のテスト

　設定が完了したら、通常のメールが正常に配送されるかどうか、テストを行います。第1章で紹介したSMTPサーバへのtelnet接続の方法（→P.60）を参考に、ローカルホストにtelnet接続して、ローカルユーザーおよび外部の自分のメールアドレスなどに送信を行ってください。外部へのテストの場合は、送信先のメールサーバによってSPAM対策の仕方が異なるので、数種類の異なるメールアドレス宛てにテストしてみるのがよいでしょう。

　次に、その設定が外部とのメール交換上問題がないのかどうかを確認します。ここでは、構築したメールサーバ（MTA）がmail-abuse.orgによるメール不正中継テストに合格するかどうか、試してみましょう。

　テストは、telnetでmail-abuse.orgに接続して行います。次の例で、入力するのは最初の1行だけです。

▶mail-abuse.orgのサービスによるメール不正中継テスト

```
$ telnet relay-test.mail-abuse.org    ←MTAが動いているホストで実行する
Trying 204.152.187.123...
Connected to relay-test.mail-abuse.org.
Escape character is '^]'.
Connecting to 61.207.71.44 ...
<<< 220 mail.testhoge.net ESMTP Postfix
>>> HELO cygnus.mail-abuse.org
<<< 250 mail.testhoge.net
:Relay test: #Quote test
>>> mail from: <SPAMTEST@TUKATTERU.PROVIDER.DOMAIN>
<<< 250 Ok
>>> rcpt to: <"nobody@mail-abuse.org">
<<< 554 : Recipient address rejected: Relay access denied
>>> rset
<<< 250 Ok
    ==:
    ==  （全部で19回行われる）
    ==:
:Relay test: #test 19
>>> mail from: <POSTMASTER@TUKATTERU.PROVIDER.DOMAIN>
<<< 250 Ok
```

次のページへ続く→

4-2 Postfixの設定

```
→前ページから続く
>>> rcpt to: <NOBODY@MAIL-ABUSE.ORG>
<<< 554 <NOBODY@MAIL-ABUSE.ORG>: Recipient address rejected: Relay access denied
>>> rset
<<< 250 Ok
>>> QUIT
<<< 221 Bye
Tested host banner: 220 mail.testhoge.net ESMTP Postfix
System appeared to reject relay attempts
Connection closed by foreign host.
```

最後に、「System appeared to reject relay attempts」と表示されれば、不正中継を許していないと判定できます。

不正中継を許している場合は、予定の試行回数（19回）まで達しないうちにエラーメッセージが表示されます。その場合は、不正中継に関するmain.cfの記述を確認してください。

> **Tips**　構築したサーバが不正中継を許していないかどうかは、サーバ稼動後も定期的に確認したほうがいいでしょう。たとえば次のサイトでは、不正中継を許しているサーバをデータベースから検索できます。自ホストが登録されていないか、ときどきチェックしましょう。
>
> ▶ 第三者不正中継確認データベース
>
> ORDB　http://www.ordb.org/lookup/
> maps　http://www.mail-abuse.com/cgi-bin/lookup
>
> また、さきほどtelnetで行ったのと同様のテストを行えるWebサイトもあります。こちらのテスト回数は17回です。
>
> ▶ 第三者不正中継テスト
>
> network abuse clearinghouse　http://www.abuse.net/relay.html

● メールボックス形式の設定

メールサーバが受信メールを蓄えるスペース（メールスプール）には、2種類の形式があります。

① mbox形式

/var/spool/mailディレクトリなどに作成される、アカウント名と同一名称のファイルにメールを保存する形式です。MTAによっては、各アカウントのホームディレクトリに、mboxやMailBoxのような名前で作成されることもあります。メールはこのファイルに逐次追加されていきます。

UNIXの伝統的なメールボックス形式で、sendmailやPostfixのデフォルトがこの形式です。

② Maildir形式

ユーザーのホームディレクトリ配下にMaildirという名称のディレクトリを作り、そこにメールを保存する形式です。メール1通につき、1つのファイルが作成されます。IMAPを使用する場合は、この形式にするのが一般的です。MTAでは、qmailがこの形式です。

Postfixでは、設定ファイルの記述で対応することが可能です。main.cfの次の行のコメントをはずせばMaildir形式となります。

```
home_mailbox = Maildir/
```

末尾の「/」を忘れるとディレクトリとして認識されないので、注意してください。

> **Tips**
>
> Maildir形式を使う際には、それまで使用していたアプリケーションとの互換性に注意する必要があります。少なくとも、すでにmbox形式のメールサーバを使用している場合は、この形式をMaildirに変換する作業が必要です。
>
> 次のURLから、mbox形式のファイルをMaildir形式に変換するスクリプトが入手できます。Perlで動作するスクリプトなので、環境に合わせて1行目のPerlのパスを書き換えてから使用してください。
>
> ▶ mbox→Maildir形式変換スクリプト
>
> ```
> http://www.qmail.org/mbox2maildir
> ```

SMTP AUTH（送信時の認証）の設定

SMTP AUTHの概要

　SMTP AUTHは、セキュアなメール送信を行うための技術です。メールサーバに接続して送信を依頼してきたユーザーに対してパスワード認証を要求し、認証に失敗した場合はメール転送を拒否します。

　これまで、SMTP AUTHに対応したメーラが少ないなどの理由で、送信時認証には主にPOP Before SMTPという技術が使われてきました。しかし、なりすましによってスパムの踏み台にされる危険性があるなど、セキュリティ上は不十分な点があることが指摘されています。

　もし、メールを送信するユーザーがSMTP AUTH対応のメーラを使える環境にあるのなら、SMTP AUTHの導入を検討するとよいでしょう。ちなみに、本書執筆時点で、主なメーラの最新版の多くはSMTP AUTHに対応しています。

cyrus SASLのダウンロードと解凍

　PostfixでSMTP AUTHを導入する際は、「cyrus SASL」パッケージが別途必要となります。これをインストールしたあと、Postfixを再度コンパイルしてください。ダウンロードは次のサイトから行えます。

▶ cyrus SASLパッケージの配布元サイト

```
http://asg.web.cmu.edu/cyrus/
```

　ダウンロード後、次のように解凍を行います。

```
$ tar xvzf cyrus-sasl-2.1.20.tar.gz
$ cd cyrus-sasl-2.1.20
```

コンパイルとインストール

　SASLライブラリをインストールします。解凍したディレクトリにcdして、次のように実行してください。なお、Microsoft Outlook Expressをサポートするには、./configureの際に「--enable-login=yes」オプションが必要です。

▶SASLのコンパイルとインストール

```
$ ./configure --enable-login=yes
$ make
$ su
# make install
# ln -s /usr/local/lib/sasl2 /usr/lib/sasl2
```

　Postfixのmake時、環境によっては「ライブラリが存在しない」というエラーメッセージが出る場合があります。これは、SASLインストール後、次のようにしておけば解決できる場合があります。

```
# ln -s /usr/local/lib/libsasl2.so.2 /usr/lib/libsasl2.so.2
```

　次に、SASL認証ユーザー用のアカウントを作成します。書式は次のとおりです。

```
# /usr/local/sbin/saslpasswd2 ユーザー名
```

　実際のパスワード設定操作の例は次のようになります。-uオプションで入力するドメイン名と、main.cfに設定したホスト名が一致していることを確認してください。これが違っていると、認証に失敗します。

```
# /usr/local/sbin/saslpasswd2 -c -u testhoge.net guest
Password:                    ←パスワード入力
Again (for verification):    ←確認のため、再度入力
#
```

　saslpasswd2の-cオプションは、新規にユーザーアカウントを作成する指定です。-uオプションでは、ユーザーのメールアドレスのドメインを指定します。これを指定しない場合、$myhostnameとメールアドレスのドメインが一致しないと認証が失敗します。バーチャルドメインを運用する場合、この指定は必須です。

　パスワードファイルは、デフォルトで/etc/sasldb2として生成されます（saslのバージョン1.xの場合は/etc/sasldb）。

認証データベースの設定

●認証DBのアクセス権設定

　SASLが使用する認証データベースを、ユーザーpostfixが読めるようにします。

```
# chgrp postfix /etc/sasldb2
# chmod 640 /etc/sasldb2
```

●認証DBの方式を設定

smtpd.confの設定により、使用する認証データベースの切り替えを行うことができます。今回の例では、smtpd.confファイルは、/usr/local/lib/saslディレクトリに作ります（インストーラは作ってくれません）。

認証にSASLのパスワードファイルを使用する場合は、次のように設定してください。

▶SASLパスワードファイルを使用する場合のsmtpd.confの設定例※

```
pwcheck_method: auxprop
```

SASLのパスワードファイルは、デフォルトは/etc/sasldb2になっています。これを変更して、UNIXパスワードファイルを参照させることもできます。そのためには、smtpd.confで次のように指定してください。

▶UNIXパスワードファイルを使用する場合のsmtpd.confの設定例

```
pwcheck_method: pwcheck
```

● Postfixの再コンパイル

SASLライブラリの使用を指定して、再度、Postfixをコンパイルします。

▶Postfixの再コンパイルとインストール

```
$ cd postfix-2.2.1
$ make tidy         ←過去にPostfixをコンパイルずみの場合は必須
$ make makefiles CCARGS="-DUSE_SASL_AUTH -I/usr/local/include" \
    AUXLIBS="-L/usr/local/lib -lsasl"
$ make
$ su
# make install
        :
```

【auxprop】 sasl 1.xではsasldb。sasl 2.xからauxpropになった。

「make install」のあとは、最初の説明と同様にインストールパスを聞いてくるので、前回と同じパス名を入力してください。これでpostfixコマンドはSMTP AUTH対応になりました。

● SMTP AUTH用にmain.cfを編集 ●

次にmain.cfを、SMTP AUTHを使用する設定に変更します。最初にmain.cfのバックアップをとっておいたほうがいいでしょう。たとえば、次のように操作してください。

```
# cd /etc/postfix
# cp main.cf main.cf.orig
```

まず、SASL認証を行う指定を追加します。

▶main.cfの設定例

```
smtpd_sasl_auth_enable = yes
```

設定によっては次の項目も必要になります。

▶main.cfの設定例（環境によっては必要）

```
broken_sasl_auth_client = yes
smtpd_sasl_local_domain = $myhostname
smtpd_sasl_security_options = noanonymous
smtpd_recipient_restrictions =
   permit_auth_destination,
   permit_mynetworks,            ←許可するネットワーク
   permit_sasl_authenticated,    ←SASL認証ずみアクセスを許可する
reject
```

broken_sasl_auth_clientは、sasl認証に対応していないメーラは許可しない設定です。noにすると許可します。

smtpd_sasl_local_domainは、デフォルトでは、上記のように$myhostnameになっています。この設定がないと、正しいアカウントでも認証に失敗することがあります。

smtpd_sasl_security_optionsは、クライアントに対しての認証メカニズムとしてどれを提供するかを指定します。たとえば、次のオプションが有効です。

▶ smtpd_sasl_security_options に指定できる値

noplaintext	plainテキストパスワードを使う認証方法は許可しない
noactive	active（non-dictionary）攻撃を受けそうな方法を許可しない
nodictionary	dictionary照合による有効ユーザー取得を制限する
noanonymous	匿名認証を許可しない
mutual_auth	mutual認証のみ許可する

Postfixの再起動

まず、設定の確認を行います。

```
# postfix check
```

問題がなければ、Postfixを再起動します。

```
# /usr/local/libexec/postfix reload
```

次に、PostfixのSMTP AUTH認証をテストします。

なお、「AUTH PLAIN」の行で入力するアカウントとパスワードは、MIMEエンコードしたものが必要です。次の実行結果をAUTH PLAINのあとに入力してください。例はユーザーguest、グループmailg、パスワードpasswordの場合です※。

```
$ printf 'guest\0guest\0password' | mmencode
Z3Vlc3QAZ3Vlc3QAcGFzc3dvcmQ=    ←この文字列をAUTH PLAINのあとに入力する
```

▶ SMTP AUTH認証のテスト

```
% telnet mail.testhoge.net smtp
220 mail.testhoge.net ESMTP Postfix
EHLO mail.testhoge.net    ←自ドメインを入力
250-mail.testhoge.net
250-PIPELINING
250-SIZE 10240000
250-ETRN
250-AUTH LOGIN DIGEST-MD5 PLAIN CRAM-MD5
250-AUTH=LOGIN DIGEST-MD5 PLAIN CRAM-MD5
250 8BITMIME
AUTH PLAIN Z3Vlc3QAZ3Vlc3QAcGFzc3dvcmQ=    ←MIMEエンコードしたアカウントと
235 Authentication successful                パスワードを入力する
quit
```

【ユーザー名】printfのあとには、ユーザー名を2回記述する。ユーザー名とグループ名ではないことに注意。

この例のようなメッセージが返ってくればOKです。あとは実際に、メーラでテストを行ってみてください。

> **Tips** インターネット上の多くのメールサーバが、メールの不正な第三者中継の踏み台となっています。このようなホストをリストアップし、ブラックリストとしてまとめているサイトがあります。Postfixでは、このようなブラックリストに載っているサイトからのメールを拒否する設定が行えます。
>
> たとえば、ordb.orgとspamhaus.orgのブラックリストをチェックして拒否を行う設定は、次のようになります。
>
> ▶ブラックリストを利用するmain.cfの記述例
>
> ```
> smtpd_client_restrictions = permit_mynetworks,
>     reject_rbl_client relays.ordb.org,     ←ordb.orgと
>     reject_rbl_client sbl.spamhaus.org,    ←spamhaus.orgのDBを利用
>     permit
> ```
>
> 利用可能なブラックリスト提供サイトを探すには、次のサイトが役に立ちます。
>
> ▶dnsを使って参照できるspam対策用ブラックリスト（塚本 弘氏）
>
> ```
> http://spam.h1r.org/blacklists.html
> ```
>
> また、自分のサイトが踏み台にされていないかどうかを確認するには、212ページで紹介したmail-abuse.orgなどのほか、次のページが役立ちます。
>
> ▶SPAMと第三者中継（有限会社長崎ネットワークサービス）
>
> ```
> http://www.nanet.co.jp/rlytest/index.html
> ```

TLS（暗号化通信）の設定

TLS[※]というのは耳慣れない言葉だと思いますが、SSLを利用した暗号化通信技術だといえば理解しやすいと思います。IETFがまとめたインターネット標準規格です。

TLSによりデータを暗号化することができるため、SMTP AUTHで利用するデータを盗聴から保護することが可能になります。ただし、メールを中継後のサーバからサーバの通信は暗号文ではなく、平文で流れることになります。

【TLS】 Transport Layer Security

●OpenSSLのインストール

TLSの利用に必要なSSLのインストールについては、第3章（→P.142）をご覧ください。

◆PostfixにTLSパッチを適用する

TLSを使用するには、Postfixのソースコードにパッチをあてる必要があります。次のサイトでpfixtlsパッチが配布されていますので、ダウンロードしてください。

なお、本書執筆時点ではPostfix-2.1.3へのパッチが最新版ですので、TLSを使用する場合、Postfixも2.1.3を用意する必要があります。

▶TLSパッチpfixtlsの配布元サイト

```
ftp://ftp.aet.tu-cottbus.de/pub/postfix_tls/
```

Postfixとpfixtlsの配布ファイルを同じディレクトリに展開し、パッチをあてます。次のように実行してください※。

▶Postfixにpfixtlsパッチをあてる

```
$ cd ~/src
$ tar zxvf postfix-2.1.3.tar.gz
$ tar zxvf pfixtls-0.8.18-2.1.3-0.9.7d.tar.gz
$ cd postfix-2.1.3
$ patch -p1 < ../pfixtls-0.8.18-2.1.3-0.9.7d/pfixtls.diff
patching file Makefile.in
patching file conf/master.cf
patching file conf/postfix-files
          :
```

◆SASL／TLS対応Postfixのインストール

以前にpostfixをmakeしたことがある場合は、ソースを展開したディレクトリから不要なデータを削除するため、作業前にmake tidyを実行しておきます。

```
$ make tidy
```

次に、SASLとSSLに対応したMakefileを作成するために、CCARGSとAUXLIBSにヘッダファイルとライブラリの情報を指定してmakeし、インストールします。

※【パッチのバージョン】Postfixのソースのバージョン（ここでは2.1.3）と、パッチpfixtlsの対象バージョン（2組目の数字）が一致していることが必要。

▶SASL／TLS対応Postfixのインストール

```
$ make makefiles CCARGS='-DUSE_SASL_AUTH -DHAS_SSL \
  -I/usr/local/include/sasl' \
  AUXLIBS='-L/usr/local/lib/sasl2 \
  -L/usr/local/ssl/lib -lsasl2 -lssl -lcrypto'
$ make
$ su
# make install
```

TLSを使用する場合のmaster.cfの設定

TLSを使うためには、master.cfに次の2行を追加する必要があります。

```
smtps    inet n - n - - smtpd
  -o smtpd_tls_wrappermode=yes          ── 実際には1行で入力する
  -o smtpd_sasl_auth_enable=yes
tlsmgr   fifo - - n 300 1 tlsmgr
```

最初のsmtpsは、TCP/465でポートオープンします。内容としては、smtpプロトコルを暗号対応して待ち受けるための記述となっています。もし、STARTTLSのみ（TCP/25）で暗号化するなら、smtpsの指定は必要ありません。この場合、最初の接続は暗号化されていませんが、STARTTLSコマンドを送出すると暗号化通信のセッションになります。

2つ目のtlsmgrは、TLSセッションキャッシュの管理を行うためのプログラムです。

鍵と証明書の設定

ここでは第三者認証局を使用せず、サーバ側で自己署名をした証明書を作成します。すでにApacheの章でサーバ証明書を作成しているなら、それを流用するのがいちばん簡単な方法です。

まず、Apacheの証明書をコピーします。

```
# cat /opt/www/conf/ssl/server.key > /etc/postfix/server.key
# cat /opt/www/conf/ssl/serverca.crt > /etc/postfix/server.crt
```

次に、エディタでserver.keyとserver.crtを開き、server.kcyはKEY部分（上部）だけ残して削除してください。server.crtは、CRT部分（下部）を残して削除します。

そして、main.cfを次のように設定してください。

▶TLSを使用するmain.cfの設定

```
# for tls config
smtpd_tls_cert_file = /etc/postfix/server.crt
smtpd_tls_key_file = /etc/postfix/server.key
smtpd_tls_session_cache_database = sdbm:/etc/postfix/smtpd_scache
smtpd_use_tls = yes
```

以上の作業が完了したら、Postfixをリロードするか、停止して再スタートを行ってください。

```
# /usr/local/libexec/postfix start
```

バーチャルドメインの設定

送信設定

バーチャルドメインの設定は、送信と受信で若干異なります。まず、送信時のアドレスについて解説します。

この機能をPostfixで実現するには、Canonical address mappingという機能を使います。

①main.cfにsender_canonical_mapsを設定

まずmain.cfに、sender_canonical_mapsのディレクティブを設定します。ここでは、マップを記述したファイルを指定します。

▶main.cfの設定例

```
sender_canonical_maps = hash:/etc/postfix/sender_canonical
```

sender_canonicalファイルでは、「実ユーザー　対応するバーチャルドメインのユーザー」という書式でユーザーを列挙します。これにより、実ユーザーで送信したメールの送信者アドレスが、バーチャルドメインのユーザーに書き換えられます。

▶ sender_canonical ファイルの記述例

```
user1@testhoge.net     user1@testhoge.jp
user22@testhoge.net    user2@testhoge.jp
user33@testhoge.net    user33@testhoge.jp
```

②ハッシュデータベースを作成し、設定を反映させる

postmapコマンドでsender_canonicalのハッシュデータベースを作成し、postfixをリロードします。

```
# /usr/local/bin/postmap sender_canonical
# /usr/local/bin/postfix reload
```

postmapは、処理を高速化するためにテキストベースの設定ファイルをデータベース形式に変換するコマンドです。これにより、sender_canonicalはsender_canonical.dbに変換されます。

なお、main.cfで「hash:」を付けて「hash:sender_canonical」と指定した場合、実際にはsender_canonical.dbが参照されるので、拡張子「.db」を指定する必要はありません。

受信設定

受信設定の場合も、送信設定の仮想ドメインのような記述が必要となります。/etc/postfix/virtualを開いて編集を行ってください。「受信ユーザー　実在ユーザー」のフォーマットで記述します。

▶ /etc/postfix/virtual の記述例

```
user1@testhoge.jp      user1@testhoge.net
user22@testhoge.jp     user22@testhoge.net
user33@testhoge.jp     user33@testhoge.net
```

設定したら次のコマンドを実行します。

```
# postmap hash:/etc/postfix/virtual
```

これで/etc/postfix配下にvirtual.dbができます。確認してください。

4-2 Postfixの設定

次に、Postfixで仮想ドメインの受信登録をします。

▶ /etc/postfix/main.cf

```
virtual_alias_maps=hash:/etc/postfix/virtual
```

編集が終わったら、設定を読み込み直します。

```
# /usr/local/bin/postfix reload
```

そのほかの基本設定

エイリアスの設定

　実在するメールアカウントに別名を付ける機能がエイリアス[※]です。たとえばユーザーrootにwebmasterというエイリアスを作っておくと、webmaster宛てのメールは、実ユーザーであるrootに転送されます。

　自分のメールアドレスのニックネームとして使うことも可能ですし、メーリングリストのように、1つのエイリアスで複数のアドレスに転送する設定も可能です。ISPによっては、実際に公開されているアドレスはエイリアスで、本当のメールアカウントは管理上のアドレスとなっている場合もあります。

　エイリアスは、/etc/aliasesまたは/etc/mail/aliasesで定義するのが一般的です。Postfixの場合、デフォルトでは/etc/postfix/aliasesで定義します。

　定義は次の書式で行います。

```
エイリアス：転送先 [,転送先] ...
```

　「転送先」では、実ユーザーのアドレスやファイルの指定のほか、「|command」形式によるコマンドの指定などが行えます。

【エイリアス】alias。別名。

▶ /etc/mail/aliases の設定例

```
root:      myaddress
MAILER-DAEMON: postmaster
postmaster: root
bin:       root
bind:      root
daemon:    root
games:     root
kmem:      root
mailnull:  postmaster
man:       root
news:      root
nobody:    root
operator:  root
pop:       root
smmsp:     postmaster
system:    root
```

　前項で説明したsender_canonicalのように、aliasesも、処理の高速化のためにハッシュデータベースにしてから使います。そこでaliasesファイルからaliases.dbを作る作業が必要になりますが、これを行うのがpostaliasesコマンドです。

　ちなみに、aliases.dbはmain.cf上でalias_mapsという変数値で指定しますが、この記述では拡張子.dbをはずしてください。

　では、実際にエイリアスファイルをバイナリ形式に変換します。次のコマンドを実行します。

```
# postalias /etc/postfix/aliases
```

結果として同じディレクトリにaliases.dbというファイルができているはずです。

　さらに、更新されたaliases.dbファイルを動作中のPostfixに反映させる必要があります。これにはコマンドnewaliasesを実行します。

```
# newaliases
```

これでエイリアスの設定が完了しました。

そのほかのmain.cfの設定項目

ここまでで紹介できなかった、main.cfの主要パラメータについて説明します。

```
mail_owner = postfix
```

メールのオーナーユーザーをpostfixとします。

```
setgid_group = postdrop
```

メールのオーナーグループをpostdropとします。

```
myhostname = mail.testhoge.net
```

サーバのFQDNを定義します。

```
mydomain = testhoge.net
```

ドメイン名を定義します。

```
myorigin = $mydomain
```

送信メールのFromアドレスに@以降がない場合、補完するドメイン名を定義します。

```
inet_interfaces = all
```

postfixが接続を受け付けるインターフェイスを指定します。複数のNICがあり、特定のNICのみ受け取る場合は「eth0」のように指定します。

```
mynetworks = 192.168.1.0/24, 127.0.0.0/8
```

リレーを許可するIPレンジを指定します。ここで指定したIPアドレスからのメールは、無条件に中継を許可します。

```
mydestination = $myhostname, localhost.$mydomain, $mydomain
```

　Postfixが受信する際に、受け取ることが可能なドメイン名を列挙します。受信時にこの変数に定義されたドメイン名にマッチすると、ローカルのメールボックスに配送されます。バーチャルドメインを作る際は、この変数にも受信ドメイン名を定義するようにしてください。

```
alias_maps = hash:/etc/postfix/aliases
```

　エイリアスデータベースファイルの設置箇所を定義します。カンマで区切って、複数列挙することができます。通常はalias_databaseと同じ設定にします。

```
alias_database = hash:/etc/postfix/aliases
```

　エイリアスデータベースファイルの設置箇所を定義します。ここで指定するのは、データベース化されたバイナリファイルのベース名（拡張子を除いた名前）部分です。
　エイリアスの管理を行うには、このベース名と同じ名前のテキストファイルを編集します。変更後、newaliasesコマンドを実行すると、内容がデータベースファイル、および稼動中のpostfixに反映されます。テキストファイルからバイナリファイルを最初に作るときは、postaliasコマンドを使用します。

```
mail_spool_directory = /var/spool/mail
```

　メールのスプールディレクトリを指定します。

```
allow_mail_to_commands = alias,forward,include
```

　外部コマンドへのメール配送についての制限を定義します。デフォルト設定の「alias,forward」では、外部インクルードファイルの中にある「|command」は制限されます。これを許可したい場合は、includeを追加してください。

4-2 Postfixの設定

```
relay_domains = $mydestination
```

　リレーを許可する宛先ドメイン名を定義します。ここで定義したドメイン宛てのメールは、無条件に配送されます。

```
relayhost = fw.testhoge.net
```

　上位のMTAに転送してメール配送を依頼する場合、転送先MTAを定義します。自分自身が直接外部にメールを送信できない場合などに使用します。

```
transport_maps = hash:/etc/postfix/transport
```

　宛先ドメインに応じて、別々のMTAに転送依頼をしたい場合に指定します。指定したファイルに、宛先ドメイン名と転送先のペアを指定します（→P.237）。
　transportの設定後、次のコマンドを実行する必要があります。

```
# postmap /etc/postfix/transport
```

```
home_mailbox = Maildir/
```

　メールボックスファイルを指定したいときに使用します。「Maildir/」のようにディレクトリを指定すると、Maildir形式のメールボックスとなります。

　なお、ここで説明したパラメータは、全体のごく一部にすぎません。しかし、中小規模のメールサーバで特に複雑な運用をしない場合は、これだけ押さえておけば十分だと思います。
　もっと本格的に設定を行うときは、次のサイトを参考にするといいでしょう。

▶ Postfixのページ

```
http://www.kobitosan.net/postfix/
```

●アクセス制限の設定に必要な項目

　main.cfのうち、アクセス制限に関係するパラメータとしては次のようなものが重要です。

　なお、ここでいうアクセス制限はスパムのフィルタではなく、メールサーバへのアクセスを、ネットワークおよびホストレベルで行うという意味です。

▶ 配送元と配送先の指定

```
mynetworks = 192.168.0.0/24, 127.0.0.0/8
mydestination = $myhostname, localhost.$mydomain, $mydomain
```

▶ 送信先の中継サーバの指定

```
relayhost = mail.host.domain
```

　ファイアウォールがメールの中継サーバになっている場合、LANセグメント側のメールサーバにはrelayhostとしてファイアウォールのLAN側アドレスが必要です（→P.235「ハブ構成の設定」）。しかし、特別なユーザーや特別なネットワークに関しては、リレーさせたくない場合があります。

　たとえば、ファイアウォール通過時にアンチスパムやアンチウィルスのスキャンを行っていて、支店や工場のネットワークでもメールサーバを持っている場合、同一のアンチスパム／ウィルスの処理が二重に発生します。これをなくすために、transportとrelayhostを組み合わせて中継のアクセス制御を行います。そのほか、transportは許可して、relayhostでは捨てるために向かわせるホストにするというのが典型的な手法です。

▶ メール中継のフィルタリング

```
smtpd_recipient_restrictions =
    permit_mynetworks,            ←$mynetworks定義ずみなら許可
    permit_auth_destination,      ←自ホスト宛ては許可
    permit_sasl_authenticated,    ←認証ずみは許可
    reject                        ←そのほかは中継拒否
```

　この設定はメールの受信者アドレスをもとに、制限を加えるために使用します。

　このほかにも、送信者をもとに制限するsmtpd_sender_restrictionsや、メールソフトを確認して制限を加えるsmtpd_client_restrictionsなどがあります。

一般には、スパム対策としてよく使われるのはsmtpd_recipient_restrictionsです。これは、第三者のなりすましを防ぐ効果があるからです。

smtpd_sender_restrictionsは、許可していない送信者からのメールを自サイトから出さない目的で使われます。ただし、たとえばユーザーIDとメールアドレス（@の左辺）が異なるような使い方をする場合、正当なユーザーのメールも送信されなくなることがあるので、注意が必要です。

.forwardの設定

ユーザーのホームディレクトリに、転送ルールを記述した.forwradというファイルを置くことで、アカウントレベルのメール転送を行えます。

.forwardを使用して転送を行うには、main.cfの次のパラメータに.forwardがあることを確認しておきましょう。include,aliasも同様です。

```
allow_mail_to_files=alias,forward,include
forward_path = $home/.forward$recipient_delimiter$extension,$home/.forward
```

以下、簡単な設定例をあげます。

●メールのコピーを転送する

別のアドレスに転送すると同時に、自分のメールボックスにもメールを残す方法です。.forwardに書き込む書式は、メールボックスの形式によって2種類あります。

▶mbox形式の場合の記述形式

```
アカウント名,転送先アドレス
```

▶Maildir形式の場合の記述形式

```
~/Maildir/
転送アドレス
```

●転送のみ行う設定

単純にほかのアドレスに転送し、自分のメールボックスにメールを残さない場合は、次のように記述します。記述形式は共通で、単に転送アドレスを書くだけです。

●メールをコマンドにリダイレクトする

パイプを使ってメールをプログラムの標準入力に渡すこともできます。次のように記述します。

```
|/usr/bin/mailagent
```

もしパイプするプログラムに引数があるなら、ダブルクォーテーション（" "）で囲みましょう。

たとえば、メーリングリストに流れたメールをhtmlコンテンツに変換して履歴管理画面を作るようなスクリプト、generate-html-list.plがあるとします。その場合、メールを適当なユーザーに転送するように設定し、そのユーザーの.forwradで、次のように指定します。

```
"| /opt/auto/generate-html-list.pl"
```

スパム対策の設定

Postfixによるスパム対策の概要

Postfixには、スパム対策に利用できるさまざまな設定機能が付属しています。もちろん、すべてのスパムを完璧に排除できるわけではないので、足りない部分はほかのソフトやユーティリティを用いて実現してください。

Postfix自体が持っているスパム対策機能は、次のとおりです。

▶Postfixのスパム対策機能

①SMTPサーバの中継機能を使った、なりすましや不正中継の排除
②メール接続時点の不正接続者の排除
③ヘッダやサブジェクト、本文に記述されているキーワードを検索し、不正対策用のキーワードとマッチしたものを廃棄

①については、すでに紹介したSMTP AUTHとPOP Before SMTPが有効です。また、main.cfの基本的な設定として、「そのほかのmain.cfの設定項目」の「アクセス制限の設定に必要な項目」（→P.230）で紹介したパラメータの設定が重要です。

②も①と同様の設定で行いますが、特にsmtpd_recipient_restrictionsの設定が重要となります。

4-2 Postfixの設定

ここで紹介するのは、③の方法である正規表現を使ってメールの中身を検査し、その結果によって制限を加える方法です。

●フィルタリング機能を有効にする設定

Postfix内蔵のフィルタリング機能を利用するには、main.cfに次のような設定を追加します。

▶ フィルタリング機能を有効にするmain.cfの設定

```
header_checks = regexp:/etc/postfix/header_checks
body_checks   = regexp:/etc/postfix/body_checks
```

header_checksとbody_checksは、フィルタリングルールを記述するファイル名です。それぞれ、ヘッダに対するフィルタリングと本文(ボディ)に対する正規表現ルールを記述します。

Postfixの起動中に上記の設定を追加した場合は、有効にするためにPostfixを再起動してください。

続いてフィルタリングのルールを、これらのファイルに記述します。書式は次のようになります。

▶ フィルタリングルールの書式

```
/正規表現/ {OK|IGNORE|REJECT|WARN|DISCARD|FILTER}
```

正規表現のあとに書く命令の意味は次のとおりです。

▶ 処理の種類と命令

命令	意味
OK	許可
IGNORE	受信するが、配信せずに破棄
REJECT	エラー扱いで受信拒否
WARN	ログに記録
DISCARD	正常に受信したように振る舞うが、実際には破棄する
FILTER	ほかのフィルタを評価する

ファイルを作成したら、データベース形式に変換しておきます。

```
# cd /etc/postfix
# postmap header_checks
# postmap body_checks
```

これでheader_checks.dbとbody_checks.dbが作成されます。Postfixの再起動は必要ありません。

スパムフィルタリングの設定例

以下、フィルタリングの例をいくつかあげましょう。

●ヘッダのチェック

まず、ヘッダの内容をチェックする例です。header_checksに入れてください。

```
/^X-Mailer:*PostMaster General/ REJECT
/^X-Mailer:*Douhou@Mail.*version/ REJECT
/^X-Mailer:*The Bat!/ REJECT
/^X-Mailer:[0-9A-F]*\.[0-9A-F]*\.[0-9a-f]*/ REJECT
```

ヘッダX-Mailerの行に、指定した文字列があれば配送を拒否します。ちなみに、Douhou@Mailはメールマガジンの世界で広く使われています。もともと広告一括配信用の商品なのですが、悪用されてしまうこともあります。

●ボディのチェック

次の例では、ボディの内容をチェックしています。body_checksに入れてください。

```
/name=.*\.scr/ REJECT
/name=.*\.scr\.exe/ REJECT
```

これはOutlook Express向けウィルス対策で、メール本文の中に「name=○○.scr」「name=○○.scr.exe」というパターンが含まれている場合は拒否します。

メールへのバイナリファイルの添付はMIME規格で実装されているのが大半ですが、この際、ファイル名は「name="ファイル名"」というパターンで指定されます。そこで、「○○.scr」「○○.scr.exe」というファイルが添付されているメールは拒否するというものです。

ちなみに、拡張子scrはスクリーンセーバーの実行形式で、2004年に流行したウィルスメールSkynetやLoveGateなどは、このパターンです。

●そのほかの例

最後に、そのほかの正規表現のサンプルをあげておくので、作成してみてください。

▶ サブジェクトと送信先を見て拒否

```
/^Subject: make money fast/ REJECT
/^To: friend@public\.com/ REJECT
```

最後に、添付ファイルが「.scr」「.pif」「.exe」「.cmd」という、いかにも危険そうな名前の拡張子の場合は拒否する例です。

```
/name=.*\.[Ss][Cc][Rr]/ REJECT
/name=.*\.[Pp][Ii][Ff]/ REJECT
/name=.*\.[Ee][Xx][Ee]/ REJECT
/name=.*\.[Cc][Mm][Dd]/ REJECT
```

メールの静的転送設定

ハブ構成の設定

ハブ構成とは、いくつか存在する内部のメールサーバが外部にメール送信する際、直接外部のホストと接続せず、ハブとなるSMTPサーバにメール転送を依頼する構成のことです。つまり、そのサイトのすべての外向きのメール配送は、ハブホストが行うことになります。

たとえば、ファイアウォールの内側にあるDMZセグメントに外部と直接やりとりするSMTPサーバを置き、このホストをハブホストとする構成となります。

この形態は、外部と直接やりとりするメールサーバと内部でユーザーとやりとりするサーバが分離できるため、セキュリティ面で利点があります。また、AntiVirusやAntiスパムといったソリューションを1か所でまとめて処理できるので、複数のメールサーバを配置している会社では、管理面でもメリットがあります。

▶ シンプルなメールサーバの構成例

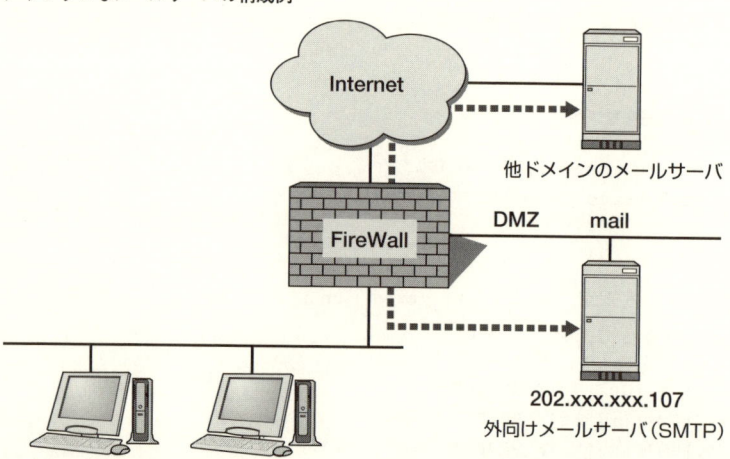

他ドメインのメールサーバ

Internet

FireWall DMZ mail

202.xxx.xxx.107
外向けメールサーバ(SMTP)

▶ ハブ構成の例

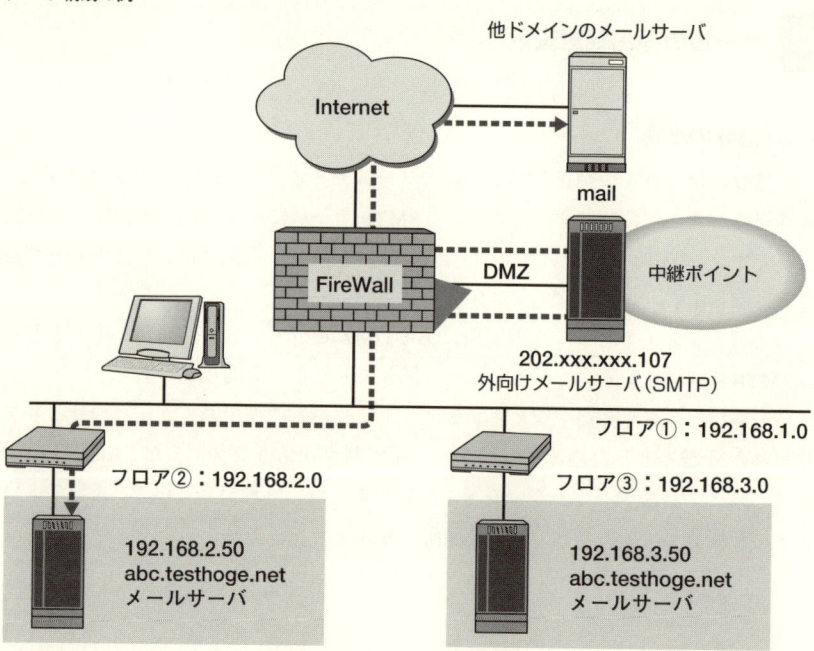

他ドメインのメールサーバ

Internet

mail

FireWall DMZ 中継ポイント

202.xxx.xxx.107
外向けメールサーバ(SMTP)

フロア①：192.168.1.0

フロア②：192.168.2.0　　　　　フロア③：192.168.3.0

192.168.2.50
abc.testhoge.net
メールサーバ

192.168.3.50
abc.testhoge.net
メールサーバ

●ハブホストの設定

ハブホストのmain.cfには、次のような設定が必要です。

▶ ハブホストのmain.cfの例

```
relay_domains = abc.testhoge.net, xyz.testhoge.net
mynetworks = 202.xxx.xxx.104/29 192.168.1.0 192.168.2.0 192.168.3.0

transport_maps=hash:/etc/postfix/transport
```

relay_domainsの設定では、外部と中継する際にどのドメインを対象にリレーを行うか決定します。relayhostでは、外部送出の際に中継するホストを定義しましたが、ここでは逆に、中継対象のドメインを記述します。

mynetworksの設定では、不正な接続を取り除くために、配信を許可するネットワークのアドレスを記述します。

transport_mapsの設定では、配信されるメールのドメインをチェックし、どのメールサーバへ送るのかについて最適化決定します。いわば、メールのルーティングテーブルのようなものです。

main.cfの最後に指定したファイル、/etc/postfix/transportには次の記述が必要です。

▶ /etc/postfix/transportの設定例

```
abc.teshoge.net  smtp:192.168.2.50
xyz.teshoge.net  smtp:192.168.3.50
```

これにより、左のドメイン宛てのメールは、右のIPアドレスに転送するようになります。つまり、外部から受信したメールは、内部用メールサーバに転送されるようになります。

設定したら、postmapを実行してtransportファイルをデータベース化します。

```
# postmap /etc/postfix/transport
```

●内部メールサーバの設定

外部へのメール転送をハブホストに依頼する内部メールサーバは、main.cfに次の記述が必要です。

▶ 内部メールサーバのmain.cfの例

```
local_recipient_maps=
relayhost=[202.xxx.xxx.107]
fallback_transport=smtp:[202.xxx.xxx.107]
```

relayhostの設定により、自力で配送できないメールはハブホストに転送するようになります。転送先を [ ] で囲んで指定すると、いちいちDNSのMXレコードを参照せずに転送を行います。

設定を行ったら、Postfixをリロードしてください。

特定ドメイン宛てのメールを転送する設定

ハブ構成における内部メールサーバの設定と異なり、一部のドメイン宛てのメールだけ、ほかのメールサーバに転送を依頼する設定です。ハブホストのmain.cfで行った、transportの設定だけを利用するかたちです。

なお、transportの設定とrelayhostはまぎらわしい設定項目ですが、何が違うのでしょうか。

基本的な動作は変わりません。Postfixは、中継・配送を行う場合、tranportの設定をいちばん先に評価します。transportでは、ルールに記述されているドメイン名を認識して振り分けや中継を行います。もし、このルールにないドメイン宛てのメールを受信・あるいは送信した場合はrelayhostを評価します。ですから、relayhostは無条件で通過させるデフォルトの中継サーバという位置づけになります。

ここでは、example.net宛てのメールはローカル配送し、testhoge.net宛てのメールは210.xxx.xxx.100に転送する、という例を示します。main.cfの記述は次のようになります。

▶ man.cfでのtransportの設定例

```
transport_maps=hash:/etc/postfix/transport
```

次に、ハブホストの場合と同様、transportファイルを編集します。

▶ /etc/postfix/transport の設定例

```
example.net             local:
.mail.example.net       local:
testhoge.net            smtp:[210.xxx.xxx.100]
.mail.testhoge.net      smtp:[210.xxx.xxx.100]
```

最後に、postmap を実行して transport ファイルをデータベース化します。

```
# postmap /etc/postfix/transport
```

Tips 　携帯電話の事業者は、逆引きが不正なメールサーバや、特定のIPブロックのメールサーバは拒否するなど、スパム防止のためにかなり厳しい設定を施しています。このため、メールサーバに特におかしな設定をしているわけでもないのに、携帯電話宛てのメールがうまく配送されない場合があります。
　こういうケースでは、契約しているプロバイダのメールサーバなど、中継を許可してくれるメールサーバがある場合、そのサーバに転送を依頼する設定で問題を回避できることがあります。たとえば、次のように設定します。

▶ /etc/postfix/transport の設定例

```
# ezweb宛てメールの転送
.ezweb.ne.jp      smtp:[中継を許可しているメールサーバ名]
ezweb.ne.jp       smtp:[中継を許可しているメールサーバ名]

# docomo宛てメールの転送
.docomo.ne.jp     smtp:[中継を許可しているメールサーバ名]
docomo.ne.jp      smtp:[中継を許可しているメールサーバ名]

# vodafone宛てメールの転送
.vodafone.ne.jp   smtp:[中継を許可しているメールサーバ名]
vodafone.ne.jp    smtp:[中継を許可しているメールサーバ名]
```

4-3 POPサーバの構築

qpopperは、メールスプールのあるリモートホストから、自分のメールを取り出すことを可能にするプログラムの1つです。POP3※プロトコルに対応しており、MozillaやOutlook Expressなどのメーラからpop3プロトコルでメールを取り出す際に使用します。

qpopperの最新版は、次のサイトからダウンロードできます。本書執筆時点での最新版は、qpopper4.0.5.tar.gzです。

```
ftp://ftp.qualcomm.com/eudora/servers/unix/popper/
```

プレーン認証のPOPサーバ

まず、ごく一般的なプレーンパスワード認証のPOPサーバを構築してみます。
解凍とコンパイル、インストールは次のように行います。

```
$ cd ~/src
$ tar zxvf /tmp/qpopper4.0.5.tar.gz
$ cd qpopper4.0.5
$ ./configure
$ make
$ su
# make install
```

qpopperは、スーパーサーバ経由で起動します。
inetdの場合、/etc/inetd.confに以下を追加します。

▶/etc/inetd.confの例

```
pop-3 stream tcp nowait root /usr/local/lib/popper popper -s
```

【POP】 Post Office Protocol。そのversion 3がPOP3。

4-3 POPサーバの構築

xinetdの場合、/etc/xinetd.d にpopperというファイルを生成し、次のように記述します。

▶/etc/xinetd.d/popperの設定例

```
service pop-3
{
    socket_type = stream
    protocol    = tcp
    user        = root
    wait        = no
    disable     = no
    server      = /usr/local/sbin/popper
    server_args = -s
}
```

なお、インストール方法によっては、popperがほかの場所にあるかもしれません。環境に合わせて設定を変更してください。

設定が終わったら、スーパーサーバの設定を再ロードします。inetd/xinetdのプロセス番号をpsコマンドで確認し、次のように実行してください。

```
# kill -HUP <inetd/xinetdのプロセス番号>
```

●動作確認

telnetで接続し、以下のように出てくればPOPサーバは起動されています。

```
> telnet mail.testhoge.net 110
Trying mail.testhoge.net...
Connected to mail.testhoge.net.
Escape character is '^]'.
+OK Qpopper (version 4.0.5) at mail.testhoge.net starting.
```

●TCP Wrapperによるアクセス制限

POP接続のセキュリティはパスワード認証に依存しているため、外部からの接続を許していれば、パスワード破りなどの攻撃にさらされることは必至です。基本的には、inetdまたはxinetdで、LAN側からのPOPアクセス以外は制限するべきでしょう。

外部からのPOP接続を一切受け付けないのであれば、iptablesでフィルタリングし

てしまう手もあります。しかし、出張先や自宅のネットワークなど、一部のドメインには接続を許可したい場合もあります。そういうケースでは、手軽に設定できるinetd/xinetdで接続制限をかけるのがよいでしょう。

たとえばLANからの接続と、信頼できるドメインexample.co.jpからのPOP接続を許可する場合、/etc/hosts.allowに次のように記述します。

```
pop3 : localhost : allow
pop3 : 192.168.0.0/255.255.255.0 : allow
pop3 : 172.16.0.0/255.255.0.0 : allow
pop3 : .example.co.jp : allow

         :

ALL: ALL: DENY
```

xinetdについても、同様の方法で設定できます。

APOP認証のPOPサーバ

APOP[※]は、POPサーバ接続時の通信内容を暗号化するプロトコルです。これにより、盗聴されてもパスワードが流出する危険を防ぐことができます。

qpopperソースの解凍操作は前項と同じです。続いて、APOPに対応するようにconfigureを行い、コンパイル、インストールします。この際、APOPの実行に必要なユーザーの指定が必要です。ここではユーザーpopを指定しています。

▶APOP対応のコンパイル例

```
$ ./configure --enable-apop=/etc/pop.auth \
    --with-popuid=pop
$ make
$ su
# make install
```

「--enable-apop=/etc/pop.auth」によって、暗号化で認証パスワードを交換するための仕組みをqpopperに導入するのと同時に、認証時に使うログインパスワードのデータベースを指定しています。

【APOP】 Authenticated Post Office Protocol

次に、ユーザーpopを作成します。

```
# adduser pop
```

最後に、APOPで使用するデータベースファイルを初期化します。

```
# popauth -init
```

● popauthによるユーザー管理

APOPに接続するユーザーを管理するには、popauthコマンドを使います。

▶ 管理者によるユーザーの追加

```
# popauth -user ユーザー
```

▶ 管理者によるユーザーの削除

```
# popauth -delete ユーザー
```

▶ ユーザー自身によるパスワードの変更

```
$ popauth
```

4-4 IMAPサーバの構築

IMAPの概要

POPサーバからメールを受信する場合、未読のメールは自動的に、すべてクライアントホストに転送されます。このため、メールが多いときは転送に時間がかかるうえ、ディスク容量の小さいモバイル機器ではまめに不要メールを削除しなくてはならないなど、不便な点が目につきます。

IMAP[※]は、このようなPOPサーバの使い勝手の悪さを解消してくれるサービスです。IMAPを使用すると、サーバから着信メールの一覧情報のみ取得して表示することができます。表示されるメール本文は一時的にメモリ上に展開されているものなので、通常の作業では、メールはクライアントホスト上には残りません。したがって、常にサーバ側にメールが残っているのがIMAPの特徴です。この結果、複数のPCからアクセスしても、同じ内容を見ることができます。

IMAPの場合、メールの格納形式はmbox形式ではなく、Maildir形式になります。Maildir形式では、メール1つが1つのファイルであるため、検索が非常に速いという特徴を持っています。

一方、メールボックスを設置するディスクでは、小さいファイルが大量に作られるため、ブロックのサイズやinodeの数をよく考えてディスクフォーマットを行うことが大切です。下手をすると、ディスク容量を使い切る前にinodeの枯渇でファイルが作れなくなったり、ブロックが大きすぎてディスクの消費が早くなる可能性があります。

なお、ここで紹介するIMAPサーバは、Courier-IMAPというメールサーバです。Courierメールサーバは、全体としてメールサーバのひととおりの機能を備えるプログラム群で、各プログラムがそれぞれパッケージ化されてリリースされています。Courier-IMAPはそのうちの1つです。ほかにはESMTP、POP3、Webmail、メーリングリストも用意されています。1つのメールディストリビューションでなんでも揃ってしまうすぐれものです。

Courier-IMAPの機能を簡単にまとめておきます。

【IMAP】Internet Message Access Protocol

- 日本語対応。コードはiso-2022-jp。日本語検索、日本語フォルダ名も可
- POP3とIMAPの両方に対応
- CRAM-MD5やDIGEST-MD5などのチャレンジング認証に対応
- バーチャルドメインをサポート
- OSの認証機構であるパスワード/PAMにMYSQL、LDAP、独自ファイルを含め、多彩な認証が有効
- IMAP over SSLを実装。さらに、IMAP STARTTLS extensionもサポート
- POP/IMAP Before SMTPに対応可能（dracパッチが必要）
- サーバサイドでメールをソートする機能を実装
- Maildir形式に対応（mbox形式は未対応）
- 同一アドレスと同時ログインIDのアクセス制御機能を実装

Courier-IMAPの導入

必要なモジュールのインストール

　Courier-IMAPのバージョン4以降、認証用のライブラリとデーモンのインストールが必要になりました。Courier-IMAPはさまざまな認証データベースを利用できるため、認証時の共通インターフェイスとしてこのデーモンが動作します。

　まず、Courier-IMAPと同じサイトからCourier-authlibをダウンロードして、解凍してください。

```
$ cd ~/src
$ tar xvjf Courier-authlib-0.55.tar.bz2
```

　次に、環境のチェックとコンパイル用の設定を行い、コンパイルします。Red Hat系の環境では、--with-redhatが必要になります。

```
$ ./configure --with-redhat      ←Red Hat系では--with-redhaが必要
$ make
```

　インストール手順は次のとおりです。

```
$ su
# make install
# make install-migrate
# make install-configure
```

インストールが終わったら、認証用のデーモンプログラムを起動する必要があります。デフォルトでは、認証デーモンauthdaemondは/usr/local/sbinに置かれます。この場合、次のようにして起動します。

```
# /usr/local/sbin/authdaemond start
```

ダウンロードとコンパイル、インストール

まず、Courier Mail Serverのサイトに接続して最新のバージョンをダウンロードします。

▶Courier-IMAP配布元サイト

```
http://www.courier-mta.org/?download.php
```

本書執筆時点での最新版はVersion 4.0.2（03-Mar-2005）で、ファイル名はcourier-imap-4.0.2.tar.bz2です。

次に、Courier-IMAPのconfigureとコンパイルの手順を紹介します。一般ユーザーで行う必要があるので注意してください。

▶Courier-IMAPのコンパイル

```
$ cd ~/src
$ tar jxvf courier-imap-4.0.2.tar.bz2
$ cd courier-imap-4.0.2 ./configure --prefix=/usr/local \
   --without-ipv6 \          ←IPv6が必要なければ追加
   --with-db=db \
   --without-authmysql \     ←認証DBにMySQLを使用しない
   --without-authldap \      ←認証DBにLDAPを使用しない
   --with-redhat             ←Red Hat系の場合はこれが必要
$ make
$ make check
```

続いてインストールを行います。これはrootで行ってください。

```
# make install
# make install-configure
```

4-4 IMAPサーバの構築

● 起動設定

　システム起動時にCourier-IMAPが自動起動されるように、rcスクリプトが作られます。これをinit.dディレクトリにコピーし、シンボリックリンクを張っておきましょう。

▶ 起動スクリプトのコピー

```
# cp /usr/local/libexec/imapd.rc /etc/rc.d/init.d/imapd
# cp /usr/local/libexec/pop3d.rc /etc/rc.d/init.d/pop3d
```

▶ 起動ランレベルに合わせてリンクを張る

```
# ln -s /etc/rc.d/init.d/imapd /etc/rc.d/rc3.d/S99imapd
# ln -s /etc/rc.d/init.d/imapd /etc/rc.d/rc5.d/S99imapd
```

　最後に、IMAP Before SMTPに対応させます。/etc/rc.d/init.d/imapdを次のように修正してください。relay-controlを使って、IMAP before SMTP対応としています。

```
$PORT ${exec_prefix}/sbin/imaplogin $LIBAUTHMODULES \
/usr/sbin/relay-ctrl-allow \     ←この行を追加
${exec_prefix}/bin/imapd Maildir"
```

　IMAPの起動を行います。

```
# /usr/local/libexec/imapd.rc stop
# /usr/local/libexec/imapd.rc start
```

　Courier-IMAPの起動を行います。

```
# /etc/rc.d/init.d/pop3d start
```

● メールボックスの作成

　Courier-IMAPのメールボックスは、各ユーザーのホームディレクトリにMaildir形式で置かれます。これはインストールしただけでは作成されないので、ユーザーごとに作成する必要があります。
　まず該当ユーザーでログインし、ホームディレクトリに移動したあと、maildirmake

コマンドを実行してください。

```
$ cd
$ maildirmake Maildir
```

しかし、新規ユーザーの作成ごとにこの作業を忘れずに行うのは苦痛です。

そこで/etc/skelを使用して、ユーザーアカウントを作成する際に、Maildirが自動生成されるようにすると便利です。

root権限で下記のコマンドを実行してください。これでuseraddコマンドやGUIによるユーザーアカウント作成時に、自動的に該当ユーザーのホームにMaildir形式のディレクトリが生成されます。

```
# maildirmake /etc/skel/Maildir
```

4-5 Procmailの設定

Procmailは、ローカルホストへのメール配送を行う機能を持ったソフトです。設定によってはPostfixの代わりにメールサーバ全体のローカル配送を行うこともできます。また、個々のユーザーの設定によって、配送にProcmailを使うようにすることもできます。ここでは、後者の例を紹介することにします。

Procmailを使用することで、メールの内容に応じて、受信メールを自動的に振り分けできるようになります。この機能を使いたいユーザーは、ホームディレクトリの.forwardと.procmailrcで、あとで述べるような記述が必要です。

たとえば、メールのヘッダ情報や件名、本文などが指定したキーワードにマッチしたものを振り分けたり、転送したり、加工してプログラムに渡すなどの操作が行えます。最近は、スパムメールをゴミ箱へ振り分けるという使い方が多いでしょう。

Procmailのダウンロードとコンパイル、インストール

次のサイトからミラーサイトを探し、procmailをダウンロードしてください。

▶Procmail配布元サイト

```
http://www.procmail.org/
```

続いて、解凍、コンパイル、インストールを行います。

▶Procmailのインストール

```
$ tar -xvfz procmail-3.22.tar.gz
$ cd procmail-3.22
$ make
    :
If you would like to add any, please specify them below,
press return to continue:           ←ここで[Enter]を押す
    :
$ su
# make install
```

Procmail の全体的な設定

Procmail の基本設定を行うファイルが/etc/procmailrc です。ここで設定した内容は、Procmail を利用する全ユーザーに共通のものです（.forward で procmail の利用を設定しないユーザーには影響しません）。

ここでは、メールの件名に「これは儲かる」という文字列が含まれている場合は自動的に削除する、という設定を行ってみます。

▶ /etc/procmailrc の設定例

```
PATH=$HOME/bin:/usr/bin:/usr/ucb:/bin:/usr/local/bin:.
LOGFILE=$HOME/procmail.log
LOCKFILE=$HOME/.lockfile
MAILDIR=$HOME
#
# Automatic scanning keyword in subject on your-mail goto delete
#
:0                          ←「0」のあとに必ず半角のスペースを入れる
* ^Subject:.*iso-2022-jp
* ^Subject:.*\/.*
* ? echo "$MATCH" | nkf -meZ | sed 's/[[:space:]]//g' | \
egrep 'これは儲かる'
/dev/null
```

最後の6行が、条件判定と処理の記述です。「:0 」が処理レシピとフラグの指定、これに続く「*」ではじまる3行（と繰り返しの1行）が条件指定、最後の「/dev/null」がアクションです。

これにより、「Subject が iso-2022-jp で、"これは儲かる"という文字列を含む場合、そのメールは/dev/null に送る」という処理になります。

ユーザー個別の設定

.forward の作成

メールの配送に Procmail を使うかどうかは、ユーザーごとに設定できます。それを行うのが.forward ファイルです。

ホームディレクトリに.forward がない場合は作成し、次のように設定します。

4-5 Procmailの設定

▶ メール配送にprocmailを使用する設定

```
"|IFS=' ' && exec /usr/bin/procmail -f- || exit 75 #username"
```

procmailのパスと「username」部分は、環境に合わせて編集してください。これで、そのユーザー宛てのメールのローカル配送にはProcmailが使われるようになります。

.procmailrcの作成

続いて、ホームディレクトリに.procmailrcを作成します。書式は/etc/procmailrcとまったく同じです。

以下は、.procmailrcのサンプルです。

▶ .procmailrcの設定例

```
PATH=$HOME/bin:/usr/bin:/usr/ucb:/bin:/usr/local/bin:.
LOGFILE=$HOME/procmail.log
LOCKFILE=$HOME/.lockfile
MAILDIR=$HOME/Maildir
#
# Automatic scanning keyword in subject on your-mail goto delete
#
:0                          ←「0」のあとに必ず半角のスペースを入れる
# 特定のメールアドレスからのメールを自動破棄
* From: ^root@localhost.localdomain
/dev/null


# 特定のメールアドレスからのメールを自動転送する処理(1)
:0                          ←「0」のあとに必ず半角のスペースを入れる
* From: ^guest@testhoge.net  ←特定メールアドレス
!arererere-go@yahoo.co.jp    ←転送先（たとえば携帯電話のメールアドレス）


# 特定のメールアドレスからのメールを自動転送する処理(2)
# メーリングリスト的な使い方
:0   ←「0」のあとに必ず半角のスペースを入れる
* ^From:.*somebody          # somebodyがFromに含まれ、
* ^Subject: .*mailing list.*  # 「mailing list」が含まれるなら転送
{                           #
  :0 c                      # cはカーボンコピーの意味
  ! username1@ezweb.ne.jp   #
```

次のページへ続く→

→前ページから続く
```
  :0 c                                #
  ! username2@vodafone.ne.jp          #
  :0 c                                #
  ! username3@docomo.ne.jp            #
  :0 c                                # Fromにsomebodyを含むなら上記に合わせて
  /home/somebody/Mailbox              # Mailboxにコピーする
                                      # もしMaildir形式なら/home/somebody/
                                      # Maildirとなる
  :0                                  #
  somebody/.                          # 最後にsomebodyディレクトリに保存
}                                     # バックログ的に閲覧する場合に便利

#
# ウィルス対策（Lovegate＜Skynetなど）
#
:0
* ^From: .*<_
$HOME/goto-trash/junkmail

:0
* ^Content-Type: .*multipart
{
   :0B:
   * ^         name=.*(\.scr|\.exe)
   $HOME/goto-trash/virusmail
}

:0
* ^Content-Type: .*multipart
{
   :0B:
   * ^Content-Type: .* name=.*(\.scr|\.exe)
   $HOME/goto-trash/virusmail
]
```

ファイルが設置されると、この設定がただちに有効となります。

4-6 メールサービスに関するFAQ

Q1 Postfixを使っていますが、mailqに大量のリクエストが溜まり、なかなか吐き出せない状態です。何が原因でしょうか？

◆

A1 スパムメールのリクエストがたくさん要求され、キューに溜まっているのではないでしょうか。下記の対策を行ってください。

①キューを受け付けなくする方法

main.cfで、次の設定をコメントアウトして無効にします。

```
maximal_queue_lifetime = 0
```

この設定が有効な場合、キューイングが無制限であることを意味します。

②キューをすべて排出する方法

次のいずれかのコマンドで、強制的にキューの排出を行います。

```
# postfix flush
# postqueue -f
```

③指定キューを削除する方法

次のコマンドで、指定したキューを削除します。

```
# postsuper -d <キューID>
```

④キューをすべて削除する方法

次のコマンドで、すべてのキューを削除します。

```
# postsuper -d ALL
```

Q2 イントラネットの内側にあるメールサーバから、外側のメールアドレスを経由してメールが出て行く際に、内部のドメインネームがヘッダに残ってしまい、見た目がよくありません。これを隠したり消したりすることはできますか？

◆

A2 メールゲートウェイのバックエンドのメールサーバ名を書き換える方法があります。

　ホスト名を書き換えるには、メールゲートウェイ（いちばん外側のメールサーバ）で書き換える必要があります。これをマスカレードドメインといいます。

　メールゲートウェイ側のmain.cfの中で次のように記述することで、後方のメールサーバの名前が書き換えられます。

```
masquerade_domains = $mydomain
```

　特定のメールアドレスから来たメールだけはマスカレードせずに送信したい場合、次のようにします。

```
masquerade_exceptions = root admin postmaster webmaster
```

　右辺に並べられたアカウントに関しては、メールアドレスの書き換えは発生しません。

Q3 メールアドレス自体をなんらかの事情で変えてしまったり、ほかのISPに変えてしまったりした場合、それを送り主に知らせる方法はありますか？

◆

A3 バウンスメッセージの一部として返すことが可能です。
　次の記述をmain.cfの中に記述してください。

```
relocated_maps = hash:/etc/postfix/relocated
```

/etc/postfix/relocatedには、次の書式で記述します。

```
key    new_location
```

　keyには旧メールアドレスを記述し、new_locationには新メールアドレスを記述します。このエントリを1行ずつ追加していくことができます。

4-6 メールサービスに関するFAQ

編集し終わったら、Postfixのリロードを行ってください。

これで、バウンスメッセージとともに、新しいメールアドレスを通知させることができます。

Q4 自動的に、送り主にメールを返すような仕組みはありませんか？

◆

A4
vacationプログラムで対応することができます。別名オートレスポンダーと呼ばれるプログラムです。一般ユーザー権限で、次のように設定します。

①返信するためのメッセージファイル（.vacation.msg）をホームディレクトリに作る。

▶.vacation.msgの内容

```
From:hanako@testhoge.net
Subject:Now I'm not in Tokyo.
BODY
Hi,There

From Sunday,I am staying in Okinawa on business trip.
So I couldn't respond to your email.
Please notice,This messages is generate with auto responder via Postfix
```

②vacationの初期化を行う。

```
# vacation -i
```

③ホームディレクトリの.forwardに転送処理を加える。

```
\foo,"|/usr/bin/vacation foo"
```

この例では、ユーザーfoo宛てに送られたメールを保存して、vacationを実行し、vacationメッセージを送信元へ送ります。

Q5 キューに溜まった、配送できないメールを一定の期間のうちにクリアしたいのですが、これは可能ですか？

◆

A5 はい、可能です。
maximal_queue_lifetime変数はキューにとどまる期間を設定するものです。これにより実現できます。デフォルトは5日間です。

Q6 設定ミスのせいでキューに溜まったメールが吐き出せないのですが、どうしたらよいですか？

◆

A6 次のコマンドを実行することで、再キューイングして設定が更新されます。

```
# postsuper -r
```

Q7 スケーラビリティを高くするため、たくさんのプロセスを走らせたいのですが、どうすれば可能でしょうか？

◆

A7 カーネルパラーメータの調整により可能です。
たとえばPostfixのプロセス数を数百にまで増加させると、カーネルは結果的にファイルハンドルを使い果たします。そのあと、プロセススロットを使い果たすでしょう。

/etc/sysctl.conf を持つ Linux システムでブート時にパラメータを設定するには、次の行を加えます。

```
fs.file-max = 16384
kernel.threads-max = 2048
```

実行時にカーネルパラメータを設定するには、次のコマンドをrootで実行します。

```
fs.file-max = 16384
kernel.threads-max = 2048
# echo 16384 > /proc/sys/fs/file-max
# echo 2048 > /proc/sys/kernel/threads-max
```

4-6 メールサービスに関するFAQ

設定はどちらの方法でもかまいません。
なお、この設定はカーネルのバージョンに依存します。確認した限り、カーネル2.4.20以降は紹介した方法で設定できます。

Q8 たくさんの配送エージェントを走らせるにはどうすればいいでしょうか？

◆

A8 1000以上におよぶ配送エージェントを使うPostfixを走らせるためには、FD_SETSIZE定数を適切な値にして、Postfixを再コンパイルする必要があります。

```
$ make tidy
$ make makefiles "CCARGS=-DFD_SETSIZE=2048"
$ make
```

Q9 システムのローカル配送にprocmailや、proxyを経由したフィルター（AntiVirus）を使うことはできるでしょうか？

◆

A9 mailbox_commandを使うことで、メール保存の直前にワンクッション処理を加えることが可能です。

たとえば、すべてのメールボックス配送をprocmail経由で行いた場合は、main.cfに次のように指定します。

```
mailbox_command = /path/to/procmail
mailbox_command = /path/to/procmail -a $EXTENSION
```

変更を行ったあとは再起動をしてください。
mailbox_commandには、いくつかの変数を使用することができます。次の表はプログラムに引き渡せる変数の一覧です。

▶ mailbox_commandで指定できる変数

変数	意味
DOMAIN	受信者アドレスの@の右側の文字列
EXTENSION	オプションのアドレス拡張部分
HOME	受信者のホームディレクトリ
LOCAL	受信者アドレスの@の左側の文字列。たとえば$USER+$EXTENSION
LOGNAME	受信者のユーザー名
RECIPIENT	受信者アドレス全体。$LOCAL@$DOMAIN
SHELL	受信者のログインシェル
USER	受信者のユーザー名

Q10 Postfixのキューはどのような構造になっていますか？

◆

A10
Postfixには、次の4つのメインキューがあります。

① maildrop ：ローカルで投函されたメールが置かれる場所
② incoming ：maildropから整形されて来る場所。受信処理中メールとqmgrが管理しないメール
③ active ：qmgrが配送用に処理を溜める場所
④ deferred ：配送できなかったメールを一時的に溜める場所

ほかに、管理者の目視による検査が必要なキューが2つあります。postsuperコマンドによって開放することができます。

⑤ corrupt ：損傷したメールが入る場所
⑥ hold ：配送を凍結したメールが入る場所

Q11 「Received:」ヘッダにLANのマシンのホスト名やIPアドレスが出てしまうので隠したいのですが、可能でしょうか？

◆

A11
main.cfのheader_checksやbody_checksパラメータにIGNOREを設定することで、不要なヘッダをはずすことができます。

第 **5** 章

FTPサーバの構築

　FTPサーバは、以前から仕様があまり大きく変わっていないこともあり、サーバ構築の中では比較的簡単な部類に属します。ここで紹介するvsftpdは、その中でも設定が簡単なことが特徴です。

　また、vsftpdの場合、設定パラメータの調整でたいていのことは実現できてしまうのも特徴です。そのぶん、設定パラメータの数は多くなるので、どのような設定項目があるのか、ある程度は頭に入れてから構築してみるとよいでしょう。

- 5-1 vsftpdの概要とインストール
- 5-2 設定リファレンス
- 5-3 PASVモードについて
- 5-4 FTPに関するFAQ

5-1 vsftpdの概要とインストール

FTPサーバの概要

　最近はFTPに頼らず、HTTPプロトコルでデータを配布するサイトが増えてきました。Webブラウザが日常必須のツールになるにつれ、「可能なものはなんでもHTTPで行う」という流れを反映しているのかもしれません。ともあれ、このため、FTPサービスは以前ほど話題にならなくなり、ややもすると存在感が薄くなってきたきらいもあります。

　しかし、ある程度まとまったデータを確実に送受信するのであれば、現在でもFTPサーバが主流です。リアルタイムでデータの交換をするには不向きですが、サーバ間でバッチ処理やWebのコンテンツを送受信するサーバとしては、よく使われています。

　従来、FTPサーバといえばWU-FTPDが定番でした。しかし最近、Red Hat Linux 8から採用されているvsftpdの人気が上昇しています。設定方法がシンプルで使いやすい一方、名前の由来どおり「Very Secure」を目指して開発されているFTPサーバです。動作もWU-FTPDに比べてスピーディです。今後は、ProFTPDとシェア争いでしのぎを削るでしょう。

●FTPサービスの概要

　参考までに、FTPサービスの概要について、簡単に図解しておきましょう。RFC959から抜粋したもので、FTPプロトコルの構造がよくわかります。のちほど説明するPASVモードを理解する際、この図版が参考になると思います。

▶ **FTPの仕組み（RFC 959から抜粋）**

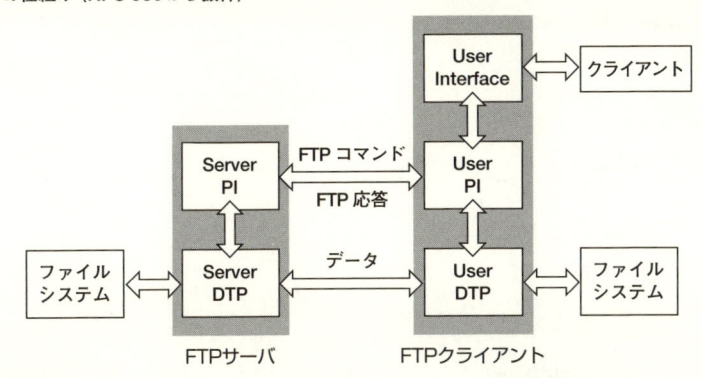

```
                        ┌──────────┐
                        │   User   │◄────►クライアント
                        │Interface │
                        └────┬─────┘
        ┌─────────┐ FTPコマンド ┌────┴─────┐
        │ Server  │◄──────────►│   User   │
        │   PI    │   FTP応答   │    PI    │
        └────┬────┘            └────┬─────┘
┌──────┐    │        データ         │      ┌──────┐
│ファイル│◄──►┌────┴────┐◄──────────►┌────┴─────┐◄──►│ファイル│
│システム│    │ Server  │            │   User   │    │システム│
└──────┘    │   DTP   │            │   DTP    │    └──────┘
            └─────────┘            └──────────┘
              FTPサーバ              FTPクライアント
```

User Interface	：ユーザーとコミュニケーションする際のインターフェイス
PI（Protocol Interpreter）	：コマンドを解釈して通信プロトコルに変換する
DTP（Data Transfer Process）	：通信プロトコルに従ってデータの転送やファイルの処理を行う

【注】 1.制御セッション（FTPコマンドと応答）はタイムアウトまでセッションを維持します。
　　　2.データセッションはデータ転送中のみ存在し、データ転送後に消滅します。

　図の中の「クライアント」は、ユーザーが使用するFTPソフトを意味しています。Windowsでいえば、FFFTPなどがこれに相当します。
　FTPのホストへの接続とコマンドの発行は、すべて制御用のセッション（PIの部分）で行われます。
　一方、データ転送（DTPの部分）はデータ接続のことで、コマンドを発行する制御用セッションとはまったく別にセッションが生成されます。

ダウンロードとコンパイル

ダウンロードと解凍

　vsftpdの最新版のソースは、次のサイトからダウンロードできます。本書執筆時点での最新版はvsftpd-2.0.1です。

```
http://vsftpd.beasts.org/
```

　たとえば、~/srcディレクトリにvsftpdのソースを保存した場合、次のように解凍します。

```
$ cd ~/src
$ tar xvfz vsftpd-2.0.1.tar.gz
```

コンパイル

コンパイルの作業を行うため、ソースを展開したディレクトリに入り、コンパイルを行います※。

```
$ cd vsftpd-2.0.1
$ make
```

スーパーサーバ（inetd/xinetd）経由でvsftpdを起動する場合や、SSLを使う場合などは、makeの前にbuilddefs.hを修正します。たとえば、スーパーサーバを使用する場合は、VSF_BUILD_TCPWRAPPERSの行を次のように変更します。

▶ builddefs.h（修正前）

```
#ifndef VSF_BUILDDEFS_H
#define VSF_BUILDDEFS_H

#undef VSF_BUILD_TCPWRAPPERS

#endif /* VSF_BUILDDEFS_H */
```

▶ VSF_BUILD_TCPWRAPPERSの行を変更する

```
#define VSF_BUILD_TCPWRAPPERS
```

なお、vsftpd自身には、デフォルトでアクセス制御機能が備わっているので、TCP Wrapperがなくてもアクセス制御は行えます。

しかし、LinuxではアクセスプログラムとしてTCP Wrapperを利用するのが主流です。もし、vsftpdを導入するマシンでさまざまなサーバプログラムが稼動しているなら、管理者はできるだけ統一したアクセス制御でサーバを動かしたいと考えます。このようなとき、この機能を有効にして、TCP Wrapperを使えるようにします。

SSLについても、同様に設定が行えます。

一般的に、FTPサーバにはSSLが実装されていません。そのため、認証からデータ送信まで、すべて生の情報が流れます。つまり、パケットキャプチャツールで簡単にデータを盗聴できる状態です。特にログイン時のパスワード情報を取得することは、いとも簡単です。企業間でインターネット越しにデータの交換が必要になったとき、この状態では不安です。これを解決するのがSSL機能です（→P.286「5-4 FTPに関す

【コンパイルの条件】TCP Wrapperのヘッダファイル（tcpd.h）が必要。ディストリビューションのソースパッケージで入手可能。

るFAQ」の「Q2」)。

インストール

ユーザーとディレクトリの準備

インストールを行う前に、必要なユーザーやディレクトリを作成しておく必要があります。

● ユーザーnobodyとディレクトリempty

もし、ユーザーnobodyがシステムに存在しなければ、作成してください。通常はデフォルトで作成されているはずです。

次に、/usr/share/emptyディレクトリを作成します。

```
# mkdir /usr/share/empty/
```

● ユーザーftpとディレクトリの作成

匿名ユーザー(anonymous)のためにユーザーftpとディレクトリftpが必要です[※]。ただし、ディレクトリftpの所有権と書き込み権限はユーザーrootに与えます。

```
# mkdir /var/ftp/                              ←ディレクトリを作成
# useradd ftp -d /var/ftp -s /sbin/nologin     ←ユーザーftpを作成
# chown root.root /var/ftp                     ←ディレクトリftpの所有者をroot.rootにする
# chmod og-w /var/ftp                          ←root以外は書き込み禁止にする
```

もし、ユーザーftpのユーザーIDとグループIDをRed Hat系のインストール時の値に合わせるならば、次のようにしてユーザーの作成を行います。

```
# groupadd -g 50 ftp
# useradd -u 14 -g ftp -d /var/ftp -s /sbin/nologin ftp
```

インストール

次のコマンドラインでインストールを行います。

```
# make install
```

【ユーザーftp】多くのディストリビューションではインストール時に作成される。

最後に設定ファイルをコピーします。

```
# cp vsftpd.conf /etc
```

vsftpdの起動

●スタンドアロンでの起動テスト

スタンドアロンで起動する場合、/etc/vsftpd.confの最後に、次の1行を追加します。

```
listen=YES
```

この状態ではユーザーftpしか接続できませんが、接続テストを行ってみましょう。あらかじめanonymous ftp用のテストデータを/var/ftpに入れておいてください。

それでは、起動します。

```
# /usr/local/sbin/vsftpd &
```

なお、FTPサーバはinetd/xinetdから起動することが多いのですが、同時接続数が常に100を超えるようなサイトであれば、スタンドアロンモードで動作させるほうが、プロセス起動の省力化になる分、処理が速くなります。

●FTPクライアントからの接続テスト

FTPクライアントから接続テストを行ってみましょう。

```
# ftp localhost                         ←ローカルホストに接続
Connected to localhost (127.0.0.1).
220 (vsFTPd 2.0.1)
Name (localhost:testuser): ftp          ←ユーザーを入力（この時点ではftpのみ可能）
331 Please specify the password.
Password:                               ←適当なメールアドレスを入力
230 Login successful.
Remote system type is UNIX.
Using binary mode to transfer files.
ftp> ls                                 ←FTPサイトのファイルを表示
"-rw-rw-r--    1 0        0                 ; 21 Sep 04 15:40 data
          ↑あらかじめ入れておいたファイルが表示される
ftp> bye                                ←ログアウト
```

5-1 vsftpdの概要とインストール

基本的な設定

接続テストが無事終わったら、ひととおり設定を行いましょう。次に示すのは、vsftpdに付属する設定サンプルの和訳です（一部説明を補足）。まず、この設定から試してみてください。特に重要なのは最初の2つ、anonymous_enable と local_enable の設定です。それぞれ好みの設定にしてください。

▶ /etc/vsftpd.conf の設定例（ソースファイル付属のサンプル）

```
# コンパイル直後のデフォルト設定は、（セキュリティに関して）かなり偏執的です。
# このサンプルファイルは、ftpデーモンをより使いやすくするために、制限を少し緩
# めます。
#
# 匿名FTPを可能にするかどうかの設定。
anonymous_enable=YES
#
# このコメント解除により、ローカルユーザーのログインを許可します。
local_enable=YES
#
# このコメント解除により、FTPからの書き込みを許可します。
write_enable=YES
#
# ローカルユーザーのumaskの既定値は077です。もしユーザーが望むならば
# これを022に変更することが可能です（ほとんどのftpdは022なので）。
local_umask=022
#
# このコメント解除により、匿名ユーザーのファイルアップロードを許可します。これは
#  上記のwrite_enable=YESの場合に有効です。また、ユーザーによる書き込み可能ディ
#  レクトリを作成するために必要です。
#anon_upload_enable=YES
#
# このコメントの解除により、匿名ユーザーが新たにディレクトリを作成することを
# 許可します。
#anon_mkdir_write_enable=YES
#
# アクティブディレクトリメッセージ：ユーザーが特定のディレクトリに入ったときに
# メッセージを出力します。
dirmessage_enable=YES
#
# アップロード/ダウンロードの動作記録。
```

次のページへ続く→

→前ページから続く

```
xferlog_enable=YES
#
# ポート20 (ftp-data)からの送信接続を明示します。
connect_from_port_20=YES
#
# 必要に応じ、アップロードされる匿名ファイルの所有者をほかのユーザーにすることが
# できます (注：rootユーザーの指定は推奨できません！)。
#chown_uploads=YES
#chown_username=whoever
#
# 必要に応じ、ログファイルの場所を変更できます。既定値を下記に示します。
#xferlog_file=/var/log/vsftp.log
#
# 必要に応じ、標準的なログファイルの形式を使用できます。
xferlog_std_format=YES
#
# タイムアウトまでのアイドル時間を変更できます。
#idle_session_timeout=600
#
# タイムアウトまでのデータ接続時間を変更できます。
#data_connection_timeout=120
#
# vsftpdを起動する際の実行ユーザーをユーザーIDで指定します。おすすめの設定は、
# コマンドやファイル操作が制限されているユーザーを作ることです
# (たとえばnobodyのようなユーザー)。
# 何も指定されなければユーザーnobodyを使用します。
#nopriv_user=ftpsecure
                :
                略
                :
# 既定値でサーバはアスキーモードを許可しているようですが、実際には無視しています。
# アスキーモードでうまく動作させるには、下記のオプションを有効にしてください。
# ただし、この設定には注意が必要です。ascii_download_enableを有効にした場合、
# 悪意あるユーザーがアスキーモードで"SIZE/big/file"コマンドを送りつけること
# で、あなたのI/Oリソースを消費することができます。
# なお、アスキーオプションはアップロードとダウンロードに分けてあります。これは、
# SIZEコマンドとアスキーダウンロードによるDoS攻撃の危険性なしに (スクリプトな
# どが壊れるのを防ぐために)、アスキーアップロードを使いたい場合があるかもしれな
# いことが理由です。
#ascii_upload_enable=YES
```

次のページへ続く→

5-1 vsftpdの概要とインストール

→前ページから続く

```
ascii_download_enable=YES
#
# ログインバナー文字列。ここの設定でカスタマイズできます。
#ftpd_banner=Welcome to blah FTP service.
#
# You may specify a file of disallowed anonymous e-mail
# addresses. Apparently
# useful for combatting certain DoS attacks.
#deny_email_enable=YES
# (default follows)
#banned_email_file=/etc/vsftpd.banned_emails
#
# ディレクトリ移動をユーザーのホームディレクトリのみにするためのリスト
# を指定することができます。もし、chroot_local_userがYES ならば、ホー
# ムディレクトリのみを参照可能なリストになります。
#chroot_list_enable=YES
# (default follows)
#chroot_list_file=/etc/vsftpd.chroot_list
#
# ビルトイン ls に "-R" オプションを付けることができます。これは、リモー
# トユーザーが大きなサイトで大量のI/Oを消費するのを避けるため、デフォ
# ルトでは禁止されています。しかし、ncftpやmirrorなどのbroken FTPは "-R"
# オプションを想定しているので、これらの特別な場合は有効にします。
ls_recurse_enable=YES
#
# ローカルの時間 (日本時間) で記録を行う設定です。
use_localtime=YES
```

そのほかの重要と思われる設定

　上記の設定ファイルでは、標準で提供されているものについて説明しています。ここにあげられているものを含めて、よく使いそうな設定について、例をあげて紹介します。

①特定のユーザーにホームディレクトリより上を見えないようにする

　特定のユーザーだけ、ホームディレクトリより上に移動できないようにする設定です。
　まず、vsftpd.confの次の2行の「#」をはずして、アンコメントしてください。

```
#chroot_list_enable=YES
#chroot_list_file=/etc/vsftpd.chroot_list
```

次に、/etc/vsftpd.chroot_listファイルを作成し、制限をかけるユーザー名を追加します。このファイルに記述したユーザーは、自分のホームディレクトリ内しか見ることができません。

そのほかのユーザーは、ホームディレクトリより上のディレクトリを見ることができます。

②ユーザーのホームディレクトリを変える

たとえば、会員にWebサーバを提供している場合など、vsftpd.confに次の行を追加すると、ログインしたときのディレクトリが「~/public_html」になります。

```
local_root=public_html
```

Apache Webサーバと連携する場合に非常に便利です。

③転送速度の制限

複数接続時、同一ホストのほかのサービス（httpなど）の速度低下を防ぎます。
匿名ユーザーへの制限として転送速度を変えるなら、

```
annon_max_rate 20000
```

というように記述します。単位はバイト／秒です。例では20Kバイト／秒です。既定値は0（無制限）です。

認証ユーザーに対する転送速度制限は、次のように記述します（例では50Kバイト／秒）。既定値は0（無制限）です。

```
local_max_rate 50000
```

④PASVモード時のポート指定をする

PASVモード（→P.282）時に使用するポートレンジを指定します。

ポートレンジの始点はpasv_min_portで、ポートレンジの終端はpasv_max_portで指定します。いずれもデフォルトは0（すべてのポート番号を許可）です。

FTPクライアントからPASVモードで接続する際、使用されるポートレンジを明確

にすることで、ファイアウォール越しの接続設定が楽になります。また、セキュリティの面でも、接続を受け付けるポートを限定できるので、設定が楽になります。

▶ 例：20000番～20010番ポートを指定する

```
pasv_min_port=20000
pasv_max_port=20010
```

これにより、20000～20010番までのポート番号が使用されます。

5-2 設定リファレンス

vsftpdの動作を決定するために、/etc/vsftpd/vsftpd.confを編集します。必要に応じて編集を行いましょう。

セッションに関係する設定

コネクション関連

①hide_session_timeout
- ・意味 ：コントロールコネクションが切断されるまでの時間を指定します。単位は秒です。

  ftpのコントロールコネクションとは、セッション確立（ログイン認証）やサーバにコマンドを送る際に発生するコネクションです。なんらかの問題でこのセッションの反応が戻ってこなくなったとき、無反応状態からどのくらいの時間が経過したらセッションを切断するかを指定します。
- ・既定値：300秒
- ・備考 ：ftpコマンドでサーバに接続したあと、コマンドを入力してレスポンスが戻ってくるまでのタイムアウトを意味します。

②idle_session_timeout
- ・意味 ：無接続状態（パケット交換なし）の時間の限度を設定します。単位は秒です。
- ・既定値：未設定
- ・備考 ：途中の経路による問題で発生したタイムアウトとは違います。ユーザー側による無接続（no operation）を意味します。

③data_connection_timeout
- ・意味 ：データ交換用のコネクションが要求されてから、無反応状態（レスポンスなし）になるまでの時間を設定します。単位は秒です。

5-2 設定リファレンス

- 既定値：120秒
- 備考　：ファイル転送を行っている際のタイムアウトです。想定される同時接続数と帯域に合わせて調整しましょう。

④ connect_from_port_20

- 意味　：ftpでファイル転送を行う場合、通常は20番ポートを使用します。この設定はそれを明示的に指定します。
- 備考　：パッシブモード時には、この設定は無効の意味となります（パッシブモード→P.282）。

● listen関連（ポートの待ち受け）

① listen

- 意味　：vsftpdをスタンドアロンモードで起動する場合に、Yesを指定します。
- 既定値：NO
- 指定値：NO | YES
- 備考　：FTPサーバはinetdやxinetdのスーパーサーバから呼び出すのが一般的ですが、接続数が多く、負荷が大きいサイトの場合は、スタンドアロン起動がおすすめです。

② listen_address

- 意味　：スタンドアロンモードで使用する場合、指定したIPアドレスからの接続のみ受け付けます。
- 既定値：未設定
- 指定値：IPアドレス
- 備考　：通常は指定の必要はありませんが、ネットワークカードが複数だったり、1つのNICに複数のIPアドレスを割り当てる場合に、特定のルートからのみアクセスを行いたい場合は必要です。あるいは、仮想サーバとして複数のvsftpdを起動したい場合にも有効です。

③ listen_port

- 意味　：スタンドアロンモードで使用する場合、接続待ちポートを指定できます。デフォルトのポートを明示したい場合や、セキュリティ上別のポートに変えたい場合に有効な設定です。

- 既定値 ： 21
- 指定値 ： ポート番号
- 備考　： ②のlisten_addressと併用して複数のvsftpdを起動する場合は、それぞれこの値を変える必要があります。

サーバの実行に関する設定

① nopriv_user
- 意味　： FTPサーバを起動する実行ユーザーを指定します。ほかのサーバ同様、権限の制限されたユーザーを使用することが推奨されます。
- 既定値 ： nobody
- 指定値 ： 任意の制限ユーザー
- 備考　： ほかのサーバで使用しているディレクトリを共用する際は、ファイルのアクセス権に影響する場合もあるので、その点を考慮に入れて設定を行います。

② max_clients
- 意味　： スタンドアロンで起動する場合、同時接続を受け付けるサーバの最大許容値です。0を設定すると、無制限の意味になります。
- 既定値 ： 0
- 指定値 ： 整数。ただし、システムのファイルディスクリプタ数に依存
- 備考　： 快適な速度を維持したダウンロードが行えるように調整しましょう。

anonymousに関する設定

① anonymous_enable
- 意味　： anonymous（匿名）FTPサーバを構築したい場合、anonymousログインの許可を行います。
- 既定値 ： YES
- 指定値 ： YES｜NO
- 備考　： NOの場合、一般ユーザーのログインしか許可されません。

5-2 設定リファレンス

②anon_max_rate
- 意味　：anonymous FTPサーバを運用する際の最大転送速度を決定します。単位はバイト／秒です。0を指定すると、無制限の意味になります。
- 既定値：0
- 指定値：整数
- 備考　：サーバのNICや回線速度、アクセス数を考慮して設定しましょう。

③anon_mkdir_write_enable
- 意味　：anonymous FTPサーバを運用する際、anonymousユーザーに対しディレクトリ作成を許可するかどうかの指定を行います。
- 既定値：NO
- 指定値：YES｜NO
- 備考　：通常、これを許可（YES）にすることは危険ですが、TCP Wrapperと組み合わせて接続制限を加えたりすることで、危険性は低くなります。「write_enable=YES」が設定されている場合、その設定が優先されます。

④anon_umask
- 意味　：anonymous FTPサーバ上で作成するファイルディレクトリに対するマスク値（umask値）を指定します。
- 既定値：077
- 指定値：8進数のマスク値
- 備考　：anonymousユーザーのフォルダを簡単に他人が削除したりできないように設定しましょう。

⑤anon_world_readable_only
- 意味　：anonymous FTPサーバ上からダウンロード可能なファイルを読み取り専用ファイルに限定し、セキィリティを確保します。
- 既定値：YES
- 指定値：NO｜YES
- 備考　：anonymousがダウンロードできるファイルを、ファイルのパーミッションで制御したい場合に有効です。ただし、所有者の権限だけではなく、グループやotherの読み込み権限も許可されていないとダウンロードできないことに注意しましょう。

⑥ anon_upload_enable
- 意味　：anonymous FTPサーバへのアップロードの許可について指定します。
- 既定値：NO
- 指定値：NO｜YES
- 備考　：通常、これを許可（YES）にすることは危険ですが、TCP Wrapperと組み合わせて接続制限を加えたりすることで、危険性は低くなります。

⑦ deny_email_enable
- 意味　：anonymous ftpに接続する際、通常はパスワードとしてメールアドレスを入力します。この設定は、設定ファイルに列挙されているメールアドレスがパスワードとして入力された際に、接続を拒否します。
- 既定値：NO
- 指定値：NO｜YES
- 備考　：これを使用する場合は、次項のbanned_email_fileの設定でファイルを指定する必要があります。

⑧ banned_email_file
- 意味　：deny_email_enableで使用する設定ファイルの保存場所を指定します。
- 既定値：なし
- 指定値：ファイルの設置パス
- 備考　：上記⑦のdeny_email_enableがYESの場合は、これを設定する必要があります。任意のファイルを指定することが可能です。

⑨ chown_uploads／chown_username
- 意味　：chown_uploadsをYESにした場合、anonymous ftp上にアップロードされたファイルの所有者をchown_usernameで指定したユーザーに変更します。指定しない場合はftpユーザーになります。
- 既定値：NO
- 指定値：NO｜YES
- 備考　：一般的には、デフォルトのままで使用することを推奨します。

ローカルユーザーに関する設定

①local_umask
- 意味　：ローカルユーザーが作成するファイル／ディレクトリに対するマスク値（umask値）を指定します。
- 既定値：077
- 指定値：8進数のマスク値
- 備考　：何も指定しなかった場合は、077が適用されます。これは、生成されるパーミッションが700になることを意味します。

②local_enable
- 意味　：ローカルユーザーによる接続を許可します。デフォルトではNOになっているので、通常の使用方法（ユーザーごとにftpログイン許可）に慣れている場合は、この設定をYESにしましょう。
- 既定値：NO
- 指定値：NO｜YES
- 備考　：NOの場合は匿名（anonymous）だけの運用になります。

③local_max_rate
- 意味　：ローカルユーザーに割り当てられる最大転送速度を設定します。単位はバイト／秒です。anonymous ftpと併用して使う際、どちらを優先するかを設定したい場合に便利な機能です。0を設定すると、無制限の意味になります。
- 既定値：0
- 指定値：1秒間あたりの転送バイト数
- 備考　：用途が公開向けを重視しているか、ローカルユーザーを対象にしているかで使い分けましょう。前者を重視するなら、この値は低めにしたほうがよいでしょう。

ファイル表示に関する設定

①hide_ids
- **意味**　：ディレクトリを表示する際、ユーザーIDやグループIDを表示するかどうかを決定します。通常、YESの場合はユーザーftpがIDとして表示されます。
- **既定値**：なし
- **指定値**：NO｜YES
- **備考**　：この設定は、ローカルユーザーのログインでは通常使われない設定です。anonymous ftpでNOにすると、セキュリティ面で有効です。

Change rootに関する設定

①chroot_list_enable
- **意味**　：指定ユーザーのホームディレクトリをchroot処理します。言い換えると、ほかのユーザーのディレクトリやシステムのディレクトリを参照できなくするということです。
- **既定値**：NO
- **指定値**：NO｜YES
- **備考**　：chrootは、特定のディレクトリ（通常はログインしたアカウントのホームディレクトリ）をルートディレクトリとみなし、それより上へ移動できなくする機能です。chrootの対象となるユーザーは、次項②のchroot_list_fileで指定します。

②chroot_list_file
- **意味**　：chroot_list_enableをYESにした際、chrootの対象とするユーザーを設定したファイル名を指定します。
- **既定値**：/etc/vsftpd.chroot_list
- **指定値**：任意のファイル名
- **備考**　：chroot_list_enableでYESを指定することが前提です。

③chroot_local_user
- **意味**　：chroot機能をすべてのローカルユーザーに対して有効にします。

- 既定値：NO
- 指定値：NO｜YES
- 備考　：これを設定すると、chroot_list_fileに記述したユーザーは、chrootの対象からはずれます。

データ転送に関する設定

①ascii_upload_enable／ascii_download_enable
- 意味　：アスキーモードでの転送はセキュリティ面で脆弱性があるため、デフォルトではアスキーモードでのファイル転送は許可されていません。アスキーモードが必要な場合は、この設定をYESにして明示的に許可します。
- 既定値：NO
- 備考　：デフォルトでは、すべてのファイルがバイナリモードで転送されます。

②async_abor_enable
- 意味　：クライアント側でファイル転送中に中断を行った場合、それを許可するかどうかを決定します。中断を許可するなら、YESを指定します。
- 既定値：NO
- 指定値：NO｜YES
- 備考　：これを許可したほうが、負荷が軽減されることもあります。

ログに関する設定

　FTPサーバのエラーログは/var/log/messagesに書き込まれ、ファイル転送のログは/var/log/xferlogに書き込まれます。また、ログインやコマンドの履歴は/var/log/vsftpd.logに記述されます。次に示すのは、さらに細かくログ出力を制御するための指定です。

①xferlog_enable
- 意味　：upload/downloadのファイル転送のログを記録するかどうかを指定します。通常、この記録は/var/log/xferlogに記述されます。
- 既定値：NO
- 指定値：NO｜YES

- **備考**：以下の②〜④のオプションを使う場合、この設定が必要です。

②log_ftp_protocol
- **意味**：詳細なログ（14フィールド）を保存したい場合に指定します。xferlog_std_formatの項目をNOと指定した場合にのみ有効です。
- **既定値**：NO
- **指定値**：NO｜YES
- **備考**：詳細ログの場合、ディスク消費量が増えるため注意が必要です。

③xferlog_std_format
- **意味**：一般的なxferlogのフォーマットで出力します。NOを指定するとログ形式が詳細なものになります。
- **既定値**：NO
- **指定値**：NO｜YES
- **備考**：log_ftp_protocolと合わせて使用してください。

④syslog_enable
- **意味**：vsftpdの動作ログは、通常、var/log/vftpd.logに書き込まれます。この設定で、出力先をsyslogへ切り替えることができます。
- **既定値**：NO
- **指定値**：NO｜YES
- **備考**：1台のマシンに複数のvsftpd導入している場合、このオプションを指定すると、syslogにログが混在してしまいます。syslogを別のマシンに転送し、解析するような場合には有効でしょう。

そのほかの設定

①ftpd_banner
- **意味**：ログインした際に表示するオリジナルのメッセージを指定します。通常は設定されていないので、使用したい場合はコメントをはずして内容を編集します。
- **既定値**：なし
- **例**：ftpd_banner=Hello testhoge.net FTP server.

- ・備考　：日本語は使えません。英語のみなので注意してください。

②dirmessage_enable
- ・意味　：ディレクトリを移動する際にメッセージを表示します。たとえば、移動先が既に廃止したディレクトリだったり、別のサーバへ移動した際のメッセージとして使うことができます。
- ・既定値：NO
- ・備考　：メッセージファイルはmessage_fileで指定できます。また、.messageを用意しておくと、それがメッセージファイルになります。

③pasv_enable
- ・意味　：パッシブモードを利用可能にします。
- ・既定値：YES
- ・備考　：パッシブ（PASV）モードについては、「5-3 PASVモードについて」（→P.282）を参照してください。

5-3 PASVモードについて

PASVモードが必要な理由

　一般的にインターネット上のサービスを利用する場合の接続シーケンスは、クライアント側からサーバ側へ向けて接続を要求する仕組みになっています。
　しかし、FTPの場合は若干異なります。
　FTPでは、コマンドのやりとりをするコントロール制御の接続（制御接続）と、データ接続の2種類の接続を使います。ポート番号も使い分け、デフォルトで制御接続は21番ポート、データ接続は20番ポートを使用します。
　このうち制御接続では、一般的なサーバ接続と同様、クライアントがサーバに対して接続を要求する仕組みになっています。

▶ 制御接続

FTPの接続には、接続時の認証やコマンドを送出する際に使用する専用ポート21番がある

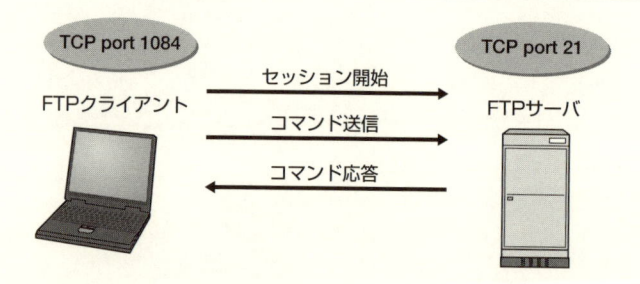

TCP port 1084　　　　　　　　　　　　　　TCP port 21
FTPクライアント　──セッション開始──▶　FTPサーバ
　　　　　　　　　──コマンド送信──▶
　　　　　　　　　◀──コマンド応答──

※ACKやSYN、FINは省略して表現。クライアント側のポート番号は一例

　これに対して、データ接続では、FTPサーバからクライアントに対して接続を要求します。また、制御接続で流されるコマンドによって、そのつどデータ接続のセッションが生成され、データを転送し、それが終わると切断されます。このためデータ接続セッションは、1回のFTP通信の間に何度も接続と切断を繰り返します。

5-3 PASVモードについて

▶ データ接続

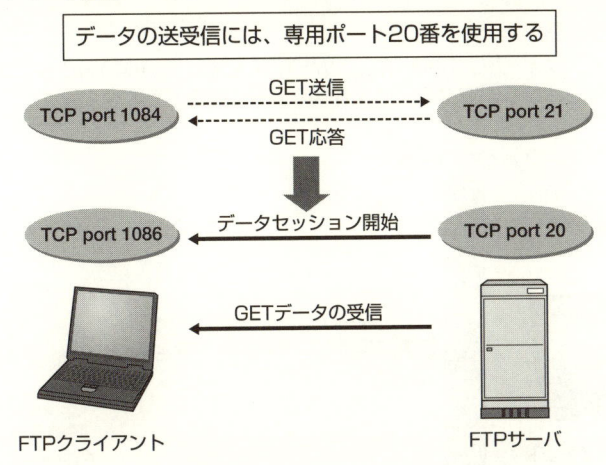

```
データの送受信には、専用ポート20番を使用する
```

[図: TCP port 1084 ⇔ TCP port 21 （GET送信／GET応答）→ データセッション開始 → TCP port 1086 ⇔ TCP port 20（GETデータの受信）／FTPクライアント・FTPサーバ]

※ACKやSYN、FINは省略して表現。クライアント側のポート番号は一例

　このような一般的なFTP接続の方法を、PORTモードと呼びます。多くのFTPクライアントが、デフォルトでPORTモードを使用するように設定されています。
　ところで、PORTモードでFTPサーバに接続するとき、FTPクライアントがファイアウォールの中にいて、NATを利用してプライベートアドレスで運用されているとしましょう。
　NATの設定が、FTPのこのような接続方法に配慮されている場合はよいのですが、そうでない場合、NATの内側にいるFTPクライアントは、PORTモードでの接続ができなくなります。制御接続は普通に行えますが、そのあと、サーバがクライアントに対して接続を要求した際、NATは、内側にあるクライアントのうち、どのホストに接続したらいいのかがわからないからです。
　また、FTPサーバからクライアントへの接続を許すためには、クライアント側のファイアウォールは、ソースポート番号が20のパケットをすべて通さなくてはなりません。これではファイアウォールのセキュリティ面で問題があるため、この接続を拒否する設定にすることもありますが、その場合は当然、サーバからクライアントへの接続はできなくなります。

▶ ファイアウォール越しのPORTモードによるFTP接続ができないケース

> ファイアウォール上のNATの設定がFTPに配慮していない場合などは、FTPサーバからFTPクライアントへのデータ接続ができなくなる

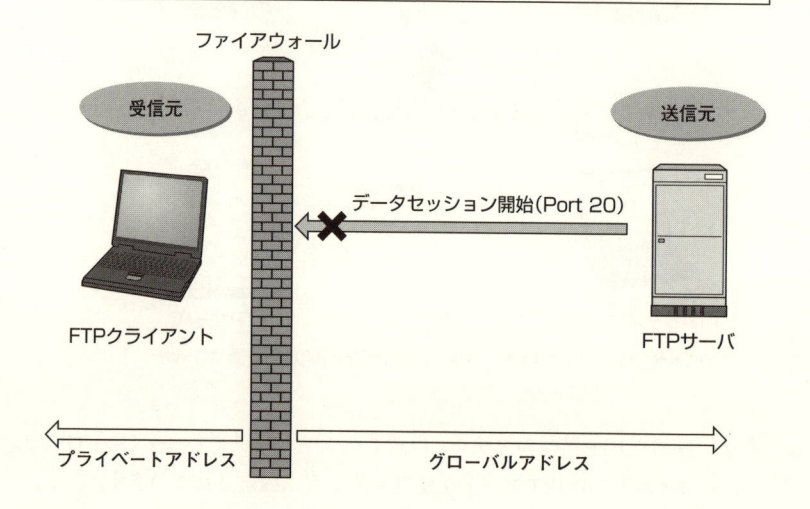

```
        ファイアウォール
   受信元   │          送信元
           │
   [PC]  ←─✗── データセッション開始(Port 20) ────  [サーバ]
           │
 FTPクライアント│                         FTPサーバ
           │
 ←─プライベートアドレス─┤──グローバルアドレス──→
```

　実はこれらの問題は、最近のファイアウォールソフトでは基本的に解決されています。LinuxのNATやIPマスカレードにおいては、前者の問題を解決するためのftp接続用モジュールがカーネル2.0.xの時代から用意され、使用されています。後者の問題も、iptablesのコネクション追跡モジュールを使用することで解決できます（クライアントから接続を開始したパケットに関連するパケットに限り、外からの接続を許可する設定ができる）。

　最近の多くの商用ルータにも、こういった機能が普及しています。

　しかし、ファイアウォールの中には、セキュリティ重視のために外のFTPサーバからの接続を拒否する設定になっているケースもあります。また、ルータのバグのために、PORTモードではうまく接続できない場合もあります。ほかにもいくつか原因がありますが、ともかく、ファイアウォールやルータの構成によっては、PORTモードで外のFTPサーバからデータを取得できない場合があります。

　このような場合にもFTPサービスを利用できるのが、PASVモードによる接続です。

5-3 PASVモードについて

● PASVモード接続

PASV（パッシブ）モードでは、データ接続の流れは制御接続と同様にFTPクライアント側からセッションを張るかたちになります。そのセッションの開始時にPASVコマンドを使用することから、PASVモードと呼ばれます。

▶ PASVモードでの接続

```
         ファイア
         ウォール
                 ┌─────────────────────────────────┐
                 │ PASVモードではデータセッション開始方向が逆になるため、│
                 │ ファイアウォール越しでも接続可能               │
                 └─────────────────────────────────┘

              PASV 要求 (Port 21)
         ─────────────────────────▶         ┌──────────┐
                                             │ PASVモードに │
              PASV 応答                       └──────────┘
         ◀─────────────────────────

              GET 送信 (Port 21)
         ─────────────────────────▶

              GET 応答
         ◀─────────────────────────

              データセッション開始 (Port 20)
         ─────────────────────────▶
   FTPクライアント                              FTPサーバ
              データ転送
         ◀─────────────────────────

   ◀── プライベートアドレス ──▶  ◀── グローバルアドレス ──▶
```

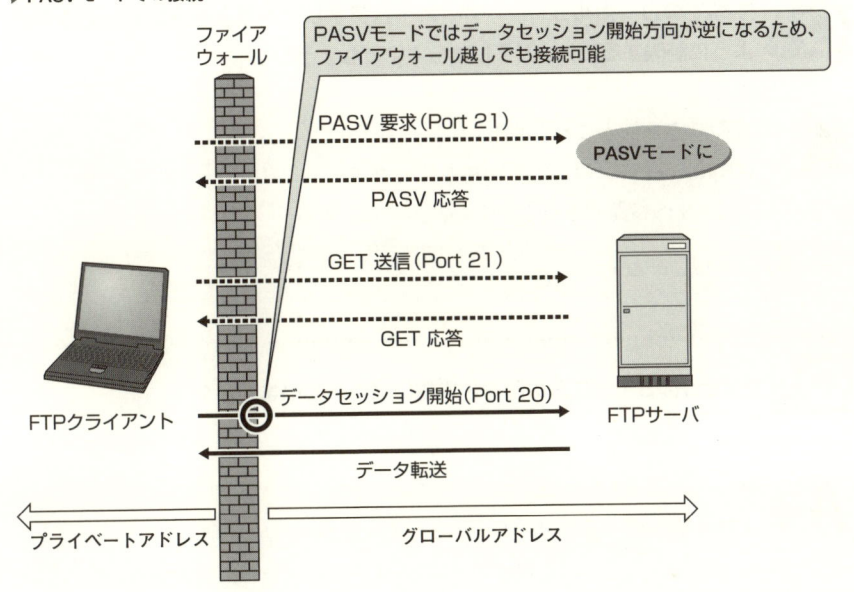

図にあるように、PASVモードでは、データ接続も「クライアントからサーバ」の方向でセッションを確立します。このため、ファイアウォールの影響を受けずにサービスを開始することができます。

vsftpdでは、設定値pasv_enableでPASVモードを受け付けるかどうかを制御できます。

5-4 FTPに関するFAQ

Q1 すべてのローカルユーザーが、ホームディレクトリより上に移動できないように制限するには、どうしたらよいでしょうか?

◆

A1 次の設定を行うことで可能です。
vsftpd.confに次の設定を記述してください。これでローカルユーザーは上位のディレクトリへ移動できなくなります。

```
chroot_local_user=YES
```

Q2 vsftpdはSSL/TLSの暗号化通信に対応していますか?

◆

A2 はい、version2.0以降から対応しています。
次の作業を行ってインストールをしてください※。

①builddefs.hを編集します。

```
#undef VSF_BUILD_SSL
```

⬇

```
#define  VSF_BUILD_SSL
```

②make、make installでインストールします。

③/etc/vsftpd.confの最終行に次の記述を追加します。

【コンパイルの条件】OpenSSLのソースが必要(→第3章)。

```
ssl_enable=YES
force_local_logins_ssl=NO
force_local_data_ssl=NO
allow_anon_ssl =NO
ssl_tlsv1=YES
rsa_cert_file=/opt/certs/vsftpd.pem
```

Q3 IPアドレスごとの同時接続数を制限することは可能ですか?

A3 はい、可能です。スタンドアロン実行なら、max_per_ipで設定することで実現できます。xinetdから起動するのであれば、xinetdの機能にあるper_sourceの設定により実現可能です。

設定例は次のようになります。

▶vsftpd.confの場合

```
max_per_ip=5
```

▶xinetd.d/ftpの場合

```
per_source=5
```

Q4 FTPで使用できるコマンドを制限できますか?

A4 はい、cmds_allowedで指定することで実現可能です。

▶設定例

```
cmds_allowed=PASV,RETR,QUIT
```

Q5 ユーザーごとに異なる設定を行うことは可能ですか？

◆

A5 user_config_dirを使うことで可能です。

たとえば、ホームディレクトリをそのままFTPのルートとしてしまうのはまずい場合があります。DesktopやMaildir、Mbox、ドットファイル群などをFTPでログインしたユーザーに見せたくないケースです。

この場合、/home/user_taroがユーザーホームディレクトリなら、その配下にftpディレクトリを作成し、/home/user_taro/ftpをFTPのルートディレクトリにしたいと考えます。この例では、次の設定がポイントとなります。

▶chroot関連の設定

```
chroot_list_enable=Yes
chroot_list_file=/usr/local/etc/vsftpd.chroot_list    ←user_taroを記述
```

▶ユーザーごとの設定を置くディレクトリの設定

```
user_config_dir=/usr/local/etc/vsftp
```

最後に、user_config_dirで指定したディレクトリの中に、ユーザー名のファイルを作る必要があります。この場合はuser_taroになります。次のリストが、その設定例です。最後の行で、chrootするディレクトリを指定しています。

▶user_taro

```
max_clients=10
ftpd_banner=Hello my folder user_taro
local_root=/home/user_taro/ftp
```

第6章
Sambaサーバの構築

ネットワーク上にLinuxとWindowsが混在している場合、LAN上のWindowsホストから、Linuxサーバのファイルやフォルダに直接アクセスできれば便利です。これを可能にするのがSambaサーバです。

この章では、とりあえずSambaでファイルを共有するまでの設定について紹介します。本格的なWindowsネットワーク環境をLinuxで実現しようとするには物足りない内容かもしれませんが、Samba自体はLAN向けのサーバなので、本書では、導入を中心とした概要の説明だけにとどめています。必要に応じて、関連の専門書籍やWebサイトをご参照ください。

6-1 Sambaの導入

6-2 Sambaに関するFAQ

6-1 Sambaの導入

Sambaの概要と特徴

SambaはUNIX系OSでSMB※プロトコルを実装するソフトウェアです。SMBは、Windowsでおなじみの「マイクロソフトネットワーク共有サービス」を実現するためのプロトコルで、Windowsのファイル共有やプリンタ共有はこれによって実現されています。

また、Windowsの共有ドメインのログオン環境もSambaで実現することが可能です。OpenLDAPなどと組み合わせれば、Active Directoryとして使用することもできます。

Sambaの導入によって、LinuxサーバがあたかもWindowsサーバのように振る舞うようになりますので、Windowsサーバを「Linux＋Samba」に置き換えることも可能になります。

なお、Sambaは開発の比較的早い段階から、日本Sambaユーザ会によって日本語化が進められました。現在も、ソフトウェア、ドキュメントともに日本語化の成果が充実しています。Samba 3.0以降は、同会の日本語対応コードが本家のsamaba.orgのリリースにマージされるようになりました。

最新のSamba 3.0の特徴を簡単に紹介しておきましょう。

①SWAT※によるGUIでの簡単セットアップ
②Active Directoryへの対応
③日本語環境への対応
④セキュリティ対策面での機能拡張
⑤さまざまな認証データベースへの対応

なお、Linuxの日本語環境が日本語EUCの場合、日本語ファイル名を正しく扱うためには、glibc-2.3.3以降、またはlibiconvのインストールが必要です。iconvコマンドで次のように実行することで、システムの状況を確認できます。

【SMB】 Server Message Block
【SWAT】 Samba Web Administration Tool

6-1 Sambaの導入

▶ ライブラリがSambaの日本語機能に対応している場合

```
$ iconv -l |grep EUCJP
EUCJP-MS//            ←これが表示されればOK
EUCJP-OPEN//
EUCJP-WIN//
EUCJP//
```

▶ ライブラリの対応ができていない場合

```
$ iconv -l | grep EUCJP
EUCJP//
```

ダウンロードとコンパイル、インストール

ダウンロード

Sambaのソースコードは、次のサイトで配布されています。

```
本家サイト     ：http://www.samba.org/
RINGサーバ    ：ftp://ftp.ring.gr.jp/pub/net/samba/
```

現在の最新バージョンはSamba 3.0系で、本書発刊直前での最新版は3.0.11です。本章では、執筆時点での最新版、samba-3.0.7.tar.gzでのインストールを紹介します。

導入により提供されるプログラムには、大きく分けて次の3つがあります。

```
①Sambaサーバ        ：ネットワーク共有サーバ
②Sambaクライアント：ネットワーク共有クライアント
③Samba設定ツール   ：SWAT（WebブラウザでSambaを設定するツール）
```

①のSambaサーバは、ここで取りあげる中心テーマです。②のSambaクライアントは、Windowsのファイル共有フォルダにLinuxでマウントすることを可能にするソフトウェアです。③のSWATは、Sambaサーバの設定ツールですが、本章では設定ファイルをエディタで編集するので、この章を読む限りでは必要ありません。

コンパイルとインストール

まず、Sambaの設定ファイルを置くためのディレクトリを作成してください。

```
$ su
# mkdir /etc/samba
```

次に、ソースファイルを任意のパスに展開してください。ここでは、~/srcにソースファイルを展開した場合を説明します。

```
$ cd /usr/local/src
$ cd samba-3.0.11
$ cd source
$ ./configure --with-configdir=/etc/samba
```

デフォルトでは、/usr/local/sambaをトップディレクトリとして、各種ファイルがそのディレクトリ配下にインストールされます。トップディレクトリを変更したい場合は、./configureのパラメータとして、「--prefix=パス名」を指定してください。また、ここでは先ほど作成した/etc/sambaを、設定ファイルを置くディレクトリとして指定しています。

次に示すのは、configureの主なオプションです。Sambaの場合、重要なものが含まれているので、よく読んで指定してください。

▶configureの主なオプション

オプション	意味
--with-lockdir=	同時ファイルアクセスが行われた際の排他制御として共有ロックファイルを置くディレクトリ
--libdir=	ライブラリを置くディレクトリ
--with-configdir=	ファイル共有やプリンター共有の定義などを行うファイル群を置くディレクトリ（smb.conf設置パス）
--with-privatedir=	Sambaのパスワード（smbpasswd）を置くディレクトリ
--with-pam	PAMを通じて認証を行うことをサポートする
--with-pam_smbpass	MySQL、Postgreを認証DBとしたPAM認証モジュールを組み込む
--with-acl-support	アクセスの排他制御を行う
--with-manpages-langs	マニュアルの言語（en,ja,pl）を指定
--with-quotas	disk quotaの機能を共有ディレクトリに対して有効にする
--with-automount	共有ディレクトリのautomountに対応する

--with-ldapsam	LDAPによる直接認証を行う指定（モジュール導入）
--with-ldap	LDAP認証を使う場合の指定
--enable-cups	CUPSのプリントシステムを介して共有プリントサーバを使用
--enable-static	スタティックライブラリによるSamba導入
--enable-shared	共有ライブラリーによるSamba導入
--with-krb5=	kerberos5のサポートとインストールパスを指定

configureによる設定が終わったら、コンパイルとインストールを行います。

```
$ make
$ su
# make install
```

以上でインストールが完了しました。もっとも、Sambaの導入でいちばん重要なプロセスはこれからです。次項で説明する各種設定が完了するまで、起動せずにおきましょう。

環境設定

/etc/servicesの設定

Sambaを動かすためには、インストール後にいくつかの設定が必要です。

まず、/etc/servicesに、NetBIOS関連の設定が必要です。次の設定がない場合は追加してください。

▶/etc/servicesの設定例

```
netbios-ssn     139/tcp
netbios-ns      137/udp
```

なお、Sambaの起動方法としてスーパーサーバinetd/xinetdを使用することもできますが、起動が遅くなるため、Sambaにはあまり向いてません。

代わりに、SWATをinetd/xinetdで起動するように設定するのも1つの方法です。

SWATは、SambaのWebブラウザで行うツールです。標準でSambaに付属しています。Linuxでのサーバの運用に慣れていない場合にも、GUIで操作できるので便利です。使用方法についての説明は割愛しますが、サーバで使用する場合の設定について、簡単に説明します。

▶ inetdの場合：/etc/inetd.confの設定

```
swat stream tcp nowait.400 root /usr/local/samba/sbin/swat    swat
```

▶ xinetd.dの場合：/etc/xinetd.d/swatの設定

```
service swat
{
   port            = 901
   socket_type     = stream
   wait            = no
   only_from       = 共有するセグメントのネットワークIP/マスク値
   user            = root
   server          = /usr/local/samba/sbin/swat
   log_on_failure += USERID
   disable         = no
}
```

上記のいずれかの編集作業が終わったら、inetd/xinetdの再起動を行います。プロセスコマンドでプロセスをID確認のうえ、killコマンドを使用してリロードします。ここではinetdの例を示します。

```
# ps -e | grep inetd
3214  ?   00:00:00 inetd
# kill -HUP 3214
```

/etc/samba/smb.confの設定

Sambaの動作を決定する最も重要な設定ファイルは、smb.confです。通常は/etc/sambaディレクトリに置かれます。

smb.confは、定義内容ごとにいくつかのセクションに分けられています。最も重要なのは次の3つのセクションでしょう。

[global]	：最初に宣言するセクションで、各セクションに共通の設定を定義する
[printers]	：プリンタ共有のための定義を行うセクション
[homes]	：各ユーザーのホームディレクトリをファイル共有の対象とする場合に定義する

6-1 Sambaの導入

以下に示すのは、smb.confのサンプルです。この記述を参考に環境を構築してみてください。

● global セクション

```
[global]
  workgroup = example-share              ←①
  server string =                         ←②
  hosts allow = localhost,192.168.0.      ←③
  load printers = yes                     ←④
  printcap name = /etc/printcap           ←⑤
  log file = /usr/local/share/samba/var/log.%m  ←⑥
  max log size = 50                       ←⑦
  security = user                         ←⑧
  password level = 8                      ←⑨
  encrypt passwords = yes                 ←⑩
  socket options = TCP_NODELAY,SO_RCVBUF=8192,SO_SNDBUF=8192  ←⑪
  dns proxy = no                          ←⑫
  case sensitive =no                      ←⑬
  default case=upper                      ←⑭
  preserve case = no                      ←⑭
  short preserve case = no                ←⑭
  dos charset = CP932                     ←⑮
  unix charset = UTF-8                    ←⑯
  mangling method = hash                  ←⑰
  display charset = UTF-8                 ←⑱
```

【設定内容】

①NTドメイン名またはワークグループの名前を記述します。

②NTシステムの「記述」フィールドに表示される文字列を定義します。

③クライアントに対するアクセス制御の定義です。このフィールドで記述されたネットワーク以外からのアクセスは拒否します。

④プリンタの共有をプリンタごとに定義するのではなく、/etc/printcapからロードしたプリンタリストをベースに利用可能にしたい場合、yesにします。

⑤前項④のパラメータといっしょに必要で、printcapの絶対パスを指定します。

⑥接続マシンごとにログをとる場合に定義します。"%m"はクライアントマシンのNetBIOS名になります。

⑦生成するログファイルのサイズの上限値を記述します。

⑧セキュリティモードの設定を行います。一般的にはuserを指定します。
⑨パスワードの文字数の長さを決めます。
⑩暗号化パスワードを使用するかどうかを指定します。
⑪ソケットオプションを指定します。
⑫NetBIOSの名前解決をDNS Lookupで行うかどうかを決めるオプションです。
⑬ファイル名の大文字と小文字の区別をするかどうかを決定します。noを選択すると、これらの区別をしません。
⑭「preserve case」では、クライアントの指定が大文字小文字混じりだったとき、クライアントの指定に従うか、デフォルト指定(default caseで指定)に揃えるかを指定します。yesでクライアント指定に従います。「short preserve case」は、8.3形式のファイル名について同じ指定をします。
⑮Windows側で使用するファイル名の文字コード指定です。日本語を使用する場合はCP932にします。
⑯Linux側で使用するファイル名の文字コード指定です。EUCを使う場合はEUCJP-MSを指定します。
⑰ファイル名の変換方法を指定します。
⑱SWATを使ってページを日本語表示する場合の設定です。unix charsetと同じ指定にするのが基本です。

●そのほかのセクション

```
[works]          ←共通作業用フォルダ
  comment = working files      ←①
  path = /home/works           ←②
  browseable = yes             ←③
  writable = yes               ←④

[common]         ←すべてのフォルダに共通な設定
  comment = Common files
  path = /var/samba/common
  public = yes                 ←⑤
  browseable = yes
  writable = yes
  create mask = 0744           ←⑥

[homes]          ←各UNIXユーザーのログインフォルダ
```

次のページへ続く→

```
→前ページから続く
   comment = Home Directory
   browseable = no
   writable = yes

[printers]      ←共有プリンタの設定
   comment = All Printers
   path = /var/spool/lpd
   browseable = no
   writable = no
   printable = yes           ←⑦
   guest ok = no             ←⑧
```

【設定内容】
①共有ファイルを開いたときに、ウィンドウのタイトルに表示される文字の指定です。
②共有ファイルになる対象ディレクトリのパスを指定します。
③ブラウザリストに表示するかしないかを決定します。自分のディレクトリが他人に見えないようにするにはnoを指定します。
④フォルダへの書き込みを許可する設定です。
⑤他人にもアクセス許可を与える際にyesにします。
⑥ファイル生成時のパーミッションを決定します。
⑦プリンタ出力の許可設定です。
⑧ゲストログインユーザーに許可を行うかどうかの設定です。

Sambaのユーザーアカウントの作成

SambaサーバにWindowsなどのSMBクライアントから接続する際は、ユーザーアカウントでの認証が必要になります。

すでに作られている/etc/passwdから、Samba用のアカウントファイルを作成する方法が一般的です。次のように操作します。

```
# /usr/bin/mksmbpasswd.sh < /etc/passwd > /etc/samba/smbpasswd
```

次の方法でも生成可能です。

```
# cat /etc/passwd | /usr/bin/mksmbpasswd.sh > \
/etc/samba/smbpasswd
```

念のために内容を確認してみましょう。

```
# cat /etc/samba/smbpasswd
```

ユーザー追加ができたら、今度は自動登録したユーザーのパスワードを1つ1つ設定していきます。

▶パスワードの設定

```
# /usr/bin/smbpasswd windows1
New SMB password:
Retype SMB password:

# chmod 600 /etc/smbpasswd    ←安全のため、root以外は読めないようにパーミッション設定する
```

Sambaの起動

Sambaをスーパーサーバ（inetd/xinetd）経由で起動する場合は、前項で説明したように設定すれば完了です。クライアントから接続要求があると、Sambaが起動されます。

一方、Sambaをデーモンとして起動しておきたい場合は、次のコマンドラインで起動します。この場合、スーパーサーバからは起動しないように、/etc/inetd.confのSamba設定行をコメントアウトしておいてください。

```
# /usr/local/samba/bin/smbd -D -d2
# /usr/local/samba/bin/nmbd -D -d2
```

-dはデバックレベルの指定です。値の範囲は0～5です。数字が大きいほど、細かい情報を出力します。

●システム起動時に自動起動する設定

システムブート時にSambaを自動的に起動させるように、スクリプトの設置を行いましょう。

まず、自動起動のためのスクリプトを作成します。ここでは、/etc/rc.d/init.d/smbと

いう名前で作成します。
　たとえば、次のように設定してください。smbd/nmbdなどのパス名は、インストール環境に合わせて変更してください。

▶ /etc/rc.d/init.d/smb の例

```
#!/bin/sh

[ -f /etc/samba/smb.conf ] || exit 0

case "$1" in
    start)
        echo -n "Starting SMB services: "
        /usr/local/samba/sbin/smbd -D
        /usr/local/samba/sbin/nmbd -D
        echo
        touch /var/lock/subsys/smb
        ;;
    stop)
        echo -n "Shutting down SMB services:"
        NMBD=`cat /usr/local/samba/var/locks/nmbd.pid`
        SMBD=`cat /usr/local/samba/var/locks/smbd.pid`
        kill -9 $NMBD
        kill -9 $SMBD
        rm -f /var/locak/subsys/smb
        echo ""
        ;;
    restart)
        echo -n " Restarting SMB services:"
        $0 stop
        $0 start
        echo"done."
        ;;
    *)
        echo"Usage: smb {start|stop|restart}"
        exit 1
esac
```

次に、スクリプトにシンボリックリンクを張ります。たとえば起動時のランレベルが5なら、次のようにしてリンクを張ってください。

```
# ln -s /etc/rc.d/init.d/smb /etc/rc.d/rc5.d/S88smb
```

なお、例にあげたS88の箇所は、システムに合わせて適切な数値にしてください。少なくとも、inetd（SWAT考慮）の起動以降の番号を割り当てましょう。

6-2 Sambaに関するFAQ

Q1 Sambaをインストールして、psコマンドで起動を確認しているのですが、Windowsのパソコン側から共有しようとしてもアクセスができません。考えられる問題はなんでしょうか？

◆

A1 いちばん考えられるのは、サーバ側かクライアント側、あるいは双方のファイアウォール機能により、ポートがふさがれている可能性です。Windows XP SP2ではセキュリティ設定が厳しくなっているため、セキュリティ設定を若干緩める必要があります。また、同様にパーソナルファイアウォールやスパイウェア駆除ソフトを使っている場合は、ポートブロックが行われているため、それを解除する必要があります。

　それ以外では、共有フォルダの設定にミスがある可能性もあります。たとえば、browse関連の設定が許可されていない場合などです。

　最後に考えられるのが、Windows側に共有サービスの導入やNetBIOS over TCP/IPが設定されていない場合です。設定が行われているかどうか、確認しましょう。

Q2 Sambaサーバ内の共有フォルダに書き込み権を与えたのですが、実際にファイルをコピーしようとすると拒否されてしまいます。どのような問題があるでしょうか？

◆

A2 実際のフォルダのアクセス権、およびディレクトリ／ファイルの所有者が、Sambaの共有フォルダの設定とマッチしていない場合に発生します。Sambaの共有設定は仮想的なものなので、大もとのディレクトリやファイルがアクセス許可されてなければ、Sambaでアクセスはできません。

Q3 Sambaの書き込み速度が遅いのですが、これを速くするためのパフォーマンスチューニング方法はありますか？

◆

A3 まず、アクセス数が多いために遅いのか、それともネットワークの物理的な部分で問題が発生しているのか、マシンの処理能力で問題が発生しているのか、原因を切り分けましょう。

次のように問題を切り分けます。

①アクセス数が原因かどうか調べる

ある2点間でサーバを立ち上げて複数のプロトコルで送受信のテストを行ってみましょう。

たとえば、httpやftpを使ってSambaで書き込むファイルと同じものを送受信して、時間を計測します。その結果、Sambaで書き込んだ場合が、ftpなどの場合に比べて3倍以上かかるようであれば、Sambaの問題の可能性もあります。

パフォーマンスチューニングは試す価値があります。通信パラメータを指定することにより、若干の速度向上を期待することが可能です。たとえば、次にあげるパラメータがそれに相当します。

```
SO_SNDBUF    送信バッファ
SO_RCVBUF    受信バッファ
```

これは、1回で送出・受信するバッファを大きくとることで、効率よく通信を行うことを目的とするパラメータです。smb.confで、たとえば次のように設定します。

```
[global]
SO_SND_BUF=8192
SO_RCVBUF=8192
```

設定終了後は、sambaを再起動してください。

②ネットワークの物理的問題かどうか調べる

ハブが古い場合や、パソコン側のNICとハブの速度オートネゴシエーションの相性が悪い場合に遅くなることがあります。この場合、ftpやhttpでも速度は遅くなります。一般的には、NICが100Mbpsなのに、ハブのランプがオレンジ色に点灯しているなら、その可能性があります。

また、「netstat -i」でコリジョンがどの程度発生しているか確認しましょう。通信量が少ない状態でコリジョンが増えるなら、NICの問題である可能性は高いでしょう。ただし、まれにケーブルの接触不良、NICのドライバが原因の場合もあります。

③マシン処理能力の問題かどうか調べる

基本的なCPU性能、メモリ容量の問題もありますが、オープンされるファイル数がサーバのカーネルのFile Descriptorの最大値を超えていると、問題が発生します。接続数が多く、ファイルの更新が激しい場合にはこの可能性があります。

この場合は、OSのFile Descriptorの値を大きくする必要があります。設定は/etc/sysctl.confで行います。

```
fs.file-max=16384
```

設定が終わったら「sysctl -P」を実行して更新します。

Q4 Sambaへ接続しようとすると、認証で拒否されてしまいます。しかし、何度確認してもパスワード生成時の入力値は間違ってないように思えるのですが、どんな原因が考えられますか？

◆

A4 最初に考えられるのは、Sambaの認証がプレーン（平文）認証になっている場合です。Windows95やWindows98の後期バージョン以降、およびWindows NT4.0 SP3では、認証時に暗号化パスワードを使うのがデフォルト動作だからです。これがサーバとクライアント間でパスワード交換のミスマッチを引き起こし、結果的にパスワード認証の失敗となるわけです。

これを修正するには、smb.confの次の変数を修正しましょう。

```
encrypt passwords="no"    ➡    encrypt passwords="yes"
```

修正が終わったらサーバを再起動しましょう。

もう1つ考えられるのは、パスワードファイルのユーザーが無効になっているケースです。その場合は次のように実行してください。

```
# smbpasswd  -e taro
```

Q5 共有しているディレクトリにアクセスした際、日本語のファイル名が文字化けを起こしているようです。何が原因でしょうか？

◆

A5 WindowsとLinuxで、使用する文字コードが異なることが原因で発生している問題です。Windowsでは通常Shift JISが使われており、LinuxではEUCかUTF-8が使われています。

Sambaでこの文字コードを制御する設定は次のようになります。

▶ 文字コードの設定例

```
dos charset = CP932
unix charset = UTF-8
display charset = UTF-8
```

通常、最新のSamba3.xを導入しているならば、Shift JISのコードを指定することでサーバ側もクライアント（Windows）側も文字化けは起こらないはずです。古いSambaを使っている場合は、サーバ側で確認すると文字化けが発生する可能性があります。これはLinux側のターミナルやフォルダブラウザに表示する際、Shift JISが認識されないためです。coding system=eucを指定して、表示上の変換を行ってみてください。

Q6 Sambaサーバが、WindowsのActive Directoryドメインに参加することは可能ですか？

◆

A6 可能です。導入には、ライブラリの準備とSambaの再コンパイルが必要です。

導入手順の概要は次のようになります。

●必要なライブラリ

次のライブラリの存在を確認し、なければインストールしてください。

①MITかHeimdal Kerberos※の開発サポートライブラリ

MITのKerberos	: http://web.mit.edu/kerberos/www/dist/index.html#krb5-1.3.5-bin
HeimdalのKerberos	: http://www.pdc.kth.se/heimdal/

※Kerberosのバージョンは5.xxが必要です。

②OpenLDAP※の開発ライブラリ

OpenLDAP公式サイト：http://www.openldap.org/

※Red Hat系なら、openldap-develパッケージが利用できます。

●導入手順

次のとおりです。

①Kerberosのソースを標準パスにインストールしていない場合は、「--with-krb5=パス名」を付けてconfigureを行う。
②include/config.hに次のように追加する。

```
#define HAVE_KRB5 1
#define HAVE_LDAP 1
```

③コンパイル、インストールする。

なお、各ディストリビューションのパッケージからライブラリをインストールする場合、次のパッケージが必要になります。

▶Debianのパッケージ

```
libkrb5-dev
krb5-user
```

▶Red Hat Linux

```
krb5-workstation
krb5-libs
krb5-devel
```

【Kerberos】ケルベロス。ネットワーク認証ライブラリの1つ。
【OpenLDAP】LDAP (Lightweight Directory Access Protocol) のオープンソース版。ユーザー認証DBとして、大規模なサーバでは広く使われている。

ちなみに、SUSE Linuxは、標準でKerberosをサポートしています。もし、Sambaパッケージを SUSE のパッケージからインストールしているのなら、すべてのオプションが有効になった状態でのインストールとなっています。その場合、特に作業は必要ありません。

第7章
iptablesによる
ファイアウォールの構築

Linuxのファイアウォールといえば、iptablesです。iptablesを使うことで、Linuxサーバをクラッカーのアタックから守り、安全に運営することが可能となります。また、NICを2枚以上設置することで、本格的なファイアウォールルータとして利用することも可能になります。

最近のディストリビューションでは、インストール時のファイアウォールの設定作業の中でiptablesのルールが生成され、知らないうちに使っているケースが多くなりました。しかし、クライアントホストならともかく、サーバとなると、デフォルト設定のままで運用するには限界があります。

本章では、iptablesによる本格的なファイアウォール構築を目指す方のために、iptablesの概要と基本的な設定例を解説します。

- **7-1** iptables の使い方
- **7-2** ファイアウォール構築の実際
- **7-3** iptables の導入
- **7-4** iptables に関する FAQ

7-1 iptablesの使い方

iptablesの概要

　iptablesは、Linux上で動作するパケットフィルタリングソフトウェア（ツール）です。この機能により、本格的なファイアウォール機能を実現できます。

　また、NAT※（IPマスカレード）の機能を持っているため、プライベートアドレスをグローバルアドレスに変換することも可能です。これにより、1つのグローバルアドレスを利用して、プライベートアドレスを持つ複数のホストが同時にインターネットに接続することができます。つまり、LANとインターネットのゲートウェイ機能を実現できるのです。

　もっとも、いまではどの企業もファイアウォール機能を持つルータを導入しているため、「わざわざLinuxをファイアウォールにしなくてもよいのでは」と考える人が多いことも事実です。

　しかし、企業のファイアウォールは、実際には、社内にある端末やサーバに対するアクセス制御を細かく設定できず、大雑把な設定になっているケースが多いのです。このため、セキュリティ対策が十分でないサーバや端末は侵入されてしまうことがあります。

　やはり、サーバはサーバ自身でセキュリティを確保しておく必要があると思います。その意味で、iptablesはとても有効なツールとなってくれるでしょう。

　また、DMZ（公開サーバを置くセグメント）※を設置する場合、ルータの内側に複数のNICを実装したLinuxマシンを設置し、DMZへの接続はLinuxマシン経由とすることで、DMZへのアクセス制御を柔軟に行えるようになります。

　なお、ツールとしてのiptablesは一般的なユーザーコマンドですが、その主な機能は、カーネルの中にあるnetfilter（パケットを制御する機能）の設定です。当然、iptablesによる設定操作には、スーパーユーザーの権限が必要となります。

【NAT】 Network Address Translation
【DMZ】 De-Militalized Zone

7-1 iptablesの使い方

ファイアウォール構築のポリシー

　ファイアウォールの設定を行うには、事前に、そのマシンに入っているサーバがどのようなものかを調べないといけません。そして、どのようなプロトコルを通過させるのか、また、どのようなネットワークがファイアウォールの配下にぶら下がっているのか、などを整理しておく必要があります。

　そのうえで、内部のサーバやクライアントが使用するポートや、接続元として可能性のあるネットワーク／ホストは何かということを考えていくと、接続ポリシーとして決定するべき項目が見えてくるはずです。

　以下、基本的なポリシーの考え方について、一般的な手順をあげてみました。

基本ポリシーの考え方

①使用するサーバは何か（接続ポートの特定）

　サーバ自身が待ち受けるポートに関しては、外部からの接続を通過させる必要があります。また、該当ポートに対する接続を無条件にすべて通過させるのか、一定の条件を付けるのか、という検討が必要です。ファイアウォールマシンを設定する場合には、内部のサーバで稼動するサーバが使用するポートに関して、同様の設定が必要です。

②外部からのアクセスの選別（接続元IPの特定）

　外部からの接続に関して、不特定多数からのアクセスと、支店や取引先など、特定の接続元からのアクセスを、IPアドレスベースで切り分けられるかどうかについて検討します。

　この切り分けが可能な場合、あるポートへの接続に関しては、特定の接続元からの接続だけを許可する、という設定が容易に行えます。

　IPアドレスでの切り分けができない特定の接続元がある場合、この方法は使えないので、TCP Wrapperを併用し、ドメイン名ベースでの制限をかけるか、サーバごとの認証を併用することを検討します。

③内部からのアクセスの選別（接続元IPの特定）

　内部のネットワークも、外部からのアクセスを完全に遮断するLANと、外部に公開するサーバを設置するDMZとでは、アクセス制御の方針が異なります。

　それぞれについて、外部からの接続と内部から外部への接続について、許可／拒否するプロトコルとポートを確認する必要があります。

④サーバ自身が他ホストに接続するかどうか

　iptablesを設定するサーバから、外部または内部に接続するケースがあるかどうかを検討します。たとえばファイアウォールマシンの場合、自分自身が内外のホストに接続することはないケースも多いでしょう。一方、内部のメールサーバへの中継メールサーバとして使うケースもあります。

⑤DMZのアドレス範囲

　DMZのような公開セグメントを、プライベートIPアドレスで運用するか、グローバルIPアドレスで運用するかを検討します。

　DMZは、公開を前提にしているセグメントですから、プライベートIPで運用する場合は、DNAT（Destination NAT※）の処理が必要になります。

　これは、ファイアウォールのWAN側のIPアドレス、またはリザーブしているグローバルIPアドレスをプライベートアドレスにマッピングする（1対1で割り当てる）処理です。このことから仮想サーバともいいます。

⑥適用するイーサネットインターフェイスの決定

　以上のすべての項目に関して、許可/拒否を設定する接続が、どのNICから入って、どのNICから出て行くのかを明確にします。特にファイアウォールルータとして使う場合、内部に設置されているサーバがどのNICに接続されているかも、考慮する必要があります。

　また、以上で検討したセキュリティレベルは、各NICごとにプロトコル別に整理しておきます。最後に、NIC間の転送の許可/拒否のルールも決定します。

　①～⑤までで作成したポリシーに該当しない場合は、ここで作成したポリシーに従うようにすることで、ルールがすっきりします。

iptablesを利用できる環境

　iptablesを使うには、当然、カーネルがサポートしていることが前提です。

カーネルのバージョンと設定

　iptablesは、Linuxカーネル2.4以降でサポートされています。それ以前は、ipchains、またはipfwadmで、netfilterの設定を行っていました。古いカーネルを使っている場合、iptablesを使うためにはカーネル2.4以上にアップデートする必要があり

【Destination NAT】ルーティング前に宛先アドレスを書き換える処理。たとえばファイアウォールのポート80宛てのパケットを、LAN内の別のホストに転送するときなどに使う。

ます。

カーネルは、次の項目がYまたはMでコンパイルされている必要があります。

```
CONFIG_PACKET
CONFIG_NETFILTER
```

また、CONFIG_IP_NF_ではじまる項目は、大半がYまたはMになっている必要があります。ただし、ほとんどのディストリビューションの初期設定ではiptablesが使えるように設定されているので、このあたりはあまり気にしなくても大丈夫です。

モジュールとして設定した機能については、あらかじめロードしておくことが必要です。iptables実行時のオプションとしてロードを指定することもできますが、OS起動時、またはiptablesの設定スクリプトでまとめてロードしてしまう方法もあります。

簡単で確実なのは後者の方法です。この場合、modprobeまたはinsmodで直接ロードします[※]。

iptables使用時の関連モジュールのロード状況の一例をあげると、次のようになります。

```
# lsmod
Module                  Size    Used by     Not tainted
ipt_state               1216    6
ipt_REJECT              3872    0           (unused)
ipt_limit               1664    2
ipt_nat_ftp             3680    0           (unused)
ip_conntrack_ftp        4864    1
ipt_MASQUERADE          2720    3
iptable_nat            26164    2           [ipt_nat_ftp ipt_MASQUERADE]
ip_conntrack           34360    1           [ipt_state ip_nat_ftp ip_connt
ipt_LOG                 4000    2
iptable_filter          2464    1           (autoclean)
ip_tables              15936    9           [ipt_sate ipt_REJECT ipt_limit
    :
```

● そのほかのカーネルの設定 ●

カーネルのオプションのうち、iptablesに必要な機能と、セキュリティのために設定が推奨される機能を有効にする必要があります。

これには、/proc配下のファイルに「1」を書き込む方法と、/etc/sysctrl.confに設定する方法があります。まず、前者の方法から紹介します。

【モジュールのロード】Kernel 2.6はmodprobeを使用し、Kernel 2.4はinsmodも可。
「# modprobe <Module名>」あるいは「# insmod <Module名>.o」。
OS起動時に自動ロードする場合は、/etc/modprobe.confまたは/etc/modules.confを編集。

① NIC間の転送許可

OS側のパケットのフォワーディングを有効にします。これにより、NICからNICへの転送処理が可能になります。NAT変換（IPマスカレード）するためには必須です。

```
# echo 1 > /proc/sys/net/ipv4/ip_forward
```

② IP Spoofingの防御

IPアドレスの偽装（なりすまし）に対処する機能をONします。

```
# echo 1 > /proc/sys/net/ipv4/conf/default/rp_filter
```

③ DHCP対応

WAN側のNICがDHCPで動的に割り当てられている場合、それに応じて処理を行います（WAN側のNICアドレスが固定の場合は必要ありません）。

```
# echo 1 > /proc/sys/net/ipv4/ip_dynaddr
```

④ SYN Flood攻撃への対処

SYN Flood攻撃に対処できる機能をONにします。

```
# echo 1 > /proc/sys/net/ipv4/tcp_syncookies
```

⑤ Broadcast Pingの無視

ブロードキャストアドレスへのPingを無視する機能です。

```
# echo 1 > /proc/sys/net/ipv4/icmp_echo_ignore_broadcasts
```

⑥ 偽のエラーレスポンスの無視

偽のエラーレスポンスを無視します。

```
# echo 1 > /proc/sys/net/ipv4/icmp_ignore_bogus_error_responses
```

以上の設定をまとめて行うには、上記の内容をファイアウォールの起動スクリプトに記述しておきます。

あるいは、/etc/sysctl.confに次のように設定することで、OSの起動時に同じ設定が行われます。

▶ /etc/sysctl.confの設定例

```
net.ipv4.ip_forward = 1
net.ipv4.conf.default.rp_filter = 1
net.ipv4.ip_dynaddr = 1
net.ipv4.tcp_syncookies = 1
net.ipv4.icmp_echo_ignore_broadcasts = 1
net.ipv4.icmp_ignore_bogus_error_responses = 1
```

再起動せずに設定を反映させるには、次のコマンドを実行してください。

```
# sysctl -p
```

なお、sysctlは、カーネル起動後にカーネルオプションを変更するコマンドです。/etc/sysctl.confは、OS起動時にsysctlが読み込んで実行するファイルです。また、例にあげた変数名と値は、カーネル2.6と2.4.28で確認したものです。

複数NICを使用する場合に便利な方法

1台のマシンに複数のNICを挿入してルータのように使用する場合、NICごとに前述のパラメータを設定することが可能です。たとえばNICを3枚使用している場合で、もしNICごとにip_forwardingを設定するなら、/etc/sysctrl.confに次のように記述します。

```
net.ipv4.conf.eth0.forwarding = 1
net.ipv4.conf.eth1.forwarding = 1
net.ipv4.conf.eth2.forwarding = 1
```

また、全部のNICをip_forwardingさせるなら、次のいずれかの記述になります。

```
net.ipv4.conf.all.forwarding = 1
net.ipv4.conf.default.forwarding =1
net.ipv4.ip_forward = 1
```

なお、1番目の設定を行うと、そのほかの設定は無視されます。また、NICごとの定義が存在する場合、3番目の設定は無視されます。指定しなかったNICに対しては2番目の設定が必要となり、これがデフォルト値として採用されます。

同様に、そのほかのネットワークパラメータも設定することが可能です。

まずは、現在使用している環境で、設定されている変数の値を確認してみるのが先決です。サポートされている変数は、次のコマンドで確認できます。

```
# sysctl -a
```

これで、サポートされている変数とその値が表示されます。

また、/proc/sys/net/ipv4/下のファイルの内容をcatしてみるのもよいでしょう。sysctl -aを実行した際に表示される変数と、実際のファイル名が一致していることがわかります。

各変数の意味については、カーネルソースを展開したディレクトリで見つけることができるので、参考にしてください。

▶ ネットワーク系のsysctlパラメータの解説

/usr/src/linux/Documentation/networking/ip-sysctl.txt

iptables コマンド

iptablesを使うには、テーブルやチェインなどの概念をきちんと理解しておく必要があります。この理解なしでは、ファイアウォールの設計はおろか、iptablesのルールさえ考えることはできません。

テーブル

テーブルは、パケットフィルタリングなどのルールを保持する空間です。具体的には、次項で説明するチェインを保持します。

接続機能別にfilter、nat、mangleの3つが用意されています。

最も重要なのはfilterテーブルで、このテーブルにはパケットフィルタリング関係の設定を行います。natテーブルには、アドレス変換の設定を行います。mangleにはパケットの内容を書き換える設定を行いますが、普通はあまり使うことはないでしょう。

▶ テーブルの種類

テーブル	意味
filter	フィルタを指定する
nat	アドレス変換を指定する
mangle	パケットの内容の改変に使用する。TOS,TTL,MARKなどを書き換えることができる

チェイン、ルール、ターゲット

●チェイン

　チェインは、パケットを取り扱う方法を記述したルールのリストです。パケットの方向や経路によって、INPUT、OUTPUT、FORWARD、PREROUTING、POSTROUTINGの5つのチェインが用意されています。

　たとえば、ネットワークからホストの内部プロセスに入ってくるパケットはINPUTチェインで検査され、NICから別のNICに転送されるパケットはFORWARDチェインで検査される、という具合です。言い換えれば、チェインはパケットが検査される場所を表しているわけです（→P.321図参照）。

▶ デフォルトで用意されているチェイン

INPUT	外部から受信し、ホストの内部プロセス宛てのパケットに適用されるルールセット
OUTPUT	ホスト内部から送信するパケットに適用されるルールセット
FORWARD	NICから別のNICへの転送パケットに適用されるルールセット
PREROUTING	ルーティング前に評価されるルールセット
POSTROUTING	ルーティング後に評価されるルールセット

　各テーブルの中には、あらかじめ次のようなチェインが定義されています。

▶ 各テーブルに用意されているチェイン

テーブル	チェイン
filter	INPUT,FORWARD,OUTPUT
nat	PREROUTING,OUTPUT,POSTROUTING
mangle	PREROUTING,OUTPUT,INPUT,FORWARD,POSTROUTING

※mangleのチェインは、kernel-2.4.18以降でINPUT,FROWARD,POSTROUTINGが追加された。それ以前はPREROUTINGとOUTPUTのみ。

●ルール

　ルールはパケットを取り扱う方法の定義で、iptables記述の基本単位です。

　ルールの内容は、「対象テーブルとチェイン」「パケットのマッチ条件」「条件にマッチしたときのターゲット」が基本です。

　実際に記述するときは、iptablesの-tオプションで対象テーブルを、-Aオプションなどで対象チェインを、それぞれ指定します。

●ターゲット

　ターゲットは、ルールの条件にマッチしたパケットの処理を決めるアクションです。たとえばfilterテーブルでは、あらかじめ、ACCEPT、DROP、RETURN、QUEUEの4つのターゲットが用意されています。

　ACCEPTはパケットを通過させます。DROPはパケットを通過させずに捨ててしまいます。

　RETURNは、このチェインの処理を中止し、このチェインを呼び出したチェインの、次のルールに戻ります（次の「ユーザー定義チェイン」参照）。QUEUEはパケットをユーザー空間に渡すという意味ですが、これはほとんど使われません。

　このほか、拡張ターゲットモジュールを組み込むと、ターゲットの種類も増えます。たとえばDNAT、MASQUERADE、LOGなどがあります。

●ユーザー定義チェイン

　新しいチェインをユーザーが定義することもできます。たとえば、pppのような特定インターフェイス用のチェインを作り、そこにルールを記述します。

　ユーザー定義チェインは、ターゲットとして指定できます。たとえばpppインターフェイスから入ってくるパケットを評価するためのppp-inというチェインを作り、INPUTチェインの中で、pppインターフェイスから入ってくるパケットに関しては、ppp-inチェインをターゲットとして指定するという使い方ができます。

●パケットが評価される経路

　以上をまとめると、iptablesが動いているホストでは、NICを通過するパケットは、経路に従って、順にチェインの中のルールと比較されます。そして、ルールに記述された条件とマッチしたとき、ルールで定義されたターゲットに渡されます。

　チェインによっては、複数のテーブルで同じ名前のチェインが定義されている場合がありますが、そのすべてが順に評価されます。

7-1 iptablesの使い方

▶パケットの評価経路（パケットは左から右へ流れる）

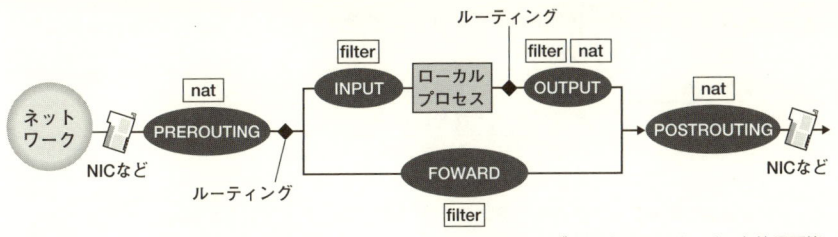

```
ネット        nat         filter      ルーティング     filter  nat        nat
ワーク  →  PREROUTING  →  INPUT  →  ローカル   →  OUTPUT  →  POSTROUTING  →  NICなど
NICなど         ルーティング        プロセス                              
                              ↓  FOWARD  ↑
                                 filter
```

※mangleテーブルはすべてのチェインを使用可能

iptablesコマンドの書式

以上の要素をiptablesコマンドで指定するには、次のようにします。

●ルールの書式

ルールは次の書式で指定します。テーブルは-tオプションで指定します。

▶iptablesコマンドのルールの書式

```
iptables [-t table] [-A chain] [条件] -j [ターゲット]
```

●チェインの操作

チェインにルールを追加するなどの操作は、次のように行います。

▶iptablesコマンドでのチェイン指定

オプション	意味
-A チェイン	チェインに条件やターゲット（ルール）を追加する
-P チェイン	チェインのデフォルトターゲット（ポリシー）を決定する
-F チェイン	条件の合致するチェインを削除する。chain省略時は「すべて削除」を意味する

●プロトコルの指定

条件としてプロトコルを指定する場合、-pオプションを使用します。TCPとUDPの場合、ポート番号も指定できます。また、-sで送信元、-dで送信先のIPアドレスを指定できます。

▶ プロトコルとポート番号の指定

-p プロトコル	プロトコルを条件として指定する。tcp、udp、icmp、all などを指定可
--sport ポート番号	送信元のポート番号の指定
--dport ポート番号	宛先のポート番号の指定
-s IP アドレス [マスク]	送信元（ソース）IP アドレスの指定。サブネットマスクを用いた指定も可
-d IP アドレス [マスク]	送信先（デスティネーション）IP アドレスの指定。サブネットマスクを用いた指定も可

● インターフェイスの指定

条件としてインターフェイスを指定する際は、次の書式を使います。

▶ インターフェイスの指定

オプション	意味
-i インターフェイス	interface から入力されるパケットを条件として指定する。eth0、eth1 などを指定可
-o インターフェイス	interface から出力されるパケットを条件として指定する。eth0、eth1 などを指定可

● ターゲットの指定

ターゲットは、-j オプションで指定します。

▶ ターゲットの指定

オプション	意味
-j ACCEPT	パケットの通過を許可する
-j DROP	パケットの通過を拒否する。エラーを返さない
-j MASQUERADE	-t nat と -A POSTROUTING を同時に用いて、送信元 IP アドレスとポート番号の書き換えを行う
-j SNAT	-t nat と -A POSTROUTING を同時に用いて、送信元 IP アドレスの書き換えを行う。MASQUERADE と同様の機能だが、変換先 IP アドレスが固定の場合はこちらを使う
-j DNAT	-t nat と -A PREROUTING を同時に用いて、宛先 IP アドレスの書き換えを行う

7-1 iptablesの使い方

SNATとDNATでは、書き換える宛先IPアドレスとポート番号を指定します。

```
-j SNAT --to-source IPアドレス [ポート番号]
-j DNAT --to-destination IPアドレス [ポート番号]
```

なお、設定の詳細は、次節の設定例も参照してください。

7-2 ファイアウォール構築の実際

iptablesによる設定の流れ

それでは、実際にiptablesコマンドを使ってファイアウォールの設定を行いましょう。

ルールを作る手順は、次のようになります。

①テーブルに設定されているルールを初期化（クリア）する。
②各チェインのデフォルトのポリシー（ACCEPT/DROP/MASQUERADEなど）を決定する。
③NATテーブルやfilterテーブルの基本設定をインターフェイスごとに設定する。
④プロトコルごとにルールを決定し、ネットワーク、ホストごとにもアクセス可否を設定する

①ルールの初期化の例

次のコマンドラインは、NATテーブルとfilterテーブルの設定をすべてクリアする例です。

▶NATとフィルターの設定を初期化する

```
# iptables -t filter -F INPUT
# iptables -t filter -F OUTPUT
# iptables -t filter -F FORWARD
# iptables -t nat    -F PREROUTING
# iptables -t nat    -F POSTROUTING
# iptables -t nat    -F OUTPUT
```

②ポリシー設定の例

次のコマンドラインは、デフォルトの設定としてパケット転送を許可する設定です。ですから、④の設定では（→P.326）、拒否をする設定を基本に記述していくとよいでしょう。

```
# iptables -t filter -P FORWARD ACCEPT
```

次のコマンドラインはデフォルトの設定としてパケット転送を拒否する設定です。この場合、④の設定では、許可をする設定を基本に記述していくとよいでしょう。

```
# iptables -t filter -P FORWARD DROP
```

そのほかのチェインも、基本となるデフォルトポリシーを設定しておきましょう。

③インターフェイスごとの基本設定の例

ここでは、基本のパケットの流れを想定して、それをインターフェイスごと（INPUT/OUTPUTチェイン）、あるいは、インターフェイスのペア（FORWARDチェイン）でどう扱うかを考えます。複雑な設定はトラブルの原因となるため、ここではざっくりとしたルールを設定し、細かい部分は④のプロトコル別の設定で行うようにしましょう。

次の例は、内部ネットワークからのパケットをWAN側インターフェイス（eth0）でアドレス変換する例です。この例ではMASQUERADEターゲットを使っているので、WAN側インターフェイスが動的に変化する場合でも大丈夫です。

```
# iptables -t nat -A POSTROUTING -o eth0 -j MASQUERADE
```

WAN側インターフェイスのIPアドレスが固定の場合、MASQUERADEターゲットの代わりにSNATターゲットを使うことが推奨されています。

次の例は、SNATターゲットを使った、ごく一般的なNATの設定です。192.168.0.0のネットワーク上からのパケットは、送信元IPアドレスをファイアウォールのWAN側IPアドレスに変換されてから出て行きます。

```
# iptables -t nat -A POSTROUTING -s 192.168.0.0/24 -o eth0 \
    -j SNAT 10.10.20.11
```

次のように指定すると、192.168.0.0/24からのパケットは、10.10.10.1〜10のアドレス範囲に変換されて出ていきます。

```
# iptables -t nat -A POSTROUTING -s 192.168.0.0/24 -o eth0 \
    -j SNAT 10.10.10.1-10.10.10.10
```

次の例は、内部ネットワークから外部（インターネット側）へのWeb接続を拒否するものです。

```
# iptables -t filter -A OUTPUT -i eth1 -p tcp --dport 80  -j DROP
```

④プロトコルごとの細かい設定の例

最後に、プロトコルごとに細かい設定を行います。

次の例は、外部ネットワークからのSSH接続を、ファイアウォールの内部（プライベートネットワーク）にあるSSHサーバへ転送する例です。10.10.20.11は、ファイアウォールのWAN側のIPアドレスです。

```
# iptables -t nat -A PREROUTING -d 10.10.20.11 -p tcp --dport 22 \
    -j DNAT --to 192.168.1.101
```

次の例は10.10.20.11へのWeb接続があった場合、192.168.1.102へ転送します。

```
# iptables -t nat -A PREROUTING -d 10.10.20.11 -p tcp --dport 80 \
    -j DNAT --to 192.168.1.102
```

そのほかの設定例

①SYNFLOOD対策

次の例では、新しいTCPコネクションをサーバに要求するパケットの転送を、1秒間あたり1パケットまで許可します。この制限を超えて届くパケットは、ルールの条件にマッチしなくなり、次のルールに進みます。通常は、この次のルールでDROPを指定する必要があります。

```
# iptables -A FORWARD -p tcp --syn -m limit --limit 1/s -j ACCEPT
```

②ポートスキャン対策

ポートスキャンで接続してくるTCPのフラグタイプは「SYN,ACK,FIN,RST,RST」のパターンです。そこで、これにマッチするパケットは、1秒間あたり1パケットを上限として受け付けます。

```
# iptables -A FORWARD -p tcp --tcp-flags SYN,ACK,FIN,RST RST \
    -m limit --limit 1/s -j ACCEPT
```

③Ping of Death対策

1秒間あたり1パケットまでは、ICMPパケットのエコー要求の転送を許可します。pingを利用した攻撃への対策です。

```
# iptables -A FORWARD -p icmp --icmp-type echo-request -m limit \
    --limit 1/s -j ACCEPT
```

④ステートコントロール

ppp0から入って来るパケットのうち、新規と無効のものをINPUTチェインとFORWARDチェインで禁止します。「--state NEW,INVALID」の部分で、「新規と無効のパケット」を指定しています。

```
# iptables -A INPUT -i ppp0 -m state --state NEW,INVALID -j DROP
# iptables -A FORWARD -i ppp0 0 -m state --state NEW,INVALID -j DROP
```

⑤ユーザー定義チェインの使用

ログに記録してからDROPするチェインを作成します。このチェインはターゲットとして使用できます。

```
# iptables -N LOG_AND_DROP
# iptables -A LOG_AND_DROP --log-level warning -j LOG
# iptables -A LOG_AND_DROP -j DROP
```

ルールの考え方

設定されたルールを評価する方式は、ファイアウォールソフトによってさまざまです。iptablesの評価方式は、パケットフィルタリングに多い「ふるい落とし方式」ではなく、「選抜方式」（条件にマッチした時点で許可）が採用されています。

●ふるい落とし方式

　いったんすべてのルールを評価する方式です。この方式の場合、複数のルールの途中で間違った設定をしていると、思ったとおりに動作しません。ふるい落とし方式の中にも、ルールを評価する順番を優先するタイプのものもあります。

●選抜方式

　この方法は、最初にマッチしたルールに出会った時点でルールを評価します。もし、その結果がACCEPTなら、その時点でパケットは通過し、ルールの評価はそこで終了します。アプリケーションゲートウェイ（proxy）タイプは、この方法をとっているケースが多いようです。

ファイアウォールの構築例

　次に、実際にiptablesでルータを作る場合の設定例を紹介します。ここでは、次図のようなネットワーク上のファイアウォールマシンを設定することにします。

▶ 設定例のネットワーク構成

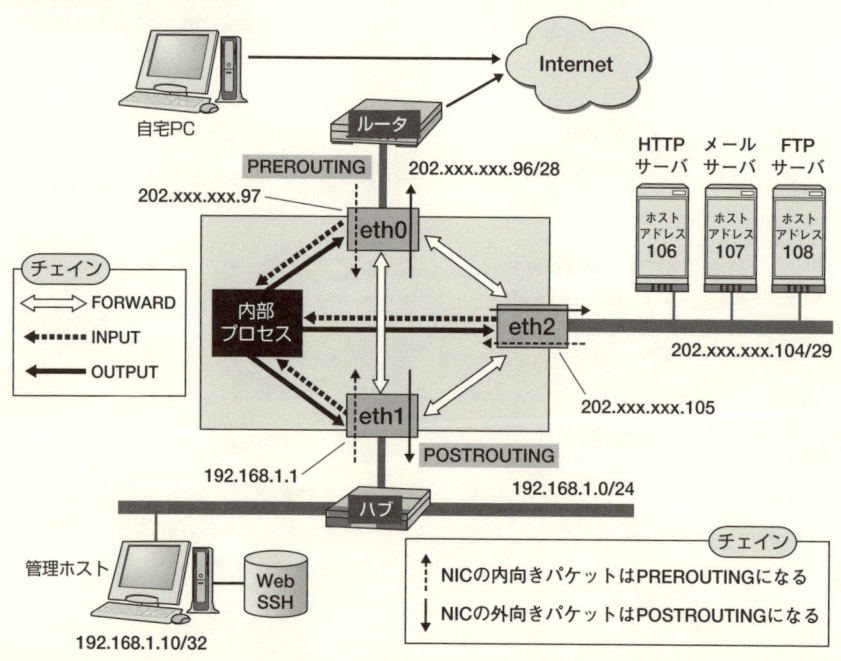

7-2 ファイアウォール構築の実際

このネットワーク構成をもとに、次のようなセキュリティポリシーを考えます。

> ①外部・内部ともpingを許可する。ただし、攻撃してきたものについてはログに記録し、ドロップする。PING of Deathなどの攻撃やPING Broadcastにも対処する。
> ②内部から外部へ接続を行う場合は、NAT変換で出て行くようにする。DMZから外部への接続は、NATなしとする。
> ③外部から内部のホスト（192.168.1.10）にSSH経由でポートフォワーディングして接続が行えるようにする。ファイアウォールのメンテナンスができるのはこのホストのみとし、外部から直接ファイアウォールをメンテナンスすることは避ける。
> ④TCPのINVALIDパケット（不正パケット）はログに残して破棄する。
> ⑤SYNFLOOD攻撃や不正なフラグを持ったパケットはログに残して破棄する。
> ⑥外部・内部からの接続は、基本は公開サーバ上のプロトコルのみ許可する。
> ⑦公開サーバ上のSSHサーバには、192.168.1.10からの接続のみ許可する。

これらのポリシーをもとにルールを決定しますが、それを適用するスクリプトは次のとおりです。

▶ /etc/rc.d/init.d/iptables.sh

```
#!/bin/sh
PATH=/sbin:/bin:/usr/bin:/usr/sbin

##########################################################
# モジュールのロード
##########################################################
# モジュールの更新
depmod -a

modprobe ipt_LOG
modprobe ipt_MASQUERADE
modprobe ip_conntrack_ftp
modprobe ip_nat_ftp
modprobe ipt_limit
modprobe ipt_REJECT
modprobe ipt_state

###################################################
# 自分自身の各NICのアドレス割り当て
###################################################
WAN_IP="202.xxx.xxx.97"
LAN_IP="192.168.1.1"
DMZ_IP="202.xxx.xxx.105"
```

次のページへ続く→

→前ページから続く
```
LO_IP="127.0.0.1"


##################################################
#  各NICのデバイス名
##################################################
WAN_IF="eth0"
LAN_IF="eth1"
DMZ_IF="eth2"
LO_IF="lo"

#  LAN側のブロードキャスト
LAN_BCAST="192.168.1.255"

#  DMZ上に配置するサーバのアドレス情報を定義
HTTP_DMZ="202.xxx.xxx.106"
MAIL_DMZ="202.xxx.xxx.107"
FTP_DMZ="202.xxx.xxx.108"

#  LAN上に配置するサーバのアドレス情報を定義
SSH_LAN="192.168.1.10"
HTTP_LAN="192.168.1.10"


######################################################################
#  ポリシーの初期化
######################################################################
#  すべてのルールを削除
iptables  -F
#  パケットカウンタをクリア
iptables  -Z
#  デフォルトのポリシーを設定する
iptables  -P  INPUT    DROP
iptables  -P  OUTPUT   DROP
iptables  -P  FORWARD  DROP


######################################################################
#  正しいTCPコネクションを許可するための基本チェインの作成
######################################################################
iptables -N ACCEPT_CONN
iptables -A ACCEPT_CONN -p TCP --syn -j ACCEPT
```
次のページへ続く→

→前ページから続く

```
iptables -A ACCEPT_CONN -p TCP -m state \
    --state ESTABLISHED,RELATED -j ACCEPT
iptables -A ACCEPT_CONN -p TCP -j DROP


######################################################################
# 単純なPINGを（インターネット側からも）受け付けるチェインの作成。
# ネットワークが正常なら8番のEcho Requestだけでかまわないが、間に介在す
# るルータなどのトラブルを考慮すると11番と3番も通したほうがよい。
######################################################################
iptables -N ICMP_PACKET
# Destination Unreachable
iptables -A ICMP_PACKET -p icmp -s 0/0 --icmp-type 3 -j ACCEPT
# Echo Request
iptables -A ICMP_PACKET -p icmp -s 0/0 --icmp-type 8 -j ACCEPT
# Time Exceeded
iptables -A ICMP_PACKET -p icmp -s 0/0 --icmp-type 11 -j ACCEPT


######################################################################
# ファイアウォール内の各NICがPINGに反応するための設定。上記の設定と若干重複するが、好みに
# よってファイアウォール内部のICMPの抑制を行う場合のため、重複を残す。必要に応じてはずす
######################################################################

# ICMPの出力について設定
iptables -A OUTPUT -p icmp --icmp-type 0  -j ACCEPT  # Echo Reply
iptables -A OUTPUT -p icmp --icmp-type 3  -j ACCEPT  # Host Unreachable
iptables -A OUTPUT -p icmp --icmp-type 4  -j ACCEPT  # Source Quench
iptables -A OUTPUT -p icmp --icmp-type 5  -j ACCEPT  # Redirect
iptables -A OUTPUT -p icmp --icmp-type 8  -j ACCEPT  # Echo Request
iptables -A OUTPUT -p icmp --icmp-type 11 -j ACCEPT  # TTL Exceeded
iptables -A OUTPUT -p icmp --icmp-type 12 -j ACCEPT  # Parameter Problem

# ICMPの入力について設定
iptables -A INPUT -p icmp --icmp-type 0  -j ACCEPT  # Echo Reply
iptables -A INPUT -p icmp --icmp-type 3  -j ACCEPT  # Host Unreachable
iptables -A INPUT -p icmp --icmp-type 4  -j ACCEPT  # Source Quench
iptables -A INPUT -p icmp --icmp-type 5  -j ACCEPT  # Redirect
iptables -A INPUT -p icmp --icmp-type 8  -j ACCEPT  # Echo Request
iptables -A INPUT -p icmp --icmp-type 11 -j ACCEPT  # TTL Exceeded
iptables -A INPUT -p icmp --icmp-type 12 -j ACCEPT  # Parameter Problem
```

次のページへ続く→

【ICMP】 Internet Control Message Protocol。pingコマンドやtracerouteコマンドで使われるプロトコルで、ホストやルータの生死を確認するためなどに使用される。このプロトコルはTCPやUDPと同一レベルに位置し、トラブルシューティング向けに設計されているため、障害が起きた場合には詳細な情報を取得できる。

→前ページから続く

```
####################################################################
# eth0に対するIPスプーフィング対策（チェイン作成）
####################################################################
iptables  -N TCP_DROP
iptables  -A TCP_DROP -p tcp ! --syn -m state --state NEW -j LOG \
    --log-prefix "INVALID TCP Packet:"
iptables  -A TCP_DROP -p tcp ! --syn -m state --state NEW -j DROP

####################################################################
# IPスプーフィングの発信元にならないように、
# OUTPUTでは、この設定以外とICMP以外は通さない
####################################################################
iptables -A OUTPUT -p ALL -o $LAN_IF -s $LAN_IP -j ACCEPT
iptables -A OUTPUT -p ALL -o $WAN_IF -s $WAN_IP -j ACCEPT


####################################################################
# SYNFLOOD攻撃への対策
####################################################################
iptables -N SYNFLOOD_DROP
iptables -A INPUT -i $WAN_IF -j SYNFLOOD_DROP
iptables -A SYNFLOOD_DROP -m limit --limit 10/s --limit-burst 20 \
    -j RETURN
iptables -A SYNFLOOD_DROP -m limit --limit 1/s --limit-burst 10 \
    -j LOG --log-level=1 --log-prefix "SYNFLOOD: "
iptables -A SYNFLOOD_DROP -j DROP


####################################################################
# eth0に対するIPスプーフィング対策
####################################################################
iptables -A TCP_DROP -i $WAN_IF -s 10.0.0.0/8 -j DROP
iptables -A TCP_DROP -i $WAN_IF -s 172.16.0.0/12 -j DROP
iptables -A TCP_DROP -i $WAN_IF -s 192.168.0.0/16 -j DROP


####################################################################
# 内部ネットワークからの接続はNATでアドレス変換を行う
####################################################################
# WAN_IF(eth0)でNAT変換の処理を行う。
iptables -t nat -A POSTROUTING -s 192.168.1.0/24 -o $WAN_IF \
    -j SNAT --to-source $WAN_IP
```

次のページへ続く→

→前ページから続く

```
# iptables -t nat -A POSTROUTING -s 192.168.1.0/24 -o $WAN_IF \
    -j MASQUERADE    ←これでもOK
# LAN_IF(eth0)への転送を許可する
iptables -A FORWARD   -i $LAN_IF -j ACCEPT
iptables -A FORWARD   -m state --state ESTABLISHED,RELATED \
    -j ACCEPT


######################################################################
# 各NICに対するアクセス許可の設定
######################################################################
# LAN側から入ってきたプロトコルアクセスを許可 (FireWall内部サーバと連携時は必要)
# iptables -A INPUT -p ALL -i $LAN_IF -d $LAN_IP -j ACCEPT

# LAN側から入ってきたブロードキャストを受け取る
iptables -A INPUT -p ALL -i $LAN_IF -d $LAN_BCAST -j ACCEPT

# ループバックインターフェイスの入出力を許可
iptables -A INPUT  -p ALL -i $LO_IF -s $LO_IP -d $LO_IP -j ACCEPT
iptables -A OUTPUT -p ALL -o $LO_IF -s $LO_IP -d $LO_IP -j ACCEPT

######################################################################
# 以前に作成したICMP_PACKETチェインをWAN側に適用する
######################################################################
iptables -A INPUT -p ICMP -i $WAN_IF -j ICMP_PACKET


######################################################################
# 以前に作成した不正なTCPパケットを防ぐTCP_DROPチェインを、ここでWAN側
# インターフェイスに適用する
######################################################################
iptables -A INPUT -p ICMP -i $WAN_IF -j TCP_DROP


######################################################################
# 以前に作成した不正なTCPパケットを防ぐTCP_DROPチェインを、ここでLAN側
# インターフェイスに適用する
######################################################################
iptables -A INPUT -p ICMP -i $LAN_IF -j TCP_DROP
```

次のページへ続く→

→前ページから続く

```
###################################################################
# すべてのプロトコルタイプに関して、WANインターフェイスに入ってきたパケット
# のうち、セッションが確立したものに関しては受け取る
###################################################################
iptables -A INPUT -p ALL -d $WAN_IP -m state \
    --state ESTABLISHED,RELATED -j ACCEPT


###################################################################
# DMZ上のサーバへのアクセスについての定義
###################################################################
iptables -A FORWARD -i $DMZ_IF -o $WAN_IF -j ACCEPT
iptables -A FORWARD -i $WAN_IF -o $DMZ_IF -m state \
    --state ESTABLISHED,RELATED -j ACCEPT
iptables -A FORWARD -i $LAN_IF -o $DMZ_IF -j ACCEPT
iptables -A FORWARD -i $DMZ_IF -o $LAN_IF -j ACCEPT


###################################################################
# DMZ上に配置するWEBサーバへのパケット
###################################################################
iptables -A FORWARD -p TCP -i $WAN_IF -o $DMZ_IF -d $HTTP_DMZ \
    --dport 80 -j ACCEPT_CONN
# メンテナンスのためにPINGが届くようにする
iptables -A FORWARD -p ICMP -i $WAN_IF -o $DMZ_IF -d $HTTP_DMZ \
    -j ICMP_PACKET


###################################################################
# DMZ上に配置するMAILサーバ(SMTP,POP,IMAP)へのパケット
###################################################################
iptables -A FORWARD -p TCP -i $WAN_IF -o $DMZ_IF -d $MAIL_DMZ \
    --dport 25  -j ACCEPT_CONN
iptables -A FORWARD -p TCP -i $WAN_IF -o $DMZ_IF -d $MAIL_DMZ \
    --dport 110 -j ACCEPT_CONN
iptables -A FORWARD -p TCP -i $WAN_IF -o $DMZ_IF -d $MAIL_DMZ \
    --dport 143 -j ACCEPT_CONN
# メンテナンスのためにPINGが届くようにする
iptables -A FORWARD -p ICMP -i $WAN_IF -o $DMZ_IF -d $MAIL_DMZ \
    -j ICMP_PACKET
```

次のページへ続く→

7-2 ファイアウォール構築の実際

→前ページから続く

```
###################################################################
# DMZ上に配置するFTPサーバへのパケット
###################################################################
iptables -A FORWARD -p TCP -i $WAN_IF -o $DMZ_IF -d $FTP_DMZ \
    --dport 20 -j ACCEPT_CONN
iptables -A FORWARD -p TCP -i $WAN_IF -o $DMZ_IF -d $FTP_DMZ \
    --dport 21 -j ACCEPT_CONN
# メンテナンスのためにPINGが届くようにする
iptables -A FORWARD -p ICMP -i $WAN_IF -o $DMZ_IF -d $FTP_DMZ \
    -j ICMP_PACKET

###################################################################
# SSH接続はLAN上に配置するSSHサーバへ転送
###################################################################
iptables -t nat -A PREROUTING -p TCP -i $WAN_IF -d $WAN_IP \
    --dport 22 -j DNAT --to-destination $SSH_LAN
iptables -A FORWARD -i $WAN_IF -o $LAN_IF -d $SSH_LAN -p TCP \
    --dport 22 -j ACCEPT

###################################################################
# HTTPSへの接続はLAN上に配置するWebサーバへ転送
###################################################################
iptables -t nat -A PREROUTING -p TCP -i $WAN_IF -d $WAN_IP \
    --dport 443 -j DNAT --to-destination $HTTP_LAN
iptables -A FORWARD -i $WAN_IF -o $LAN_IF -d $HTTP_LAN -p TCP \
    --dport 443 -j ACCEPT
```

以上の内容を作成したら、/etc/rc.d/init.dの配下に保存し、実行権を与えてください。ファイル名は任意ですが、ここではiptables.shとしましょう。

```
# chmod 700 /etc/rc.d/init.d/iptables.sh
```

次に、スクリプトにシンボリックリンクを張ります。たとえば起動時のランレベルが3なら、次のようにしてリンクを張ってください。

```
# ln -s /etc/init.d/iptables.sh /etc/rc3.d/S80firewall
```

管理用ホストの設定例

次の例は、内部ネットワーク（LAN側）と公開セグメント（DMZ側）で使用するシェルスクリプトです。共通点が多い内容なので、両方で使用できる共用スクリプトとなっています。スクリプトの中に「(LAN)」「(DMZ)」「(LAN/DMZ)」というコメントがあるので、該当しない箇所を削除するかコメントアウトしてください。スクリプト名は任意ですが、ここではiptables-base.shとします。

▶LAN側/DMZ側サーバ共通のiptablesスクリプト (iptables-base.sh)

```
#!/bin/bash
#
# LAN側サーバとDMZ側サーバの共用スクリプト
# 必要に応じてコメントアウトして使用する
#
PATH=/sbin:/usr/sbin:/bin:/usr/bin
# iptablesの初期化
iptables -F
# INPUT/FORWARD チェインのポリシー設定: 基本はDROP
iptables -P INPUT DROP
iptables -P FORWARD DROP
iptables -P OUTPUT ACCEPT

# LOG して DROPするチェインを作成
iptables -N LOG_AND_DROP
iptables -A LOG_AND_DROP -j LOG --log-level warning
iptables -A LOG_AND_DROP -j DROP


###############################################################
# 以下はLAN側サーバとDMZ側サーバで設定が異る箇所があるため、必要に応じて
# コメントにする。
# 各コメントの最後の (xxx) を参照に、不要なものはコメント化する。
#    (LAN) :LAN用スクリプトとして使う場合のルール
#    (DMZ) :DMZ用スクリプトとして使う場合のルール
###############################################################
#
```

次のページへ続く→

→前ページから続く

```
################################################################
# Web接続の許可
################################################################
# LANからLAN側サーバへのWEB接続は許可（LAN）
iptables -A INPUT -i eth0 -p tcp -s 192.168.1.0/24  --dport 80 \
    -j ACCEPT
# WANからDMZサーバへのWEB接続は許可（DMZ）
iptables -A INPUT -i eth0 -p tcp -s 0/0 --dport 80 -j ACCEPT
# WANからLAN側サーバへのWEB接続(DNAT)はSSLで許可（LAN）
iptables -A INPUT -i eth0 -p tcp -s 0/0 --dport 443 -j ACCEPT


################################################################
# FTPコントロール制御の許可
#  (Relatedで許可しているため、20番ポートの設定は不要)
################################################################
# WANからDMZへのFTP接続を許可（DMZ）
iptables -A INPUT -i eth0 -p tcp -s 0/0 --dport 21 -j ACCEPT


################################################################
# POP接続の許可
################################################################
# WANからDMZへのPOP接続を許可（DMZ）
iptables -A INPUT -i eth0 -p tcp -s 0/0 --dport 110 -j ACCEPT


################################################################
# IMAP接続の許可
################################################################
# WANからDMZへのIMAP接続を許可（DMZ）
iptables -A INPUT -i eth0 -p tcp -s 0/0 --dport 143 -j ACCEPT


################################################################
# SMTP接続の許可
################################################################
# WANからDMZへのSMTP接続を許可（DMZ）
iptables -A INPUT -i eth0 -p tcp -s 0/0 --dport 25 -j ACCEPT
```

次のページへ続く→

→前ページから続く

```
####################################################################
# SSH接続の許可
####################################################################
# WANからのSSH接続を許可 (LAN)
iptables -A INPUT -i eth0 -p tcp -s 0/0 --dport 22 -j ACCEPT

# 接続ずみのパケットを許可する
iptables -A INPUT -m state --state ESTABLISHED,RELATED -j ACCEPT

# ICMPパケットの許可
for proto in 0 3 4 5 8 11 12
  do
     iptables -A INPUT  -p ICMP --icmp-type $proto -j ACCEPT
     iptables -A OUTPUT -p ICMP --icmp-type $proto -j ACCEPT
  done

# ローカルアドレスへの許可
iptables -A INPUT -i lo -j ACCEPT

####################################################################
# ブロードキャストを無視する
####################################################################
# LAN側の場合は有効にする (LAN)
iptables -A INPUT -d 192.168.1.255 -j DROP
# DMZ側の場合は有効にする (DMZ)
iptables -A INPUT -d 202.xxx.xxx.111 -j DROP

# 拒否パケットの記録は残す
iptables -A INPUT -j LOG_AND_DROP
```

こちらもiptables.shと同様に/etc/rc.d/init.dへコピーし、実行権を与えたあと、起動用のスクリプトとして登録を行ってください。

7-2 ファイアウォール構築の実際

Tips　バイナリパッケージでiptablesをインストールした場合、/etc/rc.d/init.d/iptablesが作成されます。このスクリプトは、現在iptablesで設定されているルールを/etc/sysconfig/iptablesに保存したり、そこから読み出してルールを設定し直す機能を持っています。

　startオプションを付けて実行すると、/etc/sysconfig/iptablesに保存されたルールを読み出して、iptablesで設定を行います。システム起動時はこの動作をします。

```
# /etc/rc.d/init.d/iptables start
```

　saveオプションを付けて実行すると、/etc/sysconfig/iptablesにルールを保存します。

```
# /etc/rc.d/init.d/iptables save
```

　設定されたルールを初期化するにはstopオプションを使います。この場合、現在のルールは保存されず、/etc/sysconfig/iptablesの内容も変更されません。システム終了時はこの動作をします。

```
# /etc/rc.d/init.d/iptables stop
```

　実際の運用では、まずコマンド入力か自作のスクリプトで任意のルールを設定してから、それを保存し、再起動時に同じ設定が自動的に行われるようにします。

　たとえば、自作のiptables.shと/etc/rc.d/init.d/iptablesを併用する場合は、次のように操作します（iptables.shが/rootにあるものとします）。

①一度iptables.shを実行し、ルールを設定する。

```
# /root/iptables.sh
```

②rcスクリプトを利用してルールを保存する。

```
# /etc/rc.d/init.d/iptables save
```

　これで、次回起動時にはパッケージ付属の/etc/rc.d/init.d/iptablesが実行され、iptables.sh実行直後と同じ設定が復元されます。

　この方法を使う場合、iptables.shを/etc/rc.d/init.dに保存したり、ランレベルに合わせてシンボリックリンクを作成する必要はありません。

7-3 iptablesの導入

iptablesは、カーネル2.4から導入されたパケットファイルタリング用のツールです。同じ目的に、カーネル2.2ではipchainsが、2.0ではipfwadmが使われていました。

一般的なディストリビューションでは、iptablesの機能はインストール直後から使用できる状態になっています。また、インストーラからファイアウォールの機能を使用するかどうかを選択して、有効／無効にすることもあります。

いずれにせよ、iptablesのインストールや、それに関連するカーネルの設定変更が必要になることはあまりないと思いますが、高度なセキュリティ設定を行う場合に備えて、関連事項を説明しておきましょう。

iptablesのダウンロードとカーネルの設定

iptablesのソースは次のサイトから取得できます。

▶iptables配布元サイト

```
http://www.netfilter.org/
```

現在の最新版はiptables-1.3.1です。ただし、もしカーネルのバージョンが2.4より古い場合、カーネル2.4以降のダウンロードとコンパイルが必要となります。

カーネルソースの展開手順は次のとおりです。例は2.4ですが、手順は2.6も同様です。

```
# cd /usr/src
# mkdir linux-2.4.xx
# ln -s linux-2.4.xx linux
# tar xvfz linux-2.4.xx.tar.gz -C /usr/src/
```

展開が終了したら、カーネルのコンフィギュレーションを行います。

```
# cd /usr/src/linux
# make menuconfig
```

7-3 iptablesの導入

これまでに紹介した設定ポリシーにもとづくカーネル設定は、次のとおりです。

●カーネル2.4系

▶ カーネル2.4系の設定 (1)

```
                        Networking options
e the menu.  <Enter> selects submenus --->.  Highlighted letters are hotkeys.  Pres
udes, <M> modularizes features.  Press <Esc><Esc> to exit, <?> for Help.  Legend: [
odule  < > module capable
...................................................................................
      [*] Packet socket
      [*]   Packet socket: mmapped IO
      <*> Netlink device emulation
      [*] Network packet filtering (replaces ipchains)
      [ ]   Network packet filtering debugging
      [*] Socket Filtering
      [*] Unix domain sockets
      [*] TCP/IP networking
      [*]   IP: multicasting
      [*]   IP: advanced router
      [*]     IP: policy routing
      [*]       IP: use netfilter MARK value as routing key
      [*]     IP: fast network address translation
      [*]     IP: equal cost multipath
      [*]     IP: use TOS value as routing key
      [*]     IP: verbose route monitoring
      [ ]   IP: kernel level autoconfiguration
      <M>   IP: tunneling
      <M>   IP: GRE tunnels over IP
      [*]     IP: broadcast GRE over IP
      [*]   IP: multicast routing
      [*]     IP: PIM-SM version 1 support
      [*]     IP: PIM-SM version 2 support
      [*]   IP: ARP daemon support (EXPERIMENTAL)
      [*]   IP: TCP Explicit Congestion Notification support
      [*]   IP: TCP syncookie support (disabled per default)
            IP: Netfilter Configuration  --->
            IP: Virtual Server Configuration  --->
      <M>   The IPv6 protocol (EXPERIMENTAL)
```

▶ カーネル2.4系の設定 (2)

```
                     IP: Netfilter Configuration
e the menu.  <Enter> selects submenus --->.  Highlighted letters are hotkeys.  Pre
udes, <M> modularizes features.  Press <Esc><Esc> to exit, <?> for Help.  Legend:
odule  < > module capable
...................................................................................
      <M> Connection tracking (required for masq/NAT)
      <M>   FTP protocol support
      <M>   Amanda protocol support
      <M>   TFTP protocol support
      <M>   IRC protocol support
      <M> Userspace queueing via NETLINK (EXPERIMENTAL)
      <M> IP tables support (required for filtering/masq/NAT)
      <M>   limit match support
      <M>   MAC address match support
      <M>   Packet type match support
      <M>   netfilter MARK match support
      <M>   Multiple port match support
      <M>   TOS match support
      <M>   recent match support
      <M>   ECN match support
      <M>   DSCP match support
      <M>   AH/ESP match support
      <M>   LENGTH match support
      <M>   TTL match support
      <M>   tcpmss match support
      <M>   Helper match support
      <M>   Connection state match support
      <M>   Connection tracking match support
      <M>   Unclean match support (EXPERIMENTAL)
      <M>   Owner match support (EXPERIMENTAL)
      <M>   Packet filtering
      <M>     REJECT target support
      <M>     MIRROR target support (EXPERIMENTAL)
      <M>   Full NAT
```

次のページへ続く→

```
→前ページから続く   <M>    Full NAT
                  <M>    MASQUERADE target support
                  <M>    REDIRECT target support
                  [*]    NAT of local connections (READ HELP)
                  <M>    Basic SNMP-ALG support (EXPERIMENTAL)
                  <M>  Packet mangling
                  <M>    TOS target support
                  <M>    ECN target support
                  <M>    DSCP target support
                  <M>    MARK target support
                  <M>    LOG target support
                  <M>    ULOG target support
                  <M>    TCPMSS target support
                  <M>  ARP tables support
                  <M>    ARP packet filtering
                  <M>    ARP payload mangling
                  <M>  ipchains (2.2-style) support
                  <M>  ipfwadm (2.0-style) support
```

●カーネル2.6系

▶ カーネル2.6系の設定 (1)

```
                      Networking options
Arrow keys navigate the menu.  <Enter> selects submenus --->.
Highlighted letters are hotkeys.  Pressing <Y> includes, <N> excludes,
<M> modularizes features.  Press <Esc><Esc> to exit, <?> for Help, </>
for Search. Legend: [*] built-in  [ ] excluded  <M> module  < >

    <M> Packet socket
    [*]   Packet socket: mmapped IO
    <M> Netlink device emulation
    <*> Unix domain sockets
    <M> PF_KEY sockets
    [*] TCP/IP networking
    [*]   IP: multicasting
    [*]   IP: advanced router
    [*]     IP: policy routing
    [*]     IP: use netfilter MARK value as routing key
    [*]     IP: equal cost multipath
    [*]     IP: verbose route monitoring
```

▶ カーネル2.6系の設定 (2)

```
Linux Kernel v2.6.10 Configuration
                      Networking options
Arrow keys navigate the menu.  <Enter> selects submenus --->.
Highlighted letters are hotkeys.  Pressing <Y> includes, <N> excludes,
<M> modularizes features.  Press <Esc><Esc> to exit, <?> for Help, </>
for Search. Legend: [*] built-in  [ ] excluded  <M> module  < >

    [*]   IP: TCP syncookie support (disabled per default)
    <M>   IP: AH transformation
    <M>   IP: ESP transformation
    <M>   IP: IPComp transformation
    <M>   IP: tunnel transformation
    <*>   IP: TCP socket monitoring interface
          IP: Virtual Server Configuration  --->
    <M> The IPv6 protocol (EXPERIMENTAL)
    [*]   IPv6: Privacy Extensions (RFC 3041) support
    <M>   IPv6: AH transformation
    <M>   IPv6: ESP transformation
    <M>   IPv6: IPComp transformation
    ---   IPv6: tunnel transformation
    [*] Network packet filtering (replaces ipchains)  --->
```

7-3 iptablesの導入

▶ カーネル2.6系の設定 (3)

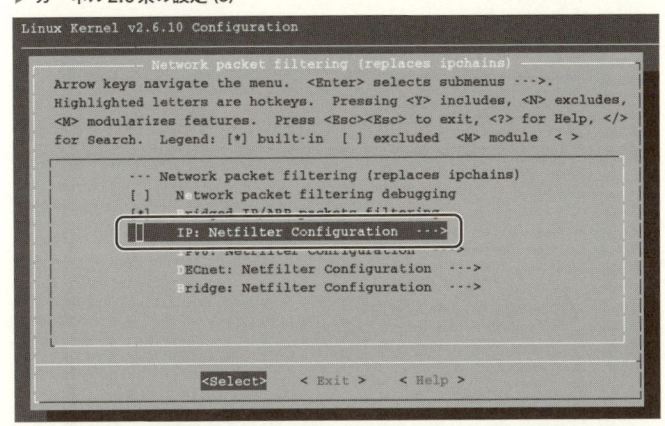

```
Linux Kernel v2.6.10 Configuration
┌─────────── Network packet filtering (replaces ipchains) ───────────┐
│ Arrow keys navigate the menu.  <Enter> selects submenus --->.      │
│ Highlighted letters are hotkeys.  Pressing <Y> includes, <N> excludes, │
│ <M> modularizes features.  Press <Esc><Esc> to exit, <?> for Help, </> │
│ for Search.  Legend: [*] built-in  [ ] excluded  <M> module  < >   │
│ ┌────────────────────────────────────────────────────────────────┐ │
│ │       --- Network packet filtering (replaces ipchains)         │ │
│ │       [ ]   Network packet filtering debugging                 │ │
│ │       [*]   ridged IP/ARP packets filtering                    │ │
│ │ ┌──────── IP: Netfilter Configuration  --->  ────────┐         │ │
│ │             Pv6: Netfilter Configuration  --->                  │ │
│ │             ECnet: Netfilter Configuration  --->                │ │
│ │             ridge: Netfilter Configuration  --->                │ │
│ │                                                                │ │
│ └────────────────────────────────────────────────────────────────┘ │
│                                                                    │
│           <Select>    < Exit >    < Help >                         │
└────────────────────────────────────────────────────────────────────┘
```

▶ カーネル2.6系の設定 (4)

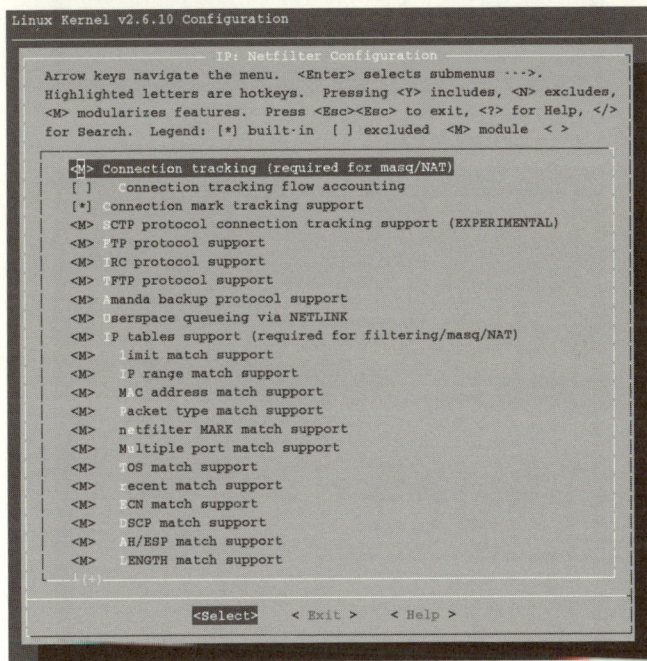

```
Linux Kernel v2.6.10 Configuration
┌─────────────── IP: Netfilter Configuration ───────────────┐
│ Arrow keys navigate the menu.  <Enter> selects submenus --->.      │
│ Highlighted letters are hotkeys.  Pressing <Y> includes, <N> excludes, │
│ <M> modularizes features.  Press <Esc><Esc> to exit, <?> for Help, </> │
│ for Search.  Legend: [*] built-in  [ ] excluded  <M> module  < >   │
│ ┌────────────────────────────────────────────────────────────────┐ │
│ │ <M> Connection tracking (required for masq/NAT)                │ │
│ │ [ ]   Connection tracking flow accounting                      │ │
│ │ [*]   Connection mark tracking support                         │ │
│ │ <M>   SCTP protocol connection tracking support (EXPERIMENTAL) │ │
│ │ <M>   FTP protocol support                                     │ │
│ │ <M>   IRC protocol support                                     │ │
│ │ <M>   TFTP protocol support                                    │ │
│ │ <M>   Amanda backup protocol support                           │ │
│ │ <M>   Userspace queueing via NETLINK                           │ │
│ │ <M>   IP tables support (required for filtering/masq/NAT)      │ │
│ │ <M>     limit match support                                    │ │
│ │ <M>     IP range match support                                 │ │
│ │ <M>     MAC address match support                              │ │
│ │ <M>     Packet type match support                              │ │
│ │ <M>     netfilter MARK match support                           │ │
│ │ <M>     Multiple port match support                            │ │
│ │ <M>     TOS match support                                      │ │
│ │ <M>     recent match support                                   │ │
│ │ <M>     ECN match support                                      │ │
│ │ <M>     DSCP match support                                     │ │
│ │ <M>     AH/ESP match support                                   │ │
│ │ <M>     LENGTH match support                                   │ │
│ │                                                      ↓(+)      │ │
│ └────────────────────────────────────────────────────────────────┘ │
│                                                                    │
│           <Select>    < Exit >    < Help >                         │
└────────────────────────────────────────────────────────────────────┘
```

▶ カーネル2.6系の設定 (5)

```
Linux Kernel v2.6.10 Configuration
┌──────────────── IP: Netfilter Configuration ────────────────┐
│ Arrow keys navigate the menu.  <Enter> selects submenus --->.│
│ Highlighted letters are hotkeys.  Pressing <Y> includes, <N> excludes,│
│ <M> modularizes features.  Press <Esc><Esc> to exit, <?> for Help, </>│
│ for Search.  Legend: [*] built-in  [ ] excluded  <M> module  < >│
│ ┌─────────────────────────────────────────────────────────┐ │
│ │     <M>     TTL match support                            │ │
│ │     <M>     tcpmss match support                         │ │
│ │     <M>     Helper match support                         │ │
│ │     <M>     Connection state match support               │ │
│ │     <M>     Connection tracking match support            │ │
│ │     <M>     Owner match support                          │ │
│ │     <M>     Physdev match support                        │ │
│ │     <M>     Address type match support                   │ │
│ │     <M>     Realm match support                          │ │
│ │     <M>     SCTP protocol match support                  │ │
│ │     < >     Comment match support                        │ │
│ │     <M>     Connection mark match support                │ │
│ │     < >     Hashlimit match support                      │ │
│ │     <M>     Packet filtering                             │ │
│ │     <M>       REJECT target support                      │ │
│ │     <M>     LOG target support                           │ │
│ │     <M>     ULOG target support                          │ │
│ │     <M>     TCPMSS target support                        │ │
│ │     <M>     Full NAT                                     │ │
│ │     <M>   MASQUERADE target support                      │ │
│ │     <M>   REDIRECT target support                        │ │
│ │     <M>   NETMAP target support                          │ │
│ └(+)──────────────────────────────────────────────────────┘ │
├─────────────────────────────────────────────────────────────┤
│         <Select>      < Exit >      < Help >                │
└─────────────────────────────────────────────────────────────┘
```

▶ カーネル2.6系の設定 (6)

```
Linux Kernel v2.6.10 Configuration
┌──────────────── IP: Netfilter Configuration ────────────────┐
│ Arrow keys navigate the menu.  <Enter> selects submenus --->.│
│ Highlighted letters are hotkeys.  Pressing <Y> includes, <N> excludes,│
│ <M> modularizes features.  Press <Esc><Esc> to exit, <?> for Help, </>│
│ for Search.  Legend: [*] built-in  [ ] excluded  <M> module  < >│
│ ┌─(-)─────────────────────────────────────────────────────┐ │
│ │     <M>     Full NAT                                     │ │
│ │     <M>   MASQUERADE target support                      │ │
│ │     <M>   REDIRECT target support                        │ │
│ │     <M>   NETMAP target support                          │ │
│ │     <M>   SAME target support                            │ │
│ │     [ ]   NAT of local connections (READ HELP)           │ │
│ │     <M>   Basic SNMP-ALG support (EXPERIMENTAL)          │ │
│ │     <M>   Packet mangling                                │ │
│ │     <M>     TOS target support                           │ │
│ │     <M>     ECN target support                           │ │
│ │     <M>     DSCP target support                          │ │
│ │     <M>     MARK target support                          │ │
│ │     <M>     CLASSIFY target support                      │ │
│ │     <M>     CONNMARK target support                      │ │
│ │     <M>     CLUSTERIP target support (EXPERIMENTAL)      │ │
│ │     <M>   Raw table support (required for NOTRACK/TRACE) │ │
│ │     <M>     NOTRACK target support                       │ │
│ │     <M>   ARP tables support                             │ │
│ │     <M>     ARP packet filtering                         │ │
│ │     <M>     ARP payload mangling                         │ │
│ │     <M>   ipchains (2.2-style) support                   │ │
│ │     <M>   ipfwadm (2.0-style) support                    │ │
│ └─────────────────────────────────────────────────────────┘ │
├─────────────────────────────────────────────────────────────┤
│         <Select>      < Exit >      < Help >                │
└─────────────────────────────────────────────────────────────┘
```

7-3 iptablesの導入

カーネル設定がすんだら、コンパイルします。

▶ カーネル2.4系

```
# make dep
# make bzImage
# make modules
# make modules_install
```

▶ カーネル2.6系

```
# make
# make modules_install
```

新しいカーネルで再起動後、次のメッセージがログにあることを、dmesgコマンドで確認しましょう。

```
ip_conntrack (1023 buckets, 8184 max) ip_tables: (C) 2000-2002
Netfilter core team
```

iptablesのインストールと動作確認

カーネルの準備ができたら、ここで実際にiptablesを導入します。
まずは、ソースを展開します。

```
$ tar xvfj iptables-1.3.1.tar.bz2
$ cd iptables-1.3.1
```

続いてコンパイルを行います。

```
$ make KERNEL_DIR=/usr/src/linux
$ su
# make install KERNEL_DIR=/usr/src/linux
# make install-devel
```

動作確認は、先ほど作成したiptables.shを実行します。

```
# ./iptables.sh
```

適用されているiptablesのルールを表示し、スクリプトの中身と一致するかどうかを確認します。

```
# /usr/local/sbin/iptables -n -L -v
```

ログの出力先の変更方法

iptablesにおいて、アクセスログは非常に重要なものです。ログを継続的にチェックすることで、侵入を試みた形跡を発見し、早めに対処することができます。

通常、iptablesは/var/log/messagesにログを出力しますが、設定内容や外部からのアタックの状況によっては、iptablesのログはかなり大量になります。ほかのアクセスログやエラーと区別するためにも、独立したログファイルに記録をとることにしましょう。

まず、/var/logに、iptables用のログファイルを作成します。スーパーユーザーで次のように実行します。

```
# cd /var/log
# touch iptables_debug.log
# touch iptables_warn.log
# touch iptables_notice.log
```

次に、このログファイルに出力されるように、カーネルのパラメータを変更します。/etc/syslog.confを次のように編集してください。

▶/etc/syslog.conf

```
kern.debug      /var/log/iptables_debug.log
kern.warning    /var/log/iptables_warn.log
kern.notice     /var/log/iptables_notice.log
```

設定が終わったら、カーネルパラメータを更新します。

```
# sysctl -p
```

あとは、iptablesの起動シェルに記述されているルールにログレベルを指定することにより、3つのログファイルのどれに記録するかを設定できます。たとえば次のように設定します。

▶ 対策が必要なレベル→iptables_debug.log に記録

```
# SYNFLODD攻撃で条件にマッチしたものはログに記録する
iptables -A INPUT -m limit --limit 1/s --limit-burst 10 \
    -j LOG --log-level debug --log-prefix "SYNFLOOD_DEBUG"
```

▶ 警告レベル→iptables_warn.log に記録

```
# SYNFLODD攻撃で条件にマッチしたものはログに記録する
iptables  -A INPUT -m limit --limit 10/s --limit-burst 20 \
    -j LOG --log-level warn   --log-prefix "SYNFLOOD_WARN"
```

▶ 注意を促すレベル→iptables_notice.log に記録

```
# SYNFLODD攻撃で条件にマッチしたものはログに記録する
iptables  -A INPUT -m limit --limit 20/s --limit-burst 30 \
    -j LOG --log-level notice --log-prefix "SYNFLOOD_NOTICE"
```

7-4 iptablesに関するFAQ

Q1 ルールを作成する際、ターゲットとしてREJECTとDROPがありますが、違いはなんですか？

◆

A1 REJECTも基本的にはDROPと同じでパケットを廃棄することになります。1つ違うのは、REJECTでは、パケットを送ってきた相手に対してエラーメッセージを返すことです。使用できるチェインはINPUT、OUTPUT、FORWARDおよび、それらのサブチェインのみです。

▶例1

```
iptables -A INPUT -p tcp -sport 210.xxx.xxx.101 -j REJECT \
    --reject-with tcp-reset
```

送信元が210.xxx.xxx.101から接続してきた場合には、エラーメッセージを相手に送り廃棄します。相手に対しては正常クローズ動作としてTCP RSTを送ります。

▶例2

```
iptables -A FORWARD -d 65.xxx.xxx.0/23 -j REJECT
```

接続先ネットワークが65.xxx.xxx.0/23の場合、エラーメッセージを送ったあとに、転送を廃棄します。

▶例3

```
iptables -A FORWARD -p TCP --dport 1863 -j REJECT
iptables -A FORWARD -d 65.xxx.xxx.0/24 -j REJECT
```

LANのネットワークアドレスが65.xxx.xxx.0/24のとき、MSNメッセンジャーを廃棄します。

Q2 テーブルでmangleを使った使用例を知りたいのですが。

◆

A2 mangleは、ネットワーク上のパケット処理の優先順位を上げるために使われることが多いようです。

次の例は、TOSを書き換えて最高の優先速度で処理するようにした例です。

①Webは表示速度が重要なので、最優先で処理します。

```
iptables -A PREROUTING -t mangle -p tcp --sport 80 -j TOS \
    --set-tos Maximize-Throughput
```

②メールは、リアルタイム性の面ではWebほど厳しくする必要がないため、優先順位を下げます。

```
iptables -A PREROUTING -t mangle -p tcp --sport 25 -j TOS \
    --set-tos Minimize-Cost
```

なお、mangleテーブルにはフィルタリングルールを記述しないように注意してください。フィルタリングルールはすべて、filterテーブルに記述するのが原則です。

Q3 ステートを利用したフィルタリング、マッチングの意味がよくわからないので教えてください。

◆

A3 ステートを利用するためには、-m stateオプションでモジュールを指定することが必要です。そして、接続状態で許可を行う接続状態を--stateのあとに指定します。これにマッチしたパケットのターゲットを-jのあとに指定します。

▶ 接続状態

NEW	新規接続のパケット
INVALID	既接続のパケットと無関係のもの
ESTABLISHED	応答パケットもしくは、すでに確立した既接続のパケット
RELATED	新規接続でかつ、既接続パケットと関係のあるもの

たとえば、ESTABLISHEDやRELATEDは、httpプラグイン、ftp、ストリーミングのように並行していくつかのプロトコルを使用する場合や、ICMPエラーなどに効果があります。ターゲットがACCEPTならば、応答パケットの許可を毎回行う手間が省けます。

INVALIDは、逆に排除するケースとして利用します。ほとんどの正常な接続の場合は、NEWになります。乗っ取り系の攻撃の場合は、NEWで限定すれば排除することができます。

▶例1

```
iptables -A INPUT -m state --state ESTABLISHED,RELATED -j ACCEPT
```

すでに確立された接続と関係のある接続は、許可する。たとえばFTPのコントロール接続とデータ接続がこれに該当する。

▶例2

```
iptables -A INPUT  -i eth0 -p tcp --sport 20 -m state \
    --state ESTABLISHED,RELATED -j ACCEPT
```

eth0へアクセスしてきた接続で、20番ポートからの接続（FTPデータ接続）は受け付ける。ただしこの場合も、すでにFTPコントロール（認証とデータ要求）が発行され、承認ずみであることが前提。この設定にはip_conntrack_ftpモジュールが必要。

Q4 iptablesを使用して透過Proxyを行いたいのですが、どのようにしたら実現できるでしょうか？

◆

A4 透過Proxyを行うには、ターゲットとしてREDIRECTを使用する方法があります。たとえばSquid Proxyを使用した場合、次のような指定が行えます。80番ポートにアクセスしてきたものを8080番ポートに転送します。

```
iptables -t nat -A PREROUTING -i eth1 -p tcp --dport 80 \
    -j REDIRECT --to-port 8080
```

7-4 iptablesに関するFAQ

Q5 "-m limit"のオプションを使ったフィルタリングがよくわかりません。教えてください。

◆

A5 「-m limit」は閾値を与えてフィルタリングや適合マッチングを行うオプションです。これは次のように指定することができます。

```
--limit          回数/時間の単位 (second,minute,hour,day)
--limit-burst    最大処理パケット数
```

たとえば、同じようなパケットをすべてログに記録してディスクを無駄づかいしないように、ログ採取を制限するときなどに使います。

▶ 例1

```
iptables -A INPUT -m limit --limit 1/s --limit-burst 10 \
    -j LOG --log-level=1
```

最大で連続10パケット（--limit-burstの指定数）までマッチし、ログをとる。マッチ数が10を超えたあとは、1秒あたり1回まではマッチして、ログに書き込む。もし1秒以上パケットが来なければ、10を上限として、マッチする最大パケット数を増やす。

▶ 例2

```
iptables -A INPUT -p icmp --icmp-type echo-request \
    -m limit --limit 1/s -j ACCEPT
```

最大で連続5パケット（--limit-burstの既定値）までマッチし、PINGを通過させる。マッチ数が5を超えたあとは、1秒あたり1回まではマッチして、通過させる。もし1秒以上パケットが来なければ、5を上限として、マッチする最大パケット数を増やす。

INDEX

サーバ設定のキーワード

【第2章・BIND】

$INCLUDE ……………………………… 99	Negative cache TTL ……………………… 103
$ORIGIN ………………………………… 99	notify ……………………………………… 107
$TTL …………………………………… 100	NSレコード ……………………………… 102
--with-openssl ………………………… 79	opt_class ………………………………… 101
acl ……………………………………… 85,95	opt_ttl …………………………………… 101
allow-transfer ………………………… 85,95	options ………………………………… 84,95
Aレコード ……………………………… 102	PTRレコード …………………………… 102
CNAMEレコード ……………………… 102	Refresh ………………………………… 103
directory ………………………………… 95	Retry …………………………………… 103
domain ………………………………… 101	RNAMEフィールド …………………… 103
Expire …………………………………… 103	Serial …………………………………… 103
HINFOレコード ………………………… 102	SOAレコード …………………………… 102
include ………………………………… 86	type …………………………………… 85,101
match-clients ………………………… 85	version ………………………………… 106
MNAMEフィールド …………………… 103	view …………………………………… 85,87
MXレコード …………………………… 102	zone ………………………………… 85,96
named-checkconfコマンド ………… 86	レコードタイプ ………………………… 102

【第3章・Apache】

--enable-dav …………………………… 137	Deny from ……………………………… 157
--enable-deflate ……………………… 137	DirectoryIndex ………………………… 159
--prefix ………………………………… 134	DocumentRoot ………………………… 158
--with-mpm …………………………… 135	ExecCGI ………………………………… 163
\<Directory\>〜\</Directory\> ………… 162	FollowSymLinks ……………………… 163
AccessFileName ……………………… 165	Group …………………………………… 155
AddDefaultCharset ……………… 161,190	HostnameLookups ……………………… 160
AddHandler …………………………… 162	Includes ………………………………… 163
AddModule …………………………… 188	IncludesNOEXEC ……………………… 163
AddType ……………………………… 162	Indexes ………………………………… 163
Alias …………………………………… 160	KeepAlive ……………………………… 155
Allow from …………………………… 157	KeepAliveTimeout …………………… 155
AllowOverride ………………………… 164	Listen …………………………………… 153
AuthGroupFile ………………………… 170	MaxKeepAliveRequests ……………… 155
AuthName …………………………… 170	MultiViews …………………………… 163
AuthType ……………………………… 170	Options ………………………………… 163
AuthUserFile ………………………… 170	Order …………………………………… 157

perchild	136	ServerName	152
PidFile	154	ServerRoot	152
prefork	136	ServerTokens	151
Redirect	187	SSLCertificateFile	148
Require	170	SSLCertificateKeyFile	148
RewriteCond	189,192	SSLRequireSSL	192
RewriteEngine	189,192	Timeout	156
RewriteRule	189,192	UseCanonicalName	158
ScoreBoardFile	154	User	155
ScriptAlias	161,191	UserDir	158
ScriptAliasMatch	191	valid-user	170
ServerAdmin	153	worker	136

【第4章・Postfix/qpopper/Courier-IMAP】

--enable-login	215	myorigin	208,227
alias_database	228	notify_classes	209
alias_maps	228	permit_auth_destination	218,230
allow_mail_to_commands	228	permit_mynetworks	209,218,230
allow_mail_to_files	231	permit_sasl_authenticated	218,230
allow_percent_hack	209,210	pwcheck_method	217
broken_sasl_auth_client	218	reject	209
check_relay_domains	209	relay_domains	229,237
disable_vrfy_command	209,210	relayhost	229,230,238
fallback_transport	238	relocated_maps	254
forward_path	231	sender_canonical_maps	223
home_mailbox	229	setgid_group	227
inet_interfaces	227	smtpd_banner	208
local_recipient_maps	238	smtpd_recipient_restriction	209,210
mail_owner	227	smtpd_recipient_restrictions	218,230
mail_spool_directory	228	smtpd_sasl_auth_enable	218
masquerade_domains	254	smtpd_sasl_local_domain	218
masquerade_exceptions	254	smtpd_sasl_security_options	218
mydestination	208,228,230	smtpd_sender_restrictions	211,231
mydomain	208,227	swap_bangpath	209,210
myhostname	207,227	transport_maps	229,237,238
mynetworks	208,227,230,237	virtual_alias_maps	225

【第5章・vsftpd】

annon_max_rate	270	anonymous_enable	267,274
anon_max_rate	275	ascii_download_enable	269,279
anon_mkdir_write_enable	267,275	ascii_upload_enable	268,279
anon_umask	275	async_abor_enable	279
anon_upload_enable	267,276	banned_email_file	269,276
anon_world_readable_only	275	chown_uploads	268,276

chown_username	268,276	local_root	270,288
chroot_list_enable	269,270,278,288	local_umask	267,277
chroot_list_file	269,270,278,288	log_ftp_protocol	280
chroot_local_user	278,286	ls_recurse_enable	269
cmds_allowed	287	max_clients	274
connect_from_port_20	268,273	max_per_ip	287
data_connection_timeout	268,272	nopriv_user	268,274
deny_email_enable	269,276	pasv_enable	281,285
dirmessage_enable	267,281	pasv_max_port	270
ftpd_banner	269,280	pasv_min_port	270
hide_ids	278	syslog_enable	280
hide_session_timeout	272	use_localtime	269
idle_session_timeout	268,272	user_config_dir	288
listen	273	write_enable	267
listen_address	273	xferlog_enable	268,279
listen_port	273	xferlog_file	268
local_enable	267,277	xferlog_std_format	268,280
local_max_rate	270,277		

【第6章・Samba】

--enable-cups	295	case sensitive	297
--enable-shared	295	comment	298
--enable-static	295	create mask	298
--libdir	294	default case	297
--with-acl-support	294	display charset	297,306
--with-automount	294	dns proxy	297
--with-configdir	294	dos charset	297,306
--with-krb5	295	encrypt passwords	297,305
--with-ldap	295	guest ok	299
--with-ldapsam	295	hosts allow	297
--with-lockdir	294	load printers	297
--with-manpages-langs	294	log file	297
--with-pam	294	mangling method	297
--with-pam_smbpass	294	max log	297
--with-privatedir	294	NetBIOS	295
--with-quotas	294	password level	297
[common]	298	path	298
[global]	297	preserve case	297
[homes]	298	printable	299
[printers]	299	printcap name	297
[works]	298	public	298
/etc/samba/smb.conf	296	security	297
/etc/services	295	server string	297
browseable	298	short preserve case	297

SO_RCVBUF	304	unix charset	297,306
SO_SNDBUF	304	workgroup	297
socket options	297	writable	298

【第7章・iptables】

--dport ポート番号	322	DROP	320,322,348
--icmp-type	327	ESTABLISHED	349
--limit	326,351	filter	319
--limit-burst	351	FIN	327
--sport ポート番号	322	FORWARD	319
--state	327	INPUT	319
--tcp-flags	327	INVALID	327,349
-A チェイン	321	mangle	319,349
-d IPアドレス	322	MASQUERADE	322
-F	324	nat	319
-F チェイン	321	NEW	327,349
-i インターフェイス	322	OUTPUT	319
-j	322	POSTROUTING	319
-m limit	326,351	PREROUTING	319
-m state	349	QUEUE	320
-o インターフェイス	322	REDIRECT	350
-P	325	REJECT	348
-P チェイン	321	RELATED	349
-p プロトコル	322	RETURN	320
-s IPアドレス	322	RST	327
ACCEPT	320,322	SNAT	322
ACK	327	SYN	327
DNAT	322	TOS	349

一般用語

【記号・数字】

.forward	231,250	/etc/postfix/main.cf	207
.htaccess	164	/etc/procmailrc	250
.procmailrc	251	/etc/rc.d/init.d	36
/etc/aliases	225	/etc/rc.d/init.d/bind	92
/etc/hosts.allow	42	/etc/rc.d/rc0.d ～ rc.6.d	29,36
/etc/hosts.deny	42	/etc/resolv.conf	91
/etc/inetd.conf	39	/etc/rndc.conf	82,110,112
/etc/inittab	31,33	/etc/rndc.key	83,110
/etc/mail/aliases	225	/etc/sasldb2	216
/etc/named/named.conf	84	/etc/services	39
/etc/postfix/aliases	225	/etc/sysctrl.conf	315
		/etc/syslog.conf	346

索引	頁
/etc/vsftpd.conf	266,267
/etc/xinetd.conf	44
/etc/xinetd.d	44
/proc	55,315
/proc/sys/net/ipv4	316
/sbin/init	29
/var/run/inetd.pid	41
0.0.127.in-addr.arpa	88

【A〜F】

項目	頁
abコマンド	189
acl	76
Active Directory	292,306
AntiVirus	257
Apache	132
APOP	242
BASIC認証	167
BIND9	74
body_checks	233
CA	143
CA.sh	144
CGIエイリアス	191
Change root（vsftpd）	278
chkconfigコマンド	93
chroot	123,288
config.status	134
Courier-IMAP	244
CSR	141,146
cyrus SASL	215
Debian/GNU Linux	68
Destination NAT	314
digコマンド	59,113
dmesgコマンド	55
DMZ	23,329
DNAT	314
DNSSEC	79
dnssec-keygenコマンド	84
DNSサーバ	74
DNSサーバの移行	128
DSO	133
Dynamic DNS	118
fdiskコマンド	56
Fedora Core	68
findコマンド	55

項目	頁
FQDN	74
FTPサーバ	262
FTPプロトコル	262

【G〜L】

項目	頁
grepコマンド	55
header_checks	233
hostコマンド	116
htdigestコマンド	171
htpasswdコマンド	168
httpd	136
httpd.conf	151
https	149
HTTPプロトコル	65
iconvコマンド	292
ifconfigコマンド	57,173
IMAP Before SMTP	247
IMAP4プロトコル	64
IMAPサーバ	198,244
inetd	38
init	30
inittab	31,33
iptables	312
iptables.sh	329
iptablesコマンド	318
IPv4	126
IPv6	126,132
IPアドレス	26
IPエイリアス	173
IPベースのバーチャルホスト	174
IPマスカレード	312
Kerberos	307
LAN	23
libiconv_hook	179
Linuxの起動シーケンス	29
lsmodコマンド	56
lspciコマンド	56

【M〜Q】

項目	頁
magic	151
mail-abuse.org	212
mailbox_command	257
Maildir形式	214
master.cf	222

mbox形式	214
MBR	29
MDA	198
mime.types	151
mksmbpasswd.sh	299
mod_encoding	179
mod_headers	181
mod_rewrite	188
MPM	135
MTA	198
MUA	198
MXレコード	122
named	75
named-checkconfコマンド	91
named-checkzoneコマンド	92
NAT	312
NetBIOS over TCP/IP	303
netstatコマンド	59
newaliasesコマンド	226
NIC	22
nslookupコマンド	59,116
nsupdateコマンド	118
OpenLDAP	307
OpenSSL	79,142,221
PASVモード	270,282
PCRE	202
perchild	193
pfixtlsパッチ	221
pingコマンド	57
PKI	138
POP3プロトコル	63,240
popauthコマンド	243
POPサーバ	198,240
PORTモード	283
postaliasコマンド	226
Postfix	198
postfix check	219
postfixコマンド	203
postmapコマンド	224,229,237,239
Procmail	249
qpopper	240

【R〜Z】

rc.sysinit	35
rcスクリプト	36
Red Hat	68
rndc	76
rndc-confgenコマンド	82
rndcコマンド	108,112
routeコマンド	26
Samba	292
Sambaクライアント	293
Sambaサーバ	293
SASL	215
saslpasswd2コマンド	216
scanpciコマンド	56
sendmail	203
Slackware	69
smbpasswdコマンド	300
SMBプロトコル	292
SMTP AUTH	215
smtpd.conf	217
SMTPサーバ	198
SMTPプロトコル	61
SOAレコード	102
SSL	138
ssl.conf	148,151
SSLサーバ	145
SUSE Linux	69
SWAT	292,295
sysctlコマンド	317,318
tailコマンド	54
TCP Wrapper	38,41
tcpd	38,41
tcpdによるアクセス制御	42
telinitコマンド	33
telnetコマンド	60
TLS	220
tracerouteコマンド	59
Turbo Linux	69
vacationプログラム	255
view	76
Vine Linux	69
vsftpd	262
WAN	24
WebDAV	137,178
Webサーバ	132
xinetd	44

zone ファイル ……………………… 87

【あ行〜た行】

アクセス制限（Postfix）……………… 230
暗号化通信 ……………………………… 138
暗号化通信（Postfix）………………… 220
エイリアス（Apache）………………… 160
エイリアス（Postfix）………………… 225
カーネルの設定（iptables）…………… 340
逆引き …………………………………… 88
キャッシュ（BIND）…………………… 100
共通鍵暗号 ……………………………… 138
グローバルアドレス …………………… 24
ゲートウェイ ………………………… 26,312
公開鍵暗号 ……………………………… 138
サーバ証明書 ……………………… 141,145
サーバ秘密鍵 ……………………… 141,145
自己署名 ………………………………… 146
証明書署名要求 …………………… 141,146
ステート ………………………………… 349
スーパーサーバ ……………………… 38,44
スパム対策 ……………………………… 232
正引き …………………………………… 88
セカンダリDNS ………………………… 87
セカンダリDNSサーバ ………………… 106
選抜方式 ………………………………… 328
ゾーンデータ …………………………… 106
ダイジェスト認証 ………………… 167,171
ターゲット ……………………………… 320
チェイン ………………………………… 319
ディレクトリインデックス …………… 159
デフォルトゲートウェイ ……………… 28
テーブル ………………………………… 318
ドキュメントルート …………………… 158

【な行〜ら行】

名前ベースのバーチャルホスト ……… 175
日本語ドメイン名 ……………………… 127
日本語ファイル名（WebDAV）………… 179
認証局 ……………………………… 140,143
認証局の証明書 ………………………… 141

ネガティブキャッシュ ………………… 103
ネットマスク …………………………… 25
ネットワークアドレス ………………… 24
ネットワーク構成 ……………………… 22
ネットワークプレースの追加 ………… 183
パケットフィルタリングソフト ……… 312
バーチャルドメイン（Postfix）……… 223
バーチャルホスト（Apache）………… 172
ハブホスト ……………………………… 235
ファイアウォール ……………………… 312
ファイアウォールマシン ……………… 22
ファイアウォールマシンの
　　ルーティング ……………………… 26
フィルタリング（Postfix）…………… 233
不正中継 ………………………………… 212
プライベートアドレス ………………… 24
プライマリDNSサーバ ………………… 106
ブラックリスト ………………………… 220
ふるい落とし方式 ……………………… 328
ブロードキャストアドレス …………… 24
ベーシック認証 ………………………… 167
ポリシー設定（iptables）…………… 324
マスタファイル ………………………… 98
メールキュー …………… 205,253,256,258
文字コードの補完（Apache）………… 161
ユーザー ftp …………………………… 265
ユーザー named ………………………… 80
ユーザー nobody ……………………… 265
ユーザー postfix ……………………… 200
ユーザー定義チェイン ………………… 320
ユーザー認証（Apache）……………… 167
ランレベル ……………………………… 33
リソースレコード ………………… 98,101
リゾルバ ………………………………… 75
ルーティングテーブル ………………… 25
ルールの初期化（iptables）………… 324
ルール …………………………………… 320
レスポンスヘッダ ……………………… 151
ログ出力先の変更 ……………………… 346
ロンゲストマッチ ……………………… 25

一戸　英男（いちのへ　ひでお）

1965年、秋田県生まれ。富士通ゼネラル、Netscape Communications、ISP、携帯通信関連会社などで、ネットワーク／サーバの開発、設計、コンサルタントの業務に携わる。現在は、クリンクス（株）で、Linux、サーバ、ネットワークの技術講師を務める。数多くの商用UNIXを経験したのち、Linuxにたどり着いた。いまでは、ひととおりのメジャーディストリビューションを使いこなす。「開発上のモットーは、LinuxでWindowsの領域を置き換えること」といいながら、「クライアントとしてはWindowsが好きかも！」とも。

本書のサポートページ　http://spinnaker.clinks.jp

図解でわかる Linuxサーバ 構築・設定のすべて

2005年4月10日　初版発行
2005年12月1日　第3刷発行

著　者　一戸英男　©H.Ichinohe 2005
発行者　上林健一
発行所　株式会社 日本実業出版社
　　　　東京都文京区本郷3-2-12　〒113-0033
　　　　大阪市北区西天満6-8-1　〒530-0047
　　　　編集部　☎03-3814-5651
　　　　営業部　☎03-3814-5161　振替 00170-1-25349
　　　　http://www.njg.co.jp/

印刷／壮光舎　製本／若林製本

この本の内容についてのお問合せは、書面かFAX（03-3818-2723）にてお願い致します。
落丁・乱丁本は、送料小社負担にて、お取り替え致します。

ISBN 4-534-03895-X　Printed in JAPAN

下記の価格は消費税(5%)を含む金額です。

日本実業出版社の本
コンピュータ・通信関連

好評既刊！

西村 めぐみ＝著
定価 2730円(税込)

西村 めぐみ＝著
定価 2625円(税込)

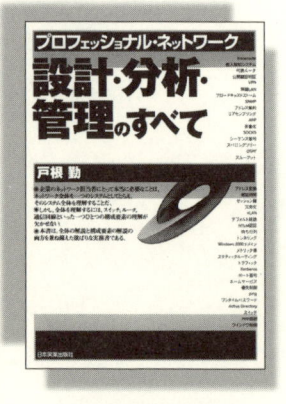

戸根 勤＝著
定価 3990円(税込)

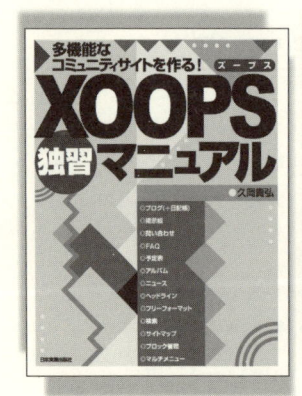

久岡 貴弘＝著
定価 2940円(税込)

Mint（経営情報研究会）＝著
定価 2625円(税込)

小泉 修＝著
定価 2625円(税込)

定価変更の場合はご了承ください。